名家名著

軟體設計耦合的平衡之道

— Vlad Khononov —

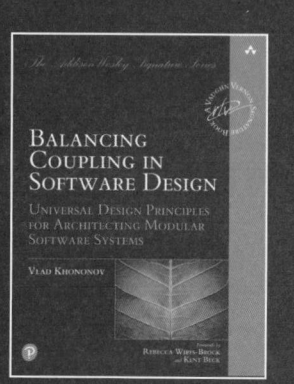

建構模組化軟體系統的通用設計原則

Balancing Coupling in Software Design : Universal Design
Principles for Architecting Modular Software Systems

王寶翔（Alan Wang） 譯
搞笑談軟工 *Teddy Chen* 專文推薦

作　　者：Vlad Khononov
譯　　者：王寶翔 (Alan Wang)
責任編輯：盧國鳳

董 事 長：曾梓翔
總 編 輯：陳錦輝

出　　版：博碩文化股份有限公司
地　　址：221 新北市汐止區新台五路一段 112 號 10 樓 A 棟
　　　　　電話 (02) 2696-2869　傳真 (02) 2696-2867

發　　行：博碩文化股份有限公司
郵撥帳號：17484299　戶名：博碩文化股份有限公司
博碩網站：http://www.drmaster.com.tw
讀者服務信箱：dr26962869@gmail.com
訂購服務專線：(02) 2696-2869 分機 238、519
（週一至週五 09:30 ～ 12:00；13:30 ～ 17:00）

版　　次：2025 年 5 月初版一刷

博碩書號：MP12501
建議零售價：新台幣 650 元
Ｉ Ｓ Ｂ Ｎ：978-626-414-180-2
律師顧問：鳴權法律事務所 陳曉鳴律師

商標聲明

本書中所引用之商標、產品名稱分屬各公司所有，本書引用純屬介紹之用，並無任何侵害之意。

有限擔保責任聲明

雖然作者與出版社已全力編輯與製作本書，唯不擔保本書及其所附媒體無任何瑕疵；亦不為使用本書而引起之衍生利益損失或意外損毀之損失擔保責任。即使本公司先前已被告知前述損毀之發生。本公司依本書所負之責任，僅限於台端對本書所付之實際價款。

著作權聲明

Authorized translation from the English language edition, entitled BALANCING COUPLING IN SOFTWARE DESIGN: UNIVERSAL DESIGN PRINCIPLES FOR ARCHITECTING MODULAR SOFTWARE SYSTEMS, 1st Edition, by VLAD KHONONOV, published by Pearson Education, Inc, Copyright © 2025.

All rights reserved. No part of this book may be reproduced or transmitted in any form or by any means, electronic or mechanical, including photocopying, recording or by any information storage retrieval system, without permission from Pearson Education, Inc.

CHINESE TRADITIONAL language edition published by DRMASTER PRESS CO LTD, Copyright ©2025.

本書著作權為作者所有，並受國際著作權法保護，未經授權任意拷貝、引用、翻印，均屬違法。

本書如有破損或裝訂錯誤，請寄回本公司更換

國家圖書館出版品預行編目資料

軟體設計耦合的平衡之道：建構模組化軟體系統的通用設計原則 / Vlad Khononov 著；王寶翔(Alan Wang) 譯. -- 新北市：博碩文化股份有限公司, 2025.05　面；　公分
譯　自：Balancing coupling in software design : universal design principles for architecting modular software systems.

ISBN 978-626-414-180-2 (平裝)

1.CST: 軟體研發 2.CST: 電腦程式設計

312.2　　　　　　　　　　　　114003724

Printed in Taiwan

歡迎團體訂購，另有優惠，請洽服務專線
博碩粉絲團　(02) 2696-2869 分機 238、519

齊聲讚響

「耦合是人們常掛在嘴邊但甚少理解的一個詞。Vlad 把我們從單純的『永遠把元件去耦合』拉出來,透過複雜性和軟體演進的脈絡帶來深入的討論。如果你正在打造現代軟體,本書是非讀不可之作!」

—— 《軟體架構師全方位提升指南》作者 Gregor Hohpe

「準備好釐清耦合的多維度本質和幕後的運作原理!對於想評估和理解設計決策的實質影響的人,本書就是最佳參考教材。」

—— 劍橋諮詢公司資訊服務協理 Chris Bradford

「耦合的歷史跟軟體一樣悠久,是很難理解和解釋的概念,但 Vald 在本書輕鬆展示了耦合的眾多面向,並提出一個實際的模型來衡量並平衡現代分散式系統的耦合。本書是所有軟體專業人士的必讀之作!」

—— 解決方案架構師兼工程師 Laila Bougria

「本書是所有軟體架構師及開發者的必備指南,它提出無可比擬、徹底和可直接應用的耦合概念探討。在日後的討論和出版品中,Vlad 的這本作品必會成為被大量引用的參考來源。」

—— INNOQ Fellow Engineer Michael Plöd

「所有軟體工程師都對耦合 —— 元件之間的相互關聯程度 —— 很敏感,然而有很多時候,這些基礎特性的知識也並未被闡明。Vlad 在本書帶來亟需的博學工具,能系統化地解釋耦合,並對這個關鍵主題提供全新觀點。」

—— 資深工程師 Ilio Catallo

「耦合是軟體開發最難以捉摸的主題之一。但 Vlad 在本書替我們展示，當你充分理解耦合這個大魔王時，它就能變成設計工具。這是任何接觸軟體設計——特別是複雜軟體——的人都不可或缺的書。」

—— 軟體架構師 William Santos

「《軟體設計耦合的平衡之道》對任何軟體架構師而言都是必讀之作。Vlad Khononov 以大師手腕揭開耦合的祕密，提供實用的見解以及如何有效平衡它的策略。若想打造模組化、可擴增規模、好維護的軟體系統，本書確實不可或缺。高度推薦！」

—— DoiT International 執行長 Vadim Solovey

「對於追求高品質、可演進系統的架構師，Vlad Khononov 的《軟體設計耦合的平衡之道》是必讀之作。Khononov 專業地給相依性分類，並透露當你變更設計時，帶來的衝擊會受到元件的距離和變更頻率影響。最後，他以此提出耦合的統一度量標準。他透過深具見解的案例研究，展示和整頓系統的失衡，進而引導讀者實現最佳模組化設計及長期系統適應性。」

—— 獨立軟體技術專家 Asher Sterkin

「Khononov 的重量級大作，將軟體設計的至高無上力量統一為一個能衡量軟體系統耦合的有條理模型。他的見解替架構師帶來一個極為寶貴的架構，能設計出模組化、可演進的系統，並得以銜接老舊及現代軟體架構。」

—— 巴西銀行主任軟體工程師 Felipe Henrique Gross Windmoller

「本書有條理地彙整五十年的軟體設計知識，針對耦合、耦合維度以及如何有效運用耦合提出一份包羅萬象的指南。若軟體設計是與複雜性的永恆之戰，那麼本書就是如何贏得這場戰爭的兵法。」

—— IT 架構師 Ivan Zakervsky

獻給所有不斷追問我
這本書到底什麼時候會出版的人。

＃以領養代替購買（AdoptDontShop）

叢書編輯序

我記得我是在快十年前（以他這本新書的出版時間推算）於一兩場研討會上見到 Vladik。我記得 Vladik —— 你想要的話也可以叫 Vlad —— 是個安靜和深思熟慮的人，也很有幽默感，這點讓我覺得很投緣。他其實沒那麼安靜，因為他已經在那些深具見解的研討會演講中證明了自己的功力。

從那之後我們見過幾次，然後剛好在 COVID-19 封城之前，於一場紐約軟體架構研討會有機會見到面。雖然我不喜歡提起這段跟疫情相關的往事，我的這個招牌叢書系列就是在那之後誕生的。不久後，我問 Vladik 是否願意替這叢書寫本書，而令我欣喜的是他答應了。在接下來的那些年，Vladik 遭遇過幾次困難，有些來自他的家人，有些則跟瘋狂的肺炎封城時期生活和工作有關，但他堅持不懈和撐住了。我審閱了 Vladik 的書幾次，看著它從粗稿轉變為成品。不得不說，能夠目睹 Vladik 以嶄新又強大的框架包裝、融合舊有軟體慣例，真的令人著迷不已。等我下面介紹本叢書系列的使命時，我會再多解釋這個部分。

我的招牌叢書系列的設計與策劃目的，是在搭配企業導向的實踐法下，引導讀者通往成熟的軟體開發和獲得更大的成功。這系列強調透過多種途徑來獲得「有機精煉」（organic refinement）—— 回應式、物件導向或函數式架構／程式設計，大小合適的服務，開發模式，以及 API —— 並探討相關底層科技的最佳運用方式。

從這裡開始，我只會著重在四個字上：有機精煉。

我會注意到第一個詞「有機」，是因為我一位朋友兼同事拿它描述軟體架構。我聽過別人在軟體開發世界用過「有機」一詞，但從未仔細思考過其意，直到我自己消化它跟另一個詞的結合：有機架構（organic architecture）。

想想看 organic 這個詞，甚至是生命體（organism）；這些詞大多數時候用來指活生生的東西，但也能描述具有某些貌似生命體特性的無生命體。organic 一詞源自希臘文，其詞源指運作中的身體器官。若你查 organ 的詞源，就會找到更廣泛的定義，organic 的意義也是從這裡衍生而來：身體器官、實作、描述一樣製造或實行特定目的的工具，以及樂器。

我們可以馬上想到許多生命體的存在，從極為龐大的生物，到小如顯微鏡底下的單細胞生物。但 organism 的第二種用法卻比較難馬上聯想：其中一個例子是組織（organization），同時使用 organic 和 organism 當成前綴詞。在這個 organism 的用法上，我描述了某樣在結構上具備雙向依賴性的東西。一個組織是一個生命體，因為它擁有組織好的部位；組織少了這些部位便無法存活，而部位也無法在組織（生命體）之外生存。

我們可以借用這種觀點，將同樣的思維套用在展現出生命體特徵的非生命體身上。想想看原子（atom），每個原子都自成一個系統，而萬物皆由原子構成。的確，原子不是有機體也無法生殖，但要將它們想像成生命體並不難，因為它們會永無止盡地活動和運作。原子甚至能跟其他原子結合 —— 這時每個原子不再是單一系統，而是跟其他原子一樣變成子系統，其合併的行為會產生出更大的一套系統。

因此，所有跟軟體有關的概念，都是有機或具有生命性的，因為無生命的事物仍然能用活體生物的特徵來描述。每當我們用具體的情境來討論軟體模型概念、繪製架構圖表，或撰寫單元測試跟其對應的領域模型單元時，軟體就會發展出自己的生命。軟體不是靜態的，因為我們會持續討論如何改善它、改良它，一個情境會連到下一個，並對軟體的架構跟領域模型產生影響。我們繼續迭代軟體版本時，改良過程所帶入的新價值便會使這個生命體成長。意即，軟體會隨著時間進步。我們會靠著有幫助的抽象化手段來對付和解決複雜性問題，軟體也會隨之成長和改變樣貌，而軟體本身的明確目的便是要幫全球各地的真實生命體（人類）減輕工作負擔。

可惜，軟體生命體成長不佳的情況多於良好成長。就算軟體誕生時頭好壯壯，日後也會染病、發生畸形、長出不自然的肢體、萎縮和惡化。更糟的是，這些症狀其實是出自改進軟體的努力，唯獨這些嘗試失敗了，壓根沒有讓軟體變好。最糟的還在後頭：這一切失敗的改進嘗試、被複雜性搞得病入膏肓的軟體所引發的每一次惡化，卻依舊無法殺死軟體。喔，但願軟體能直接嚥氣就好了！但這得由我們親自下手，而且殺掉軟體需要屠龍勇士般的膽量、技能和膽識。不對，你會需要一打屠龍猛男。或者應該說，一打勇猛、腦容量超級無敵大的屠龍高手。

這便是此叢書系列要扮演的角色：我策畫這個系列，來幫助各位成長和獲得更大的成功，透過各式各樣的途徑來介紹 —— 回應式、物件導向、函數式架構／程式設計，領域塑模，

大小合適的服務、開發模式，以及 API。本叢書系列也會探討相關底層科技的最佳用法。這並非一蹴可幾之舉；它需要透過目的及技巧來做「有機精煉」。我和其他作者的使命便是幫助各位做到這點，也端出了最佳成果來實現此一目標。

平衡軟體耦合的行為，是有機或具有生命性的嗎？當然！想像你從一個天坑般的程式庫開始，裡面堆滿了淤泥似的程式碼。嗯！你怎麼可能從泥沼裡種出嶄新光明的生命？簡單，先動手挖和劃分出區塊，加點良好的土壤跟養分，在施肥的土堆周圍建造模組化容器，最後給它們播種 —— 一些普通的種子，一些特別種子，外加一點異國品種。你還沒回過神之前，咻 —— 新生命誕生啦！

嗯，很接近了，但不完全是如此。你得學習所謂的「軟體栽植」，包括消化基本的耦合編年史：究竟什麼是耦合，耦合的好與壞，耦合如何跟系統設計和複雜性有關聯，以及當然，模組化能如何幫忙解決問題。等你站穩後，你將學習一整批耦合維度，來協助你評估怎樣的環境條件有助於穩定生長：強度、空間與時間。這就是你學習「模組耦合」和「共生性」模型的入門磚，然後被帶到 Vladik 提出的新模型：整合強度（integration strength）。一口氣消化這麼多，感覺很像田地漫灌，但請繼續吸收吧。那麼距離呢？它對你栽種和施肥的不同品種作物會有何效果？若你收割或剷除某種作物，這對其他作物會有何正面和（或）負面效果？哎呀，它已經發芽了。

你這時會說：「等一下，等我跟上。」這句話很適切地描述了時間如何影響花園的輪作計畫，還有各種因素如何導致潛在的變動性。這一切都需要加以平衡，好避開所有軟體的老宿敵：隨著時間成長（growth over time）。只要審視其他花園的作物如何生長，就有助於讓你的田地在嚴峻條件下順利開花結果。這也必然能奏效，因為這背後有數十年的研究跟發展支持，來自舉世知名的軟體人員 —— 唔，或者該說園藝工作者。

各位現在已經準備好捲起袖子、扭開水龍頭和開始吸收了。去栽種些上好的軟體吧！

—— Vaughn Vernon

推薦序一

評估軟體設計品質的方法有許多，而設計出**低耦合**的軟體系統，始終是各種設計原則中最核心的目標之一。所謂耦合，指的是兩個軟體元件之間的依賴程度。依賴越深，當需求變更時，對整體系統造成的影響就越大，往往形成牽一髮而動全身的結果，也使系統的維護成本大幅上升。

然而，若系統中的所有元件完全沒有任何耦合關係，也並非理想的設計。此時的系統就如同一盤散沙，只是將互不相關的元件擺在一起，難以形成具備協同功能的整體。

因此，良好的軟體設計並非將耦合完全消除，而是找出**適當的耦合強度**。在本書中，作者提出一個名為**整合強度模型**的分析框架，透過四種層級：契約耦合、模型耦合、功能耦合與侵入耦合，重新詮釋傳統結構化設計中的「模組耦合模型」，以及物件導向設計中的「共生性模型」。

書末，作者更提出一個簡潔的**耦合平衡公式**，協助設計者判斷耦合關係是否合理。其核心觀點為：

1. 若耦合的元件彼此**距離近**（高內聚），則耦合是可以接受的；
2. 若耦合的元件彼此距離遠（高耦合），或即使距離近但耦合度極低（低內聚），都可能帶來設計上的隱憂。不過，若這些元件**不常變動**，則整體風險仍在可控範圍內。

閱讀本書的過程中，讀者會接觸到大量關於耦合強度的術語與分類，初讀時可能會感到一時難以掌握。但只要牢記「整合強度模型」與「耦合平衡公式」這兩大主軸，並以此為依據來整理既有的耦合概念，就能建立起清晰的理解脈絡，避免在術語之間迷失方向。

本書作者同時也是領域驅動設計（domain-driven design，DDD）的專家，書中融合了來自領域驅動設計與微服務架構的耦合設計案例。即使暫時不深入名詞細節，僅從這些實例中學習實作層面的耦合設計，也已相當值得。

—— Teddy Chen
部落格「搞笑談軟工」板主
2025 年 4 月 22 日

推薦序二

成功的軟體系統會成長和演進 —— 增加新的功能和能力，支援新的技術與平台。但它們是否都必會在某個時間後變成無法維護的「大泥球」？

嗯，考慮到複雜軟體系統會以相互關聯的模組化功能單元構成，每個單元又有明確的責任，耦合就永遠會存在。但模組之間溝通和分享資訊的方式，也暗中決定了我們能改變它們的選擇。

Vlad 在本書首先告訴我們，模組耦合和共生性模型的原始設計理念為何，然後給我們帶來新的思考方向，好檢視耦合的不同維度：整合強度、變動性和距離。接著他帶我們更深入理解耦合，並提出一個全面模型，以便在設計或再造系統的某些部分時評估耦合選項。大多數作者只會用一段話或一頁解釋耦合 —— 而 Vlad 給了我們一整本書。

我們有很多方式可以降低耦合程度，Vlad 也會一一解釋。我們應該永遠將耦合當成缺點嗎？當然不。但我們也不該自滿。Vlad 這本書的最後一段介紹了平衡耦合的觀念，外加一個思考過程，讓你在「重新平衡」系統耦合時仔細審視設計上的隱含限制。

感謝 Vlad 堅持寫下這本包羅萬象的耦合、平衡以及再平衡方針（設計永遠會牽涉到取捨）；他提供了我們全新和深具見解的方式，來思考複雜系統的建構與重構，好讓系統能維持運作和得以演進。這本書帶給了我希望：在深思熟慮的設計師手中，軟體系統的混亂化就並非無可避免。

—— Rebecca J. Wirfs-Brock

2024 年 5 月 2 日

推薦序三

設計發生在裂縫裡（design happens in the cracks）。

你一開始身為程式設計師，你根本不曉得**竅門**是什麼。你學了函式，學到型別，了解何謂類別、模組、套件和服務。但你仍然沒辦法把設計做好。因為設計發生在軟體的裂縫裡。

設計會替改變做好準備。竅門就在於這點。設計會替新的事物騰出空間，比如新函式、型別、類別、模組、套件跟服務。

Vlad 在本書所做的，便是將軟體元件之間的裂縫、接縫和黑暗角落分門別類記載。如果你不只是想要改變軟體，而是讓改變過程更容易，這本詞彙表就是你需要的指南：裂縫大全，裂縫的辭海。

Vlad 很清楚專家會從做中學。每一章結尾的測驗問題，對那些願意投入需要學習的工作的人來說，都是幫助甚大的墊腳石。

既然我很榮幸被 Vlad 邀請來引領各位閱讀這本書，我想稍微抱怨一下 Vlad 的用語。Vlad 使用「整合強度」來指我所謂的「耦合」，也就是軟體元素之間的關係，當你用特定方式改變其中之一便會需要改變另一方。他本人使用「耦合」來指軟體元素之間更一般性的關聯，不管是在執行還是編譯階段。這其實不是什麼大問題，但我還是覺得有必要指出來。

儘管如此，我仍真心推薦各位讀《軟體設計耦合的平衡之道》── 不對，重來。**我真心推薦各位透過《軟體設計耦合的平衡之道》來學習**。用這本書了解特定的軟體裂縫和連結，在你的程式碼或別人的程式碼裡找出來，試試看不同的解法、調整修改的時機，並觀察這如何影響你想要做的軟體行為變更。接著再去書中了解另一種裂縫，做比較和對比，深入挖掘。

你的軟體能隨著時間變得越來越容易改變，但要做到這點是得下一番苦工的。然而，靠著你從本書獲得的概念與技巧，你就能一帆風順。

── Kent Beck

加州舊金山，2024 年

譯者序

來說個小故事。

我前公司是個小新創，開發一個讓使用者可以快速建置和部署資料管線（data pipeline）的雲端平台。這些管線可以像傳統的 ETL 一樣排程運作，或者像微服務一樣被觸發。

從使用者的觀點來看，這些管線代表了特定商業資料的抽象化——我們可以說這個平台等於是企業內的資料虛擬化（data virtualization）層，使用者或企業系統前端不需要知道資料是從何處取得和如何轉化，只要知道他們可以在這個虛擬化層找到所有想到的東西。阿里巴巴曾提出的「數據中台」，或者國外風行過的「Data Fabric」、「Data Mesh」等概念，其實都是異曲同工。

在某個時間，我的前公司想要進一步貫徹某個最初的系統設計理念：管線內的邏輯單元（一段具有特定呼叫介面的程式碼）應該要能重複使用，畢竟企業的各個資料管線有可能有重複之處，只有部分邏輯不同。如果許多邏輯可以重複使用，就可以減少「重新發明輪子」的時間了吧？

但最後發現這點實在太過困難，因為系統設計上沒有提供邏輯單元（以下我就簡稱「邏輯」）足夠的資訊來了解自己在執行期間的脈絡，而呼叫介面又太過籠統，無法從管線的角度限制和要求邏輯應該接收怎樣的資料，或該輸出哪些東西給下一個邏輯。此外，邏輯交換資料的唯一方式是透過管線執行環境的全域變數——但是邏輯無法先知道全域變數裡面可能有什麼。

照本書的說法，這個平台簡化了企業系統的全域複雜性，但忽略了管線內的區域複雜性。

當時公司已經裁員過一次，壓根沒有人力來重構系統，產品經理也不關心這類問題。我們其他人在介紹跟推銷這個產品時，唯一能做的就是把一些無關商業邏輯的功能（比如查詢資料庫）抽出來，讓某個邏輯擔任整個管線的「控制者」，並建議使用者定義邏輯的「整合契約」。但系統本身無法強制實施這些契約，它完全取決於使用者能否在開發時遵循這些慣例。

可想而知，這樣的開發體驗很差，也削弱了產品的競爭力，最終導致公司經營失敗。

照本書的定義，這些管線邏輯之間存在「順序」和「交易」功能耦合，某些邏輯的距離有可能比較遠（邏輯有可能由不同的人／團隊實作和管理），變動性也有可能很大（邏輯有可能包括重要的商業邏輯）。高整合強度、遠距離、高變動性的組合，帶來了很差的平衡度。當時我已經意識到邏輯之間存在的無法消除的知識問題；但在讀到本書之前，我沒想過耦合的學問比想像中更深。

我們學程式的人，都會學到如何用函式、物件、介面跟套件等抽象化手段來「封裝」應該重複使用的程式，並降低日後修改時引發的連鎖影響。這種抽象化的嘗試也出現在更高的系統層級上：在 2020 年代初的資料虛擬化的概念流行之前，我們在 2000 年代就看到服務導向架構（service oriented architecture，SOA）和 2010 年代的微服務架構，都在試圖將企業系統切割成更小、更靈活的單元。

但事實是採納這些架構並不能直接解決耦合，因為耦合其實是系統與生俱來的一環，它是讓系統元件得以協同合作的要件。正如我和我的同事發現不可能把管線邏輯完全去耦合，你也不可能將系統服務去耦合。抽象化的重點是調整耦合而不是消除它；抽象化也不是單純的軟體重構問題，而是和商業需求、企業競爭力領域息息相關。

作者深入歷史文獻，並在書末將他的見解濃縮成一條簡短的耦合平衡公式。各位或許會忍不住直接翻到結尾看結論，但我想指出，這條公式並未包括本書的許多重要見解。例如，你要如何辨識「整合強度」的不同層級？或者，你其實需要先了解商業領域，才有辦法判斷某個元件是否會有高變動性。為何耦合效果有好有壞，還有看似沒有直接關連的元件也會產生耦合？最後，當你需要做設計決策時，你該怎麼尋找方向？

我知道作者會不斷重複強調同樣的重點，但若你直接跳過作者的這些推導過程，那麼你就會錯過太多寶貴資訊，並可能在設計自己的系統時做出錯誤判斷、遺漏關鍵跡象。糟糕或維護困難的系統可能會毀掉客戶的信任，並進而傷害到公司和員工。良好的系統設計需要商業、產品和開發部門的密切合作，而平衡系統耦合是當中不可忽視的一環。這件事越早做好，未來的痛苦就會越少。

現今不少人深信生成式 AI 已經足以取代資淺程式設計師，我們也能觀察到就業市場反映出這種現象。但事實是系統設計發生在寫程式「之前」，而且很容易被輕視。我們能看到網路上不少分享用 AI 直接生出一整個專案的人，到最後坦承他們無力改進和修好專案，因為他們不曉得 AI 也會快速累積技術債，也不知道如何修正設計問題。我們尚未看到 AI 能夠取代產品設計並協調團隊合作，而且 AI 在讀取大型專案上也有其輸入極限。有些人的反應是嘗試將專案切成更小的系統，但如本書作者指出，再小的系統也有可能變得複雜和難以維護。

所以有些人認為，程式設計師或程式工程師並不會被 AI 取代，只不過在實際寫程式的動作會有所轉變，或者會轉型為「程式架構師」。在將複雜商業需求轉譯到良好軟體設計的過程上，人類依然不可或缺。

嗯，我自己要轉職已經太晚了，但是說真的：我真希望可以早幾年讀到這本書，或許它能稍微挽救我前公司產品的命運。

作者序

　　討論軟體設計的書，一般只會用幾頁的篇幅討論耦合，只有在罕見的情況下會長達一整章。但儘管風潮來來去去，耦合卻永遠是重要議題（我猜將來亦然）。你不信嗎？只要停下來聽聽業界人士的對話，你到處都會聽到「耦合退散」這種口號。但究竟什麼是「耦合」？它真的一直都很糟，還是只會在過了某個程度後變糟？你能衡量它的糟糕程度嗎？如果能，又要怎麼做？

　　自從我開始當軟體工程師，這些就是我一直在尋求答案的疑問。我只聽到更多「避免耦合！」跟「這種架構模式能讓你擺脫耦合！」這種話，還有更可怕的：「唯一避開耦合的辦法就是用我們家的產品！」唉。

　　在 2014 年前後，有另一個「去耦合化救贖」冒出來 —— 微服務（microservices）。我甚至記得在某場研討會看過一份投影片，標題是「微服務即為去耦合的架構」。當時大家微服務來、微服務去的，可是沒有人真的定義什麼是微服務。但這並未阻止我（或任何人）嘗試付諸實現；我們在微服務與去耦合的狂熱下，決心把我們當時正在做的一個專案的所有東西「去耦合」。我們在商業資料個體周圍設計微服務，每個 API 大致對應到 CRUD（Create, Read, Update, and Delete，增刪查改）操作。我們說這樣一來，每個資料個體都能獨立演進。但結果呢？大失敗。不對，是宇宙級的超級大災難。

　　然而，那個失敗的專案卻意想不到地讓我因禍得福。我當時想要搞懂，為什麼微服務承諾的去耦合反而變成耦合大怪獸。我得找出正確的解法。於是我著手讀所有的論文跟書籍，尋找改進微服務的可能辦法。最後我在《結構化設計》（*Structured Design*, Yourdon 與 Constantine 著，1975）第六章找到解釋。那章的標題叫什麼呢？「耦合」。

　　這便是我鑽研軟體設計耦合的起點。我想學會我們曾經曉得、但已經遺忘的知識。幾年後，所有知識開始像拼圖一樣就位 —— 我學會的一切，開始構成了連貫的概念，成為能描述耦合如何影響軟體專案的立體模型。我開始逐步將這個模型套用在我的日常工作上。它真的有用！它甚至徹底顛覆了我對軟體設計的認知。

軟體設計耦合的平衡之道：建構模組化軟體系統的通用設計原則

到了某個時候，我再也沒辦法藏私了，想要分享我的發現。這成了我在歐洲 2020 年領域驅動設計研討會的一場演講，主題是「如何平衡分散式系統的耦合」（Balancing Coupling in Distributed Systems）。我走下台時，血管裡的皮質醇和腎上腺素正在熱烘烘開起自己的壓力荷爾蒙研討會。我唯一記得的事是 Rebecca Wirfs-Brock 跑來告訴我，說我一定要繼續發展這些點子，然後給它寫本書。我哪有資格反駁 Rebecca Wirfs-Brock 這種設計大神？

我寫這本書的原因，跟我必須在那場研討會演說一樣，是我不得不做的事。這一切我們擁有過但忘卻的知識，實在是太過重要了。因此，若你讀到這段文字，這表示在這麼多年的艱苦奮鬥下，我終於在被這本書打倒之前完成了它。我全心全意相信，這本書對各位的用途，會如同它過去對我一樣多。

誰該讀這本書？

我在寫這篇作者序時，Pearson 出版社的格式準則要求我「精準表達並避免忍不住列舉一長串潛在讀者」。好；那麼我就將本書的目標讀者定義為打造軟體的人。

不管你是資淺、資深、首席軟體工程師還是架構師，只要你在任何抽象層級負責做軟體設計決策，耦合就能成為你的助力或阻力。在打造模組化和可演進的系統時，學習如何馴服耦合的力量是至關重要的。

本書內容的編排方式

這本書分成三大部分（Part）：

第一部「耦合」──本書第一部分討論整體大局：耦合的概念如何能納入軟體設計、複雜性與模組化的脈絡。

- 第一章「耦合與系統設計」──本章首先讓各位了解什麼是系統、系統如何被打造，以及耦合在任何系統扮演的角色。接著此章將焦點切到軟體系統，並介紹接下來章節將用來描述耦合的詞彙。

- 第二章「耦合與複雜性：Cynefin 框架介紹」—— 既然軟體複雜性是我們寧願避免的東西，我們就必須了解它一開始為何存在。為此，本章介紹了 Cynefin 框架的基本原則，它們能精準定義何謂複雜性。

- 第三章「耦合與複雜性：互動」—— 本章將討論挪到一般系統，特別是針對軟體設計複雜性。各位會學到軟體系統為何會變複雜，這又和耦合有何關聯。

- 第四章「耦合與模組化」—— 本章將焦點切到我們真正期望有的結果，也就是模組化，並定義模組化和軟體模組的概念。更重要的是，本章將討論耦合：它是一把雙面刃，能帶領系統走向複雜或模組化之路。

第二部「維度」—— 本書第二個部分聚焦在耦合，各位將學到耦合影響系統的不同方式，以及幾種能評估其影響的模型。

- 第五章「結構化設計的模組耦合」—— 本章回顧歷史，介紹 1960 年代末第一個用來評估軟體設計耦合的模型，至今仍然深具用處。

- 第六章「共生性」—— 本章介紹的模型反映了耦合的另一種面向，即共生性。各位將了解模組「共生」意味著什麼，而這種關係有哪些不同的影響幅度。

- 第七章「整合強度」—— 在此我們將結構化設計的模組耦合以及共生性模型合併，成為所謂的整合強度模型。各位將學到如何用這個模型來評估系統元件之間共享的知識。

- 第八章「距離」—— 我們在本章將焦點換到一個不同的維度：空間。各位將了解模組在程式庫中的實體位置其實也會影響其耦合。

- 第九章「變動性」—— 我們在這裡則著眼於時間維度，討論軟體模組改變的理由，模組的變動性如何波及整個系統，你又能如何評估模組的預期變化速率。

第三部「平衡」—— 本書這部分將第一部和第二部的主題連接起來，將耦合的各個維度變成可用於設計模組化軟體的工具。

- 第十章「平衡耦合」—— 在這章，我們會探討結合耦合維度時能得到什麼啟示。此章也提出平衡耦合模型：一個可衡量耦合對總體系統產生之影響的全觀模型。

- 第十一章「重新平衡耦合」—— 在此我們討論軟體系統的策略性演進，這會帶來哪些變動，以及如何藉由重新平衡耦合力量來適應這些變動。

- 第十二章「軟體設計的碎形幾何」—— 我們於本章繼續探討系統演進的主題，著重在最普遍和最重要的變動：成長。本章合併來自其他產業的知識，甚至借鏡大自然，以便揭開引導軟體設計的基底設計原則。

- 第十三章「平衡耦合實務」—— 我們在本章脫離理論，踏進實務應用，藉由討論使用案例來展示平衡耦合模型如何能用於改進軟體設計。這些案例顯示，在許多世人再熟悉不過的軟體架構風格、設計模式跟設計原則當中，其實都可以發現平衡耦合模型的身影。

- 第十四章「結論」—— 本章替全書的內容總結，並提供最終的建議，告訴你如何將以上學到的原則應用在日常工作中。

本書的案例研究：「奧可」公司

本書以實務為基礎，你會讀到的內容全都經歷過真實考驗，並在多個軟體專案和商業領域中證實了其用處。這些真實世界的經驗反映在每一章出現的案例研究裡。我雖然沒辦法透露這些專案的特定細節，我仍然想提供一些真實研究案例，好讓本書不至於那麼抽象。

為了做到這點，我將真實世界的實戰故事改寫成一間虛構公司「奧可」（WolfDesk）的案例。雖然這間公司是假的，它所有的案例都取材自真實專案。以下是「奧可」與其商業領域的簡短描述。

「奧可」（WolfDesk）公司

「奧可」公司提供的服務為客服管理系統。若你的新創公司需要支援客戶，「奧可」的解決方案能馬上讓你上線。

「奧可」採用有別於競爭者的付費模型。與其依使用者人頭收費，它允許系統租戶設立任意數量的使用者，並依收費時段內開啟的客服案件數量來收費。系統沒有最低基本費用，而每月案件達到特定門檻時亦會提供自動服務容量折扣。

為了防止租戶重複利用已存在的客服案件來鑽漏洞，案件的生命週期演算法會確保未使用的案件將自動關閉，藉此鼓勵客戶在需要更多客服支援時開新案件。甚至，「奧可」建置了一套詐欺偵測系統，會分析訊息並辨識同一個客服案件內是否有不相關的討論主題。

為了幫助租戶更順利推動跟客服相關的工作，「奧可」亦建置了「自動化客服」服務。自動客服會分析新問題，並試圖從租戶的案件歷史中尋找相符的解法。這個功能可進一步縮短案件的生命週期，並鼓勵客戶在提出新問題時開啟新案件。而為了協助租戶把客服作業推動得更流暢，「奧可」也建置了「客服自動導航」功能，會分析新的提問，並根據租戶的客服記錄嘗試自動配對解決方案。此功能可進一步縮短案件的生命週期，鼓勵消費者在有額外問題時改開新案件。

系統管理介面能讓租戶設定可選的客服案件分類，以及列出租戶需要客服支援的產品。為了確保客服案件只會在客服專員的上班時間轉進來，「奧可」允許租戶替不同的部門與組織單位設定不同的工作時段。

致謝

我想將最深的感激獻給 Vaughn Vernon，本書若少了他就不可能化為真實。Vaughn 不僅提供我這個千載難逢的機會將這些點子付梓，更在寫作過程期間大力支持我。謝謝你在我需要幫助時永遠拉我一把，也謝謝你無可估量的寶貴建議和見解，它們令這本書生色不少。

Haze Humbert 是本書的守護天使，更正式來說是本書的執行編輯。這本書花費四年寫作，我也知道我在這四年期間的表現令 Haze 十分辛苦。所有能出錯的事都出錯了，而且出包的還不只這些。Haze，你是我認識過最有耐心的人之一，謝謝你救了這本書，還有你在我最需要的時刻帶給我的及時雨支持。

寫完這本書真是如釋重負啊！但這只不過是其中一場仗而已。要贏得整場戰爭，它還得準備印刷，這當中牽涉到的更是一整排艱難挑戰。我想感謝本書的內容製作人 Julie Nahil，協助我將這本書照我設想的方式規劃和排版好。

本書超越了不同的軟體工程時代和繁多的研究領域，絕對是我研究過最困難的專案。若沒有好多人在路上出一份力幫忙我，這本書絕對不可能問世。我想謝謝我在寫作期間諮詢過的專家們（本書提到一群人時，一概按照姓氏字母排序）：Alistair Cockburn、Gregor Hohpe、Liz Keogh、Ruth Malan、David L. Parnas、Dave Snowden 和 Nick Tune。

我誠心感謝那些有膽量閱讀本書早期粗稿的人們，他們提供的回饋對於改進原稿扮演了關鍵角色：Ilio Catallo、Ruslan Dmytrakovych、Savvas Kleanthous、Hayden Melton、Sonya Natanzon、Artem Shchodro，以及 Ivan Zakrevsky。

最後同樣重要地，我想謝謝兩位特別的人，我從他們身上獲益甚多，我也有極大的榮幸能邀請他們替我寫推薦序：Rebecca J. Wirfs-Brock 和 Kent Beck。萬分感謝兩位親切又鼓舞人心的序言！

關於作者

Vlad（Vladik）Khononov

小時候很想寫自己的電玩遊戲，因此八歲時找了一本 BASIC 語言書來讀。雖然他至今仍未正式出版遊戲，軟體工程仍成了他的熱情歸所與職業。擁有超過二十年業界經驗的 Vlad 替規模各異的公司做事，扮演的角色自網站管理員到首席架構師都有。身為顧問與訓練師，Vlad 目前協助企業理解它們的商業領域、重新整頓老舊系統，並搞定複雜的架構挑戰。

Vlad 經常以作者和演說者身分公開活動，而除了各位手上這本書，他的著作包括《領域驅動設計學習手冊》（歐萊禮，2021），該書已被翻譯為八國語言。Vlad 以演講者身分在全球各地的頂尖軟體工程與架構研討會演說，最為人熟知的專長是以簡單、好消化的詞彙解釋複雜概念，令技術或非技術聽眾皆能受惠。

你能在 X 平台（@vladikk）以及 LinkedIn 聯繫 Vlad。

關於譯者

王寶翔（Alan Wang）

技術寫手、譯者。

alankrantas.github.io

目錄

齊聲讚譽	iii
叢書編輯序	vii
推薦序一　Teddy Chen	x
推薦序二　Rebecca J. Wirfs-Brock	xii
推薦序三　Kent Beck	xiii
譯者序　王寶翔（Alan Wang）	xiv
作者序	xvii
誰該讀這本書？	xviii
本書內容的編排方式	xviii
本書的案例研究：「奧可」公司	xx
致謝	xxii
關於作者	xxiii
關於譯者	xxiv
前言	1

PART I　耦合　　3

Chapter 1　耦合與系統設計	5
什麼是耦合？	6
耦合程度	7
共享的生命週期	7
共享的知識	8
知識流動方向	10
系統	11
系統中的耦合	13
【選讀】機械工程中的耦合與成本管理	16
重點提要	17

	測驗	18
Chapter 2	耦合與複雜性：Cynefin 框架介紹	19
	什麼是複雜性？	19
	軟體設計中的複雜性	20
	複雜性是主觀的	20
	Cynefin 框架	21
	清晰（clear）	21
	困難（complicated）	22
	複雜（complex）	23
	混亂（chaotic）	25
	失序（disorder）	26
	比較 Cynefin 框架的領域	27
	將 Cynefin 框架用於軟體	28
	範例 A：整合外部服務	28
	範例 B：改變資料庫索引	31
	Cynefin 框架的應用	33
	Cynefin 框架與複雜性	33
	重點提要	34
	測驗	34
Chapter 3	耦合與複雜性：互動	37
	複雜性的本質	37
	複雜性與系統設計	38
	線性互動（linear interactions）	38
	複雜互動（complex interactions）	39
	複雜性與系統規模	41
	階層複雜性	41
	只最佳化全域複雜性	43
	只最佳化區域複雜性	44
	替複雜性取得平衡	45
	自由度（degrees of freedom）	46
	軟體設計中的自由度	46

	自由度與複雜互動	48
	複雜性與限制條件	48
	範例：限制自由度	49
	Cynefin 框架的限制條件	50
	耦合與複雜互動	50
	範例：連結耦合與複雜性	50
	設計 A：用 SQL 過濾客服案件	51
	設計 B：使用 Query 物件	53
	設計 C：使用專用的搜尋方法	54
	耦合、自由度與限制條件	55
	重點提要	57
	測驗	57
Chapter 4	耦合與模組化	59
	模組化（modularity）	59
	模組	61
	樂高積木	63
	相機鏡頭	63
	軟體系統的模組化	63
	軟體模組	64
	函式、邏輯和軟體模組的脈絡	66
	有效的模組	67
	將模組視為抽象化（abstraction）結果	68
	模組化、複雜性與耦合	70
	深模組（deep module）	71
	模組化 vs. 複雜性	73
	模組化：物極必反	74
	模組化內的耦合	75
	重點提要	76
	測驗	77

PART II 維度　　　　　　　　　　　79

Chapter 5　結構化設計的模組耦合　　81
結構化設計　　82
模組耦合（module coupling）　　82
　　內容耦合（content coupling）　　83
　　共用耦合（common coupling）　　85
　　外部耦合（external coupling）　　88
　　控制耦合（control coupling）　　90
　　特徵耦合（stamp coupling）　　92
　　資料耦合（data coupling）　　94
比較各個模組耦合層級　　96
重點提要　　98
測驗　　98

Chapter 6　共生性　　101
什麼是共生性？　　101
靜態共生性（static connascence）　　102
　　名稱共生性（connascence of name）　　103
　　型別共生性（connascence of type）　　104
　　意義共生性（connascence of meaning）　　105
　　演算法共生性（connascence of algorithm）　　106
　　位置共生性（connascence of position）　　107
動態共生性（dynamic connascence）　　109
　　執行共生性（connascence of execution）　　110
　　時機共生性（connascence of timing）　　111
　　值共生性（connascence of value）　　112
　　身分共生性（connascence of identity）　　114
評估共生性　　115
　　管理共生性　　116
　　共生性對應結構化設計的模組耦合　　117
重點提要　　119
測驗　　120

Chapter 7 整合強度	121
耦合強度	122
結構化設計？共生性？還是兩者皆用？	123
結構化設計與共生性的盲點	123
換個策略	124
整合強度（integration strength）	124
沿用範例：共享資料庫	125
侵入耦合（intrusive coupling）	126
侵入耦合的範例	126
沿用範例：共享資料庫的侵入耦合	127
侵入耦合的影響	128
功能耦合（functional coupling）	128
功能耦合的不同程度	129
功能耦合的肇因	131
沿用範例：共享資料庫的功能耦合	132
功能耦合的影響	132
模型耦合（model coupling）	133
模型耦合的不同程度	136
沿用範例：共享資料庫的模型耦合	137
模型耦合的影響	137
契約耦合（contract coupling）	138
契約耦合的範例	139
契約耦合的不同程度	143
契約耦合的深度	144
沿用範例：共享資料庫的契約耦合	146
契約耦合的影響	146
整合強度討論	147
範例：分散式系統	149
整合強度與非同步執行	150
重點提要	151
測驗	152

Chapter 8	距離	157
	距離與封裝邊界	157
	距離成本	159
	以生命週期耦合呈現的距離	160
	評估距離	163
	影響距離的額外因素	163
	距離與社會技術設計	164
	距離與執行階段耦合	166
	非同步溝通和變動成本	167
	距離 vs. 鄰近度	167
	距離 vs. 整合強度	168
	重點提要	168
	測驗	169
Chapter 9	變動性	171
	改變與耦合	171
	為何軟體會有變動	172
	解決方案的變動	173
	問題的變動	174
	評估變動率	174
	領域分析	175
	原始碼版本控制分析	180
	變動性和整合強度	181
	推論的變動性	183
	重點提要	184
	測驗	185

PART III 平衡   187

Chapter 10	平衡耦合	189
	合併耦合維度	190
	度量單位	191
	穩定性：變動性和強度	192

實際變動成本：變動性與距離		193
模組化程度和複雜性：整合強度與距離		193
合併整合強度、距離與變動性		195
維護難度：整合強度、距離加變動性		195
耦合平衡度：整合強度、距離及變動性		197
以數值量表平衡耦合		198
量表		199
耦合平衡度等式		200
平衡耦合範例		201
重點提要		204
測驗		205
Chapter 11　重新平衡耦合		207
韌性設計		208
軟體變動向量		208
戰術變動		208
戰略變動		209
重新平衡耦合		211
整合強度變動		212
變動性變動		216
距離變動		218
重新平衡複雜性		219
重點提要		219
測驗		220
Chapter 12　軟體設計的碎形幾何		221
成長		221
網路系統		222
以網路系統看待軟體設計		223
為何系統會成長？		224
成長極限		225
軟體設計的成長動態		227
創新		230

	軟體設計內的創新	232
	以抽象化作為創新	233
	碎形幾何	235
	碎形模組化	237
	重點提要	238
	測驗	239
Chapter 13	平衡耦合實務	241
	微服務	241
	案例 1：事件分享了不相關知識	242
	案例 2：堪用的整合	246
	架構模式	247
	案例 3：降低複雜性	248
	案例 4：分層、轉接埠與轉接器	251
	商業物件	255
	案例 5：個體與聚合	255
	案例 6：整理類別	258
	方法	260
	案例 7：分而治之	261
	案例 8：程式碼異味	263
	重點提要	267
	測驗	267
Chapter 14	結論	269
尾聲		273
Appendix A	耦合之歌	275
Appendix B	耦合詞彙表	277
Appendix C	測驗解答	285
參考書目		289

前言

想像一隻高檔瑞士機械手錶，集結令人驚嘆的工程技術、傳統及工藝於一身。它的主要功能顯然是精準計時。瑞士官方天文台測試研究所要求機械錶在十五天測試期間，每天平均誤差不能慢超過四秒以上，或者快超過六秒。這還沒完；現代手錶還有其他功能，比如計時碼表、日期盤、月相盤、同時顯示多重時區等等。這些都由數百個微小的零件來實現。不管是多小的零件，每一個都對整體的運作機制扮演關鍵角色。

這仍然還沒完。

零件之間的互動精準度是至關重要的。例如，若因潤滑不足導致接觸太緊，過多摩擦力會令錶走太慢。反過來，若零件上太多油，齒輪與彈簧的運作自由度變大，錶就會走太快。為了讓鐘錶能長時間維持準確，元件之間的互動就務必達到完美平衡。

這就跟軟體設計中的耦合一樣。

現代軟體系統包含數百個、有時數千個模組，就算其中某個模組完美實現了其功能，那也不夠。這個模組若要能提供價值，就得整合進系統中 —— 與其他元件產生耦合。一如手錶零件需要在其實體關聯中達成精細的平衡，軟體模組也務必在縝密考量下進行整合。若耦合太鬆散，系統就會太脆弱和太難控制；若耦合太緊密，系統則會失去彈性，無法有效率運作及在未來適應變化。軟體系統必須維持完美平衡，方能同時具備韌性和適應力，這呼應了精密製錶界追求的縝密和諧。

但這種平衡要如何實現呢？

這就是各位將要學習的內容。本書打算達成兩個目標：首先是針對耦合以及它出現在軟體設計的各種方式提出全面解釋。其次，藉由學習如何評估耦合的多維度效應，各位將能發掘出一種令人著迷的可能性，也就是把傳統上飽受唾棄的耦合概念轉變為具有正面建設效果的設計工具。這個工具將能幫各位引導你的系統遠離複雜性、靠向模組化，並具體實現平衡耦合的原則。

那麼，這又為何重要呢？

高階機械手錶代表的不僅僅是計時工具，而是能隨時間累積顯著價值的實體資產。這同樣能套用在成功的軟體系統；軟體系統的價值不只反映自身當前功能，也來自於它能否演化、成長和適應未來需求。如各位將在本書學到的，若要建構一套能歷經時間考驗的系統架構，那麼有效率的跨元件互動設計就是箇中關鍵。而在這種設計的核心，一切都跟耦合有關。

儘管本書的焦點放在耦合，它的整體範疇其實很廣。耦合影響了我們所做的一切：不管你是在撰寫函式、設計物件模型，還是建構分散式系統，你在本書學到的原則一概都能應用。更精確來說，你將學到怎麼辨識和評估耦合在多重維度上的影響，理解這些耦合力量如何交互作用，並如何利用這些特性做出合理的設計決策。本書將探討為何有些設計決策會引發更高的複雜性，有些則能提高系統的模組化程度。對於所有的軟體設計疑問，你再也不會只得到「這得看狀況」的答案；你將會理解到「這取決於什麼」。

PART I
耦合

各位開始將耦合運用為設計工具之前，必須先從大方向開始理解。本書這部分討論了系統設計欲達成的目標、想要避免的狀況，以及可用來主導設計方向的工具。

第一章從最廣泛的角度展開探索：耦合在系統設計中扮演的角色。各位將學到究竟何謂耦合，系統又為何需要耦合方能運作。

第二章聚焦在複雜性的概念，介紹何謂 Cynefin 框架，並用它來定義複雜性。

第三章繼續討論複雜性，這回從系統脈絡角度來探討。各位將發現哪些因素會令系統變得更複雜，耦合在管理複雜性這方面又為何是至關重要的工具。

第四章總結第一部的內容，深入討論與複雜性相反的方向：模組化。各位將學到何謂模組化，為何幾乎所有系統都希望模組化，還有設計模組時牽涉到的取捨。這一章最後也會討論模組化、複雜性及耦合的密切關係。

Chapter 1
耦合與系統設計

耦合怪獸強與弱，
吾等恐懼心中留，
但若無它撐大局，
系統崩壞無可救。

「耦合」（coupling）一詞經常被當成糟糕系統設計的簡稱。當一個系統結構強烈抵抗我們想做出的改變，或是我們試圖釐清一團亂剪還亂的相依關係時，我們常會把錯推給耦合。說來不意外，人們的天性就是想要「把一切去耦合」，管他是類別、模組、服務還是整個系統都一樣。我們傾向把這些東西拆成更小的單元，好讓我們能隨心所欲獨立實作和改進個別元件。

但耦合真的是一切罪惡的根源嗎？

試想一個完全沒有耦合的系統，當中所有元件都彼此獨立和可替換。這是好設計嗎？這種系統能達成其商業目的嗎？為了回答這些問題，我們在本章會先探索比較廣泛的耦合議題：耦合在系統設計中扮演的角色。各位將會了解什麼是耦合、系統需要用什麼要素構成，最後帶到耦合與系統設計的奇特關係。

什麼是耦合？

早在耦合變成世界各地軟體工程師的宿敵的很久之前，耦合就已經存在了。如圖 1.1 所展示的，這個詞源自拉丁文 copulare，而該詞又源自 co（一起）和 apere（綁緊）。因此耦合的意思就是「綁在一起」，或者把東西連接起來。

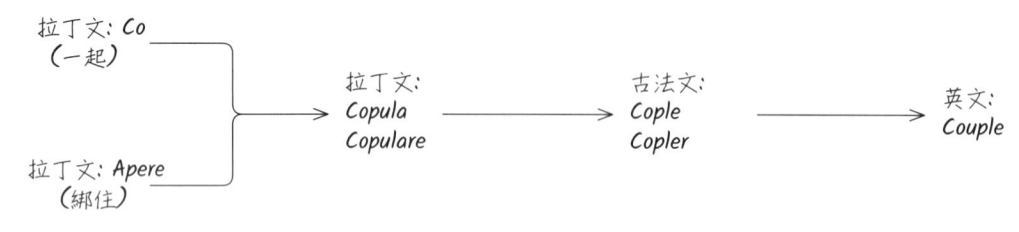

圖 1.1　耦合的詞源。

當你看到「耦合」這個詞，你可以把它換成「連結」。當你說兩個服務之間存在「耦合」，就跟說這兩個服務之間存在「連結」是一樣的。同樣的，若說一個物件跟一個資料庫有高度耦合，就等於說這個物件和資料庫有高度連結。

這顯示耦合是一種無所不在的現象，到處都能觀察到耦合：只要兩個個體相互連接，那麼它們之間就存在耦合。時鐘裡面有無數齒輪和彈簧相互連結，以便能正確衡量時間。引擎、車軸、車輪、剎車和其他零件耦合在一塊構成汽車。器官耦合起來構成生命體，包括我們人類。在更小的層面上，粒子的互動構成我們宇宙中的萬物，而在更大的層面上，星體則會透過重力場互動——儘管隔著極遠的距離，星體之間仍然存在耦合。

耦合暗示了相連結個體之間的關係，而相耦合的東西便能用某種方式影響彼此。話雖如此，世上有各式各樣的系統和設計它們的各種方式，也有連接元件的不同辦法。不同的設計會帶來不同的結果與維護成本。當我們討論到耦合時，我們通常會將它分類成「鬆散／弱」或「緊密／強」。但究竟是什麼因素決定耦合弱或強呢？

耦合程度

耦合的程度反映了相連元件之間的相互依賴性；連結**越**強時，你管理這種關係所需的力氣就會隨著時間變得更多。儘管如此，就連「低耦合」元件仍然有連結關係，無法完全彼此獨立。

談到軟體設計時，元件的耦合程度越大，它們需要同時修改的頻率就越高。但是什麼原因使這些元件需要一起改變？這有兩大理由：共享的生命週期（shared lifecycle）和共享的知識（shared knowledge）。

共享的生命週期

若多重元件得一起改變，一個較小的理由是它們有共享的生命週期。看看圖 1.2 展示的兩套系統，它們都包含了「付款」及「授權」模組（關於什麼是軟體模組，參閱第四章「耦合與模組化」）。在圖 1.2A 中的系統將這兩個模組放在同一個單體系統中，而圖 1.2B 的系統將它們擺在兩個不同的服務中：「收費」及「身分驗證與存取」。

當模組被擺在同一個單體應用程式中時，它們就必須一起測試、部署和維護。相對地，若像圖 1.2B 那樣將「付款」及「授權」拆到不同服務中，就能降低它們的生命週期耦合，並能用更獨立的方式各自開發和維護。

除了圖 1.2 展示的封裝範圍，還有其他系統結構和組織因素會導致元件的生命週期產生耦合。你會在第八章「距離」讀到更多細節。

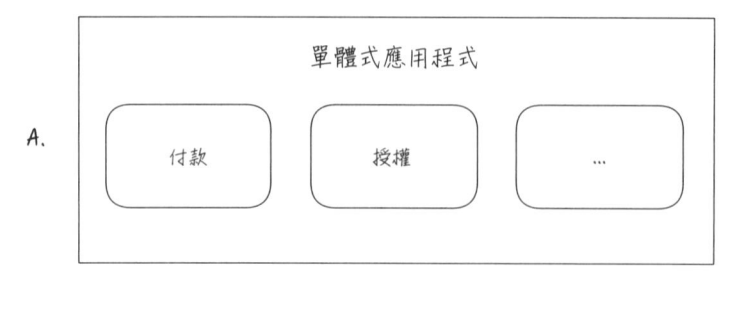

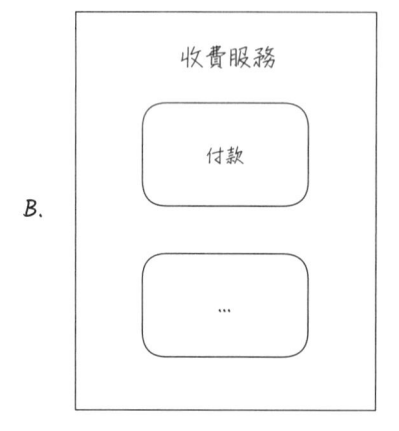

圖 1.2　將模組封裝在同一個範圍（A）會提高模組間的生命週期耦合，而將模組拆分到不同服務（B）則會降低模組間的生命週期耦合。

共享的知識

　　耦合的元件為了能協同合作，就必須分享知識。共享的知識可以用幾種不同形式存在：從知曉對應模組的整合介面，到知悉對方的功能需求，甚至是獲知對方的實作細節。當這些共享的知識有一部分改變時，對應的改變就必須套用到相連的模組上。你在耦合元件的邊界之間共享的知識越多，你會遭遇的連鎖變動就越多。

　　試想圖 1.3 展示的「客戶服務」模組，它提供了基本功能來管理消費者記錄，而且會和一個儲存物件（repository object）協作（或者說與之耦合），這個儲存物件封裝了背後的

資料庫存取。圖中展示的三種不同設計，描述了儲存物件的三種整合介面形式，使其透露的知識程度有所不同：

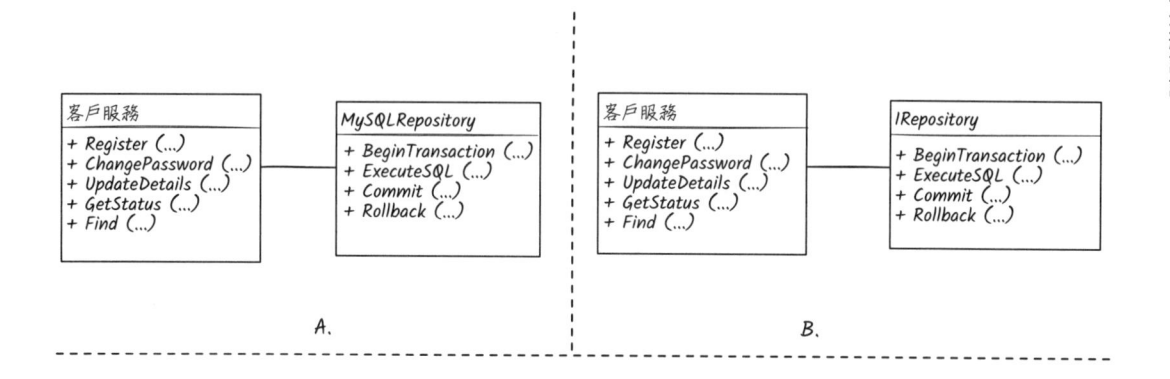

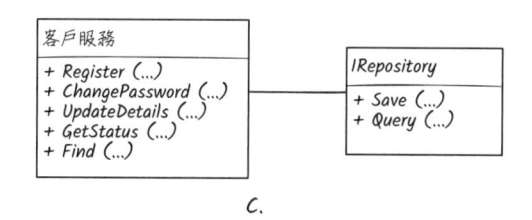

```
客戶服務                    MySQLRepository
+ Register (...)           + BeginTransaction (...)
+ ChangePassword (...)     + ExecuteSQL (...)
+ UpdateDetails (...)      + Commit (...)
+ GetStatus (...)          + Rollback (...)
+ Find (...)

            A.

客戶服務                    IRepository
+ Register (...)           + BeginTransaction (...)
+ ChangePassword (...)     + ExecuteSQL (...)
+ UpdateDetails (...)      + Commit (...)
+ GetStatus (...)          + Rollback (...)
+ Find (...)

            B.

客戶服務                    IRepository
+ Register (...)           + Save (...)
+ ChangePassword (...)     + Query (...)
+ UpdateDetails (...)
+ GetStatus (...)
+ Find (...)

            C.
```

圖 1.3　不同的系統設計會共享不同程度的知識。

- 圖 1.3A 的 MySQLRepository 物件，如同其名稱反映的，它使用一個 MySQL 資料庫來儲存消費者資訊。這種實作細節知識，也就是它究竟使用什麼資料庫，並沒有被獨立封裝在某處，而是由 MySQLRepository 和「客戶服務」模組共享。因此，若要切換到使用不同儲存機制的儲存物件，比如用於測試的記憶體內儲存實作，就得修改「客戶服務」模組。

- 圖 1.3B 捨棄讓「客戶服務」模組依賴實際實作的路線，改而讓它依賴 IRepository 介面。首先，與實際資料庫（MySQL）相關的操作知識會被封裝在別處（依賴反轉原則），「客戶服務」模組不會知道其內容。然而，IRepository 介面的可呼叫方法，比如 BeginTransaction（開始交易）和 ExecuteSQL（執行 SQL），仍然反映出底層實作的儲存機制來自關聯式資料庫家族。要是你想換成不支援執行 SQL 敘述的鍵值式儲存庫，那麼你還是得修改「客戶服務」。

- 最後，圖 1.3C 的 IRepository 介面改提供兩個更抽象的可呼叫方法：Save（儲存）和 Query（查詢）。這回底層究竟是不是使用關聯式資料庫，這個知識也被封裝起來了。從「客戶服務」模組的角度來看，如今 IRepository 介面的實作層可以套用在更大範圍的資料庫上，但仍不需要修改介面本身的抽象層。

總結來說，圖 1.3A 共享的知識最多，也就是底下實際使用的資料庫（MySQL）。圖 1.3B 將共享知識降低到關聯式資料庫家族。圖 1.3C 則更進一步封裝，只露出最少程度的知識，足夠讓「客戶服務」模組實現自身功能。各位可以發現，耦合模組之間共享的知識越多，需要同步修改它們的理由就會越多。「知識」的任何變動都會擴散到受影響的元件身上。

雪上加霜的是，共享知識有可能是隱性的。元件有可能會對系統其餘部分做出隱含假設，特別是這類知識沒有明確定義或分享的時候 —— 例如，假設系統會在特定版本的作業系統或特定的硬體上跑。

本書的中心主題，便是討論元件如何分享知識、知識又如何在系統中傳播。在本書的第二部「維度」中，各位會學到三種用來評估和分類共享知識的模型。下一段我將介紹一種標記法，我會在後續章節裡用這些描述系統中的知識流動。

知識流動方向

本書的所有後續章節，基本上都是在討論系統設計中的知識流動方向，只不過會從不同角度來探討而已。為了更直觀討論這些流動，我想定義一個共享的語法，描述元件如何分享知識。

請看圖 1.4 的兩個耦合元件：「經銷」元件引用了「CRM」（客戶關係管理）元件，也就是依賴它。經銷元件必然知道 CRM 元件的整合介面、功能和運作細節，而這全部的知識是由 CRM 模組透過整合介面分享給前者。因此，知識流動方向就跟元件依賴方向相反（圖 1.4 的虛線）。

```
┌─────────┐     知識流動方向      ┌─────────┐
│  經銷   │ ← ─ ─ ─ ─ ─ ─ ─ ─ │   CRM   │
│ (下游)  │ ─────────────────→ │ (上游)  │
└─────────┘      依賴方向        └─────────┘
```

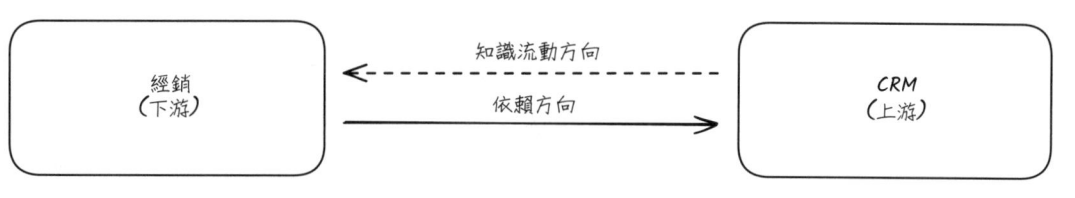

圖 1.4　耦合元件的知識流動。

我用「上游」(upstream) 和「下游」(downstream) 來描述元件／模組之間的知識流動：

- **上游元件 (upstream component)** 提供功能給其他元件使用，其介面會公開知識，描述其功能以及如何跟該元件整合。
- **下游元件 (downstream component)** 會使用上游元件的功能，而為了能做到這點，它必須知曉上游元件透過整合介面提供的知識。

回來看圖 1.4，可知經銷模組是下游元件，CRM 模組則是上游元件。用更簡單的方式來說，經銷功能是 CRM 功能的使用者。

系統

在前面的段落，各位已經發現耦合無所不在，能在所有東西上觀察到：汽車、生命體、天體之類。這些例子的共通點在於，它們都是系統。

若要了解耦合在系統中扮演的角色，我們就務必先定義何謂系統。Donella H. Meadows 在她的經典作品《系統思考》(*Thinking in Systems: A Primer*) 中，將系統定義為一組相互連結的元素，其組織方式能夠達成某種目的。這個簡潔的定義描述了構成系統的三個核心要素：元件 (component)、連結關係 (interconnection)，以及目的 (purpose)。

在軟體工程中不只有眾多不同類型的系統，就連軟體本身都能解讀成由相互連結的小系統所構成的大系統。我們在更高層級能看到服務、應用程式、排程工作、資料庫與其他元件，它們會耦合起來實現系統的整體目的，也就是其商業功能。但這些大型元件本身自成一個系統，只不過層級較低而已。比如，圖 1.5 中的「處理」服務是用物件導向程式語言寫的，因此該服務是由一系列所需的類別組成，好實作出該服務的功能。這些類別是該服務的元件，實現了整體系統 (服務) 的功能。

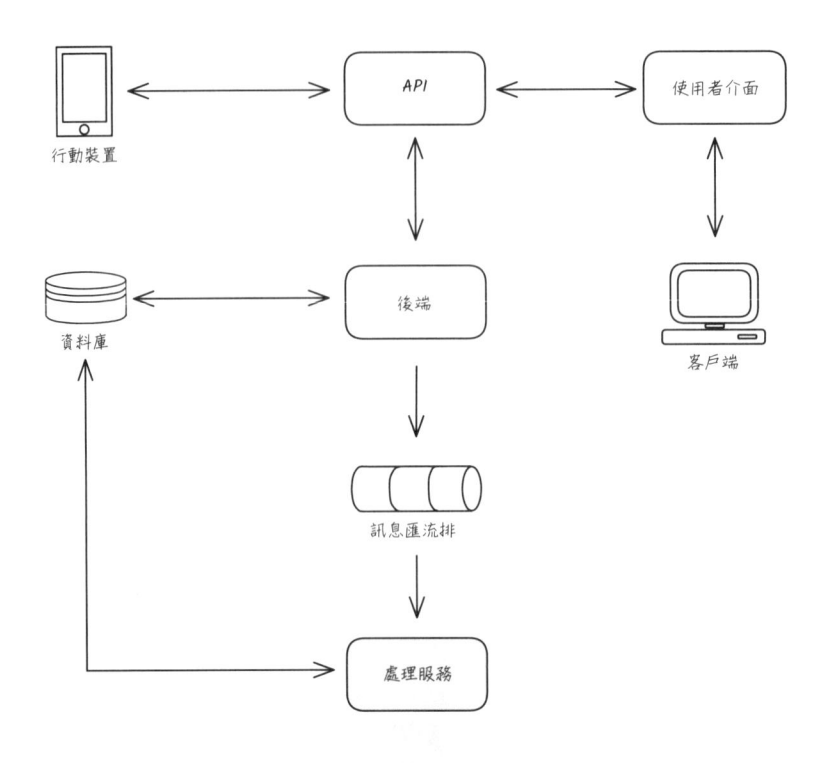

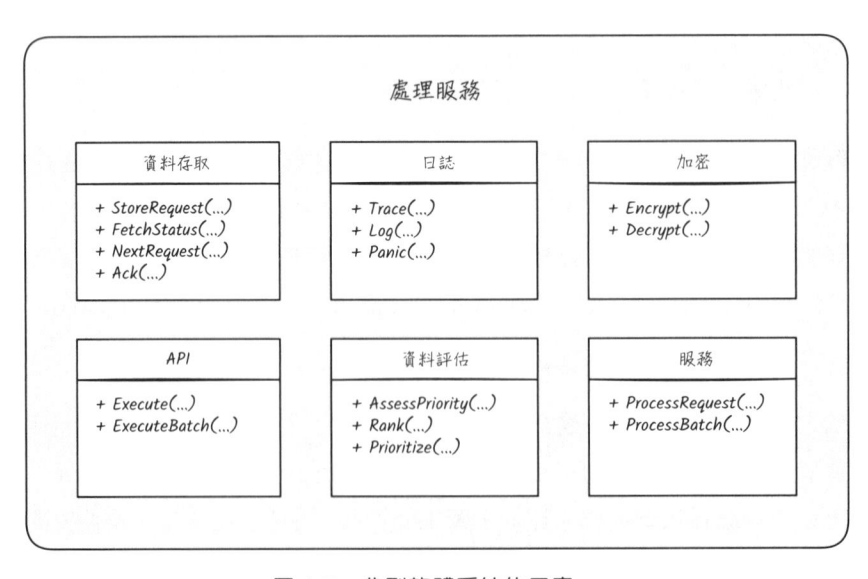

圖 1.5　典型軟體系統的元素。

甚至，你能進一步鑽研軟體系統的階層本質：這些類別本身同樣能被視為系統，其元件包括方法和變數，用來建置出該類別的功能。再往下，方法自身也是系統，由個別的程式敘述來共同實現該方法的目的。軟體系統的階層性質，是本書欲探討的另一個動機，我們會在後續章節繼續討論，並在第十二章「軟體設計的碎形幾何」達到頂點。

那麼，是什麼讓各種層級的元件能夠協同合作、達成整體系統的目的呢？互動。

系統中的耦合

圖 1.6 中的齒輪是真實鐘錶系統的元件。鐘錶系統的目的是衡量和顯示時間，但光是只有必要的齒輪跟彈簧是不夠的。系統若要能發揮作用，其元件就必須相連 —— 或者產生耦合 —— 以便能協同合作。話雖如此，把它們任意組合起來是沒用的。元件必須照特定方式結合，才能實現系統的目標。耦合不只能維繫整個系統的結構，更能讓系統價值超越個別零件價值的總和。

圖 1.6　鐘錶的零件。（影像來源：Photocell/Shutterstock）

系統三大元素 —— 元件、互動和目的 —— 彼此密切相關：

- 一個系統的目的需要一群特定的元件，透過元件之間的互動來達成。

- 元件介面的設計能允許和禁止某些整合行為。此外，元件自身的功能能夠令系統實現其目的。

- 互動關係讓系統能藉由指揮元件協作來達成目的。

圖 1.7 展示了這些相互關係。

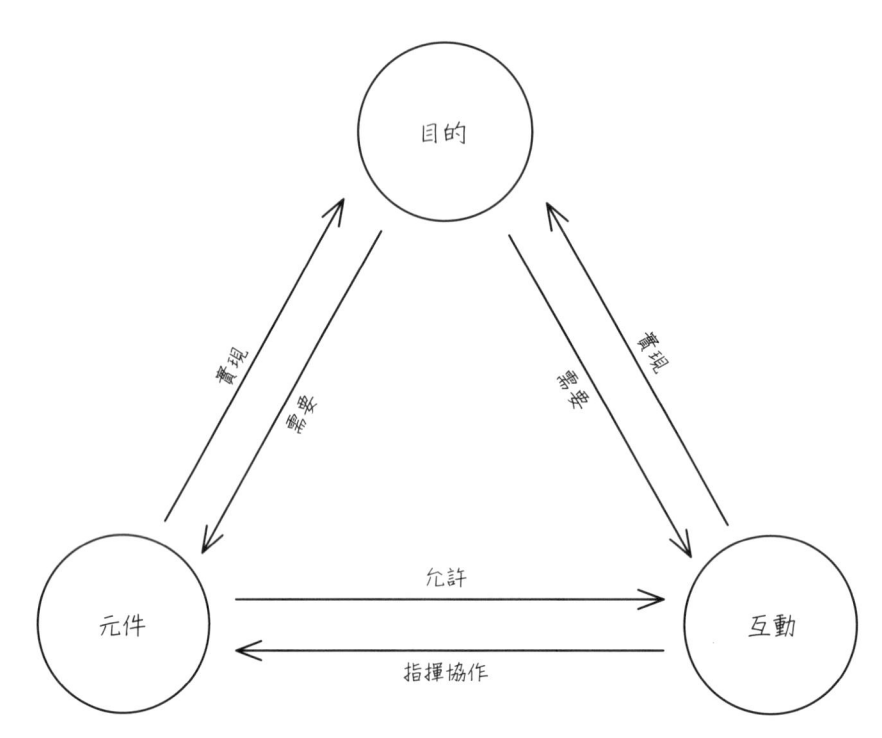

圖 1.7　系統核心三元素是相互依賴的。

總歸來說，在任何系統裡面，你不可能只改變其中一個元素，但不影響到至少另外一兩個元素。舉例來說，你想把一個軟體系統的功能（或者其目的）加以延伸，而若要改變目的，就必須修改其元件 —— 服務、模組跟其他需要演進來適應新需求的部分。甚至，修改元件可能會改變其互動方式，或者改變元件整合和相互溝通的方式。

這帶出了系統設計的另一個重要概念：邊界（boundaries）。如 Ruth Malan 所說：「系統設計的本質便是關於邊界（裡外有什麼、有哪些會跨過邊界或來回移動）以及其取捨。它重新定義哪些東西屬於外界，正如它定義了哪些該留在邊界內」（Malan，2019）。一個元件的邊界定義了哪些知識屬於元件，哪些知識又該留在外頭——比如，哪些功能該由這個元件實作，哪些責任又該交給系統的其他部分。甚至，邊界定義了一個元件該如何跟系統的其他部分互動，或者更精確來說，有哪些知識允許通過元件邊界。到最後，元件與互動定義了系統設計能夠達成什麼結果。這表示互動性，也就是元件耦合的設計，是系統設計與生俱來的一環。

以一般的系統來說，耦合概念在系統設計是不可或缺的。人們經常假設軟體設計的目的是要徹底去耦合、使元件完全獨立，但實際上並非如此。你不可能把耦合降到零；若兩個元件應該要協作，它們之間就得共享知識；互動的前提就是要分享知識。元件若沒有互動或耦合，就不可能實現系統目的。正是單元之間的互動成就了系統。

我們身為軟體工程師，經常著重在把系統解耦合成元件的任務。為了做到這點，我們得先檢視商業領域，然後決定哪些部分可以打散成服務、模組跟物件。基本上，我們在設計系統架構時，經常會太過專注在劃定範圍上，但這些範圍之間的關聯最起碼也一樣重要——我們必須留意元件的互動設計，意即元件之間會分享哪些知識、知識如何共享，這些知識分享又會如何影響整體系統。此外，各位應該已經發現，元件的設計與元件間的互動其實息息相關。耦合不僅定義了哪些知識被允許在元件之間流動，更定義了哪些知識根本不該離開所屬元件的邊界。這表示在設計模組化軟體系統時，耦合其實是不可或缺的工具。

耦合是將系統維繫起來的黏著劑，那麼這是否表示隨意結合元素和相依性就能產生良好設計呢？當然不可能。耦合可以是必要的，也有可能是意外的副作用。模組化設計需要消除意外的耦合，並謹慎管理必要的相互關係。各位在接下來的章節中，會學到如何區別這兩種耦合，以及如何用正確的那種讓你的系統更簡單和更模組化。

不過首先，我們會在下一章先探索複雜性與模組化的概念，以及它們跟耦合有何關聯。

【選讀】機械工程中的耦合與成本管理

機械工程很早就把耦合當成設計工具，利用它來事先考量到生產過程中必有的不完美，藉此降低成本。請看圖 1.8 兩個具有相同接合點的零件；若兩者的接合點在設計上完全吻合，生產不完美的產品就得丟棄而導致浪費。這樣一來很昂貴，二來要精準生產相同尺寸的零件有時根本是強人所難。生產缺陷不管有多小，都總歸會存在。

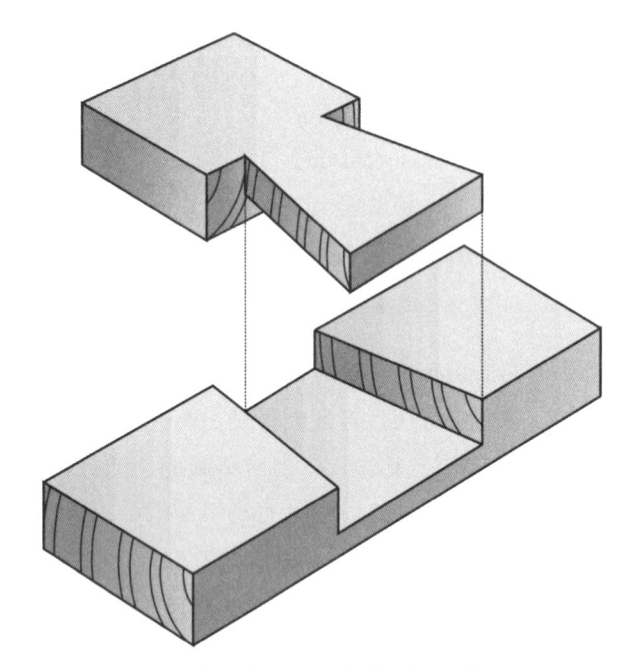

圖 1.8　設計成以耦合接合點相連的兩個零件。
（影像來源：HL Studios/Pearson Education Ltd.）

為了應付這種問題，元件的接合點（耦合處）會被設計成有**容錯空間（tolerance）**：允許原料的實體尺寸或特性有一定範圍的誤差。容錯藉由允許零件保持某種程度的鬆散，來維持可靠的連結，同時也能把生產浪費降到最低，藉此減少生產成本。當然，容錯程度必須謹慎設計，太高將導致連結不夠可靠，太低則無法涵蓋大部分的生產誤差。一如任何形式的耦合，機械零件的容錯得設計得剛剛好。

重點提要

耦合是系統設計中與生俱來的一環。一個系統具有其目的和元件；元件需要透過它和其他元件的互動（耦合），來實現系統目的。

耦合源自於元件必須共享知識或生命週期（或兩者皆有），而存在耦合關係的元件可以透過其邊界分享不同類型的知識。元件分享的知識越多，它們的相依性就越高，導致這些元件需要一起改變的頻率也隨之增加。而就算元件沒有共享知識，也仍可能透過共享的生命週期產生耦合。

當你在處理一個程式庫（codebase）時，請評估知識如何在耦合元件之間共享，它們的生命週期相依性又有哪些：

- 元件若要協作，它們要對其它元件有多少了解？這些共享的知識若改變會帶來什麼影響？

- 你能辨識出系統中是否有元件，因為跟其他變動性更大的元件共享生命週期，以致會需要再次測試跟重新部署嗎？

本章的目標為展示，耦合不應該被斥為壞設計（bad design）的同義詞，而是應該當成你不該忘記的實用設計工具。那麼，究竟是哪些力量會讓軟體專案翻車、把程式庫變成混亂大雜燴？這便是下一章要探討的主題。

測驗

1. 什麼是耦合？

    a. 常見的設計缺陷

    b. 兩個以上元件之間的關係

    c. 設計模式

    d. 物件模型內的相依性

2. 什麼是系統？

    a. 軟體解決方案

    b. 硬體應用

    c. 一組透過協作來實作特定用途的元件

    d. 以上皆非

3. 耦合如何影響系統設計？

    a. 耦合會影響元件相互整合的方式

    b. 耦合會影響元件的邊界

    c. 耦合定義了元件是否能實作系統目的

    d. 以上皆是

4. 在你的日常生活中，尋找你有與之互動的系統範例。這些系統的元件是如何整合的？你能發現其元件透過邊界分享知識的不同方式嗎？

Chapter 2

耦合與複雜性：
Cynefin 框架介紹

> 耦合為何若非惡？
> 複雜亂源扛大責。
> 駕馭之前觀而行，
> 克乃文法有妙策。

　　第一章定義了耦合的概念，以及它在系統設計中扮演的角色。儘管耦合給人的觀感不佳，系統仍然需要耦合來維繫其完整性。既然如此，是什麼樣的力量讓系統變得雜亂無序和難以管理呢？答案是複雜性（complexity）。

　　在以下各章，各位將學到如何在軟體系統中管理複雜性。但首先，你得有辦法定義和辨認它。各位會在本章學到什麼是 Cynefin（發音：克乃文）框架，並用它來定義與辨識複雜性。

什麼是複雜性？

　　複雜性就和耦合一樣，是我們日常生活必備的一部分。我們會把「複雜性」跟類似的詞用在各種領域；我們會描述金融市場的行為很複雜，也會說生態系、社交、交通系統等等的行為很複雜。它無所不在，以致於史蒂芬・霍金在 2000 年宣稱，我們活在一個具備複

雜性的世紀裡。但說一個東西很複雜，到底是什麼意思呢？我們直覺上能理解何謂複雜，但要精準定義就難了。

簡單來說，當一個東西很難理解時，我們就會說它很複雜。更正式來說，複雜性反映了一個人跟任何形式的系統互動時，這人承受的認知負擔（cognitive load）有多大。認知負擔越高，想要搞懂系統運作方式、控制它和預測其行為就會變得更難。更重要的是，在軟體設計的脈絡下，越高的複雜性意味著你會需要花更多力氣改變系統。

軟體設計中的複雜性

在處理複雜的程式庫時，前述的所有效果通通會發生。怎麼認定一個程式庫很複雜？答案是它會遮掩重要的資訊。例如，若想在一個複雜系統中定義元件的責任，這可能會是頗為艱鉅的任務 —— 元件就像拼圖，它們雖然能構成整張圖（系統），你卻很難推斷它們的各別功能。你得把所有拼圖湊起來，才能看見系統成品的行為。

至於要修改或延伸複雜系統的功能，就會更嚇人了：糾纏不清的元件會讓你搞不清楚系統哪些部分需要修改。甚至，要預測修改後會對其他元件造成什麼影響，更別提對整體系統的影響，也會變得更加艱難。

複雜性是主觀的

認知負擔和體驗認知負擔的人，兩者之間的關係使得複雜性成為一種主觀概念：複雜程度其實取決於觀察者。一個人只能根據自身在相關領域的專業來評估複雜性。某甲覺得很複雜的東西，對某乙來說可能微不足道。比如，車輛故障對經驗豐富的技工來說可能只是小問題，但我得花上幾天甚至幾星期才能解決。

這種對複雜性的基本定義 —— 一個人體驗到的認知負擔程度 —— 就能解釋人們口語中的「複雜性」。不過，若要討論和管理軟體設計領域中的複雜性問題，我們就勢必需要更精細的模型。為此，我將使用「Cynefin」框架。

Cynefin 框架

打造軟體系統的過程需要做出大量決策，這便是為何我們經常使用「設計決策」這個詞。但是什麼在支撐這些決策過程呢？若要做出合理決策，有哪些資訊是必要的？為了解答這些問題，本章剩下的部分會介紹一個叫「Cynefin」的決策支援框架。這框架能在多重情境下引導決策過程，不只對軟體的設計決策幫助甚大，也能揭開複雜性的核心本質。

「Cynefin」[1] 是威爾斯語，代表我們身處環境和自身體驗當中的多重交織因素，能夠用我們永遠無法完整理解的方式影響我們的思維、解讀角度和採取的行為。Dave Snowden 在 2007 年正式提出 Cynefin 框架作為決策支援工具，其目的是將特定的決策過程擺進讓它們最有效的情境裡。

這個框架將我們做決策的狀況分成五類：清晰（clear）、困難（complicated）、複雜（complex）、混亂（chaotic）和失序（disorder）。下面各段落會描述這五個領域的差異，以及它們如何影響決策過程。稍後我也會在本章展示 Cynefin 框架能如何支援軟體設計決策，並協助它們穿越軟體系統的複雜性。

清晰（clear）

在「清晰」──或者過去所稱的「明顯」（obvious）──領域，一個行為對系統的影響是顯而易見也可以預測的；你完全曉得結果會是什麼，因此在這個領域中做決策就很直接了當。

---

1 【譯者註】Cynefin 有出沒、棲息地、認識、習慣、熟悉等意，描述一個人在時間、空間、文化或性靈方面跟成長和生活環境的根源和關係。

通常在「清晰」領域中，決策過程會依循規則或最佳慣例。因此按照 Cynefin 框架的定義，「清晰」領域的決策過程會走「感知 —— 分類 —— 回應」途徑：

1. 感知（sense）：收集可用的資訊和確立相關事實。

2. 分類（categorize）：用這些事實找出相關規則或最佳慣例。

3. 回應（respond）：依循選定的規則或最佳慣例做決策。

舉個例，假設你正在接近一個紅綠燈。決定究竟要前進還是停下很簡單：若燈號是綠色就繼續行駛，是紅燈或黃燈就踩剎車。若以「感知 —— 分類 —— 回應」途徑來表示，過程即如下：

1. 感知：辨識紅綠燈以及其目前燈號。

2. 分類：辨識目前燈號的意義。

3. 回應：根據交通規則繼續行駛或踩剎車。

「清晰」領域確保你能透過已知的規則，在可預期的情境下做出穩定的決策。

困難（complicated）

「困難」領域代表「已知的未知」，或者你曉得你的知識不足以做合理決策的領域。但正因為有這種認知存在，你就能找到並諮詢具有所需知識的專家。靠著專家的建議，你就能決定採取何種行為最為合適。因此，在「困難」領域做決策牽涉到以下三步驟：

1. 感知（sense）：收集可用的資訊和確立相關事實。

2. 分析（analyze）：辨識缺少的資訊，並諮詢相關領域的專家。

3. 回應（respond）：依循專家的建議做決策。

我在本章開頭提到的車輛故障例子，就屬於「困難」領域：

1. 感知：辨識車輛的毛病或相關的故障代碼。
2. 分析：諮詢汽車技工來診斷問題，並了解能如何修好。
3. 回應：依照技工的建議修車。

各位或許注意到，我在本章開頭用了同樣的車輛故障例子來示範何謂複雜性，但是在此我把它用在 Cynefin 框架的「困難」而不是「複雜」領域。我們來看看這兩者究竟有何不同。

複雜（complex）

「複雜」領域類似「困難」領域，你沒有所需知識來做出合理決策。但在「複雜」領域裡，你會找不到專家來諮詢。若「困難」領域指的是「已知的未知」（你知道你缺少哪些做決策用的知識），「複雜」領域就是「未知的未知」── 你不曉得你到底少了什麼資訊，或者就算知道，也不曉得有誰懂，所以沒辦法諮詢專家。

「複雜」領域是和情境相關的，一個行為的結果不只取決於某領域的知識，也取決於你身在的情境。換言之，你手上的實際案例會發生什麼後果，是不可能靠著通用建議或最佳慣例來預測的。而令狀況更「複雜」的是，你在這種領域下採取的任何行動，都有可能對整體系統和其未來行為帶來不可預料的改變。

因此根據 Cynefin 框架定義，在「複雜」領域做決策之前得先做實驗。你在做任何決策之前，得先做一個安全實驗（或數個實驗）、分析其結果，再決定最終的行動計畫。照 Cynefin 框架的說法，你必須經過「試探 ── 感知 ── 回應」過程：

1. 試探（probe）：進行安全實驗，並觀察不同決策的結果。
2. 感知（sense）：收集可用資訊，確立相關事實，並從中辨識出模式。
3. 回應（respond）：根據實驗結果採取最佳行動。

在「複雜」領域做決策，會需要反覆這個過程。單一實驗很少能提供合理決策所需的完整資訊；你得多試探幾次，方能收集到所有情報。更重要的是，你得接受失敗是學習過程必然存在的一環。

因此不同於「清晰」和「困難」領域，你在「複雜」領域沒辦法精準預測決策的影響，只能事後歸納。你得先做安全測試和觀察其結果，這樣你才能一瞥行為背後的可能結果。

「複雜」領域常見的決策範例是所謂的「A/B 測試」（A/B testing）[2]。假設你在設計一個網站，得替行動呼籲按鈕（call-to-action button）選一個顏色。沒有人有把握地預測哪一種設計可以最大化點擊率[3]，因為不同的客群可能喜歡不同的設計。此外，有些顏色在某些網站上表現較佳，在別的網站卻更糟。這時常見的決策途徑就是採用 A/B 測試（圖 2.1）：做一個安全實驗，推出兩種設計版本的網站，再觀察哪一個產生較高的點擊率。照 Cynefin 框架的定義，這叫做「試探──感知──回應」途徑：

1. 試探：進行一個安全實驗，觀察使用不同顏色的效果。

2. 感知：收集不同設計的功效資訊。

3. 回應：採用點擊率最大的設計。

想在「複雜」領域做決策很難，因為你無法預測不同行為計畫的後果。但還有一個領域比這更具挑戰性──「混亂」。

---

[2] 進一步資訊請參閱維基百科：https://en.wikipedia.org/wiki/A/B_testing。

[3] 評估網路廣告活動成效的指標，將實際點擊廣告的次數除以看到廣告的次數。

圖 2.1　A/B 測試是「複雜」領域做決策的常見範例。這裡測試不同的設計，觀察對點擊率的影響，以便根據收集的結果來做出合理決策。

混亂（chaotic）

如各位在前面段落學到的，你無法在「複雜」領域預測行為結果，只能事後歸納。至於「混亂」領域則是事情完全失控的狀態 —— 行為結果完全無法預測。

你之所以無法預測行為結果，是因為這個領域天生就不可預測。比如，除非你實際採取行動，不然你不可能預測骰子會擲出幾點或輪盤的珠子會滾到幾號。不管做多少實驗和有多少過往結果，也不能拿來預測未來的結果。若當下情境無法做安全實驗，那麼你身處的領域也有可能屬於「混亂」。例如，假想發生火災或其他天災，這時你沒有時間做實驗（如同在「複雜」領域那樣）來分析事情會如何發展。

既然你現在不能諮詢專家也不能做實驗（要嘛做不到，或者結果是隨機的），Cynefin 框架指出「混亂」領域太過撲朔迷離，不可能依據知識做出反應。你反而得信任直覺和做出當下感覺最合理的行動，其目的是把「混亂」情境轉化成「複雜」情境。等你一擺脫危險，你就能評估處境和規劃下一步。這個步驟可表示如下：

1. 採取行動（act）：採取任何感覺合理、有機會讓你脫離險境的行動。

2. 感知（sense）：收集該行動結果的所有資訊。

3. 回應（respond）：若你仍然身處在危險中，就採取另一個行動；直到脫離危險後，才根據知識來規劃回應。

在前面的「複雜」領域中，因果關係難以捉摸和辨認，也容易讓你犯錯，但仍然存在因果關係。但在應付「混亂」領域時，你必須假設行為與後果之間沒有可辨識的關係。

失序（disorder）[4]

最後，Cynefin 框架定義的第五個領域，代表你完全不曉得你在應付哪一個領域。因此，這裡合適的行動是先辨識你是在應付「清晰」、「困難」、「複雜」還是「混亂」領域。為了能做到這點，我們來檢視這些領域之間的關鍵差異。

4　新版的 Cynefin 框架在「失序」領域內細分出兩種情境：僵局（aporia）和困惑（confusion）。「僵局」表示你發現你缺乏所需知識來把現況歸類成前四個領域的其中之一，因此你的回應是著手調查遺失的資訊。「困惑」則是你把現況歸類到錯誤的前四個領域之一，但又不曉得你手邊缺乏能影響決策的完整資訊。不過這些區別對我們的討論沒那麼相關，而為了保持單純，我會繼續使用沒有這兩個子領域的 Cynefin 框架。

比較 Cynefin 框架的領域

Cynefin 框架的「清晰」、「困難」、「複雜」和「混亂」領域的主要區別，在於決策（或行為）跟其結果的因果關係：

- 在「清晰」領域，做合理決策的所有必要知識都是明確、隨時可取得的。因此，在這個領域做決策的結果都顯而易見和好預料，因果關係為**強耦合**。

- 在「困難」領域，決策結果就沒那麼明確。你會曉得你缺少哪些資訊，進而諮詢相關領域專家來協助做決策。因果關係在此和「清晰」領域一樣是**強耦合，只是較不明確**。

- 在「複雜」領域，為了做合理決策，你若不是無法清楚定義你缺乏的資訊，就是這種資訊不存在。於是，此領域要求你做實驗來試圖找出因果關係，以便預測你採取行動後的可能結果。

  不僅如此，在複雜系統中做再多實驗都不可能百分之百預測某行為的後果。你永遠有可能沒考慮到系統的某個重要特質，或者系統因為實驗而改變了行為。這代表此領域的因果關係是**弱耦合**。

- 在「混亂」領域，你並不知道你欠缺什麼知識（「不可知」），不管是諮詢專家或做實驗都無法改善這一點。所以這裡沒有可辨識的因果關係（**無耦合**）。

表 2.1 總結了 Cynefin 框架前四個領域的關鍵區別。

表 2.1　Cynefin 框架前四個領域的關鍵差異

領域	因果關係	所需知識	所需行動
清晰	強耦合	已知	分類
困難	強耦合（但不明顯）	已知的未知	分析
複雜	弱耦合	未知的未知	實驗
混亂	無耦合	「不可知」	相信直覺

將 Cynefin 框架用於軟體

Cynefin 框架能應用的範圍很廣泛，不過我們在此只會討論將它應用在本書主題的脈絡，也就是軟體設計；或者更精確地說，系統元件之間的互動。為了說明這點，我將運用 Cynefin 框架來分析兩個範例情境。

範例 A：整合外部服務

假設你正在開發「奧可」的客服系統，想要在消費者的客服案件有變動時，用簡訊通知他們。但與其自己從頭開發，你考慮整合現成的解決方案。我們姑且稱這個方案為「簡訊王」。

這個整合決策在 Cynefin 框架算在哪一個領域呢？如諺語所說，魔鬼藏在細節裡，而上述說明並沒有提供細節來讓我們找出相關的領域。我們就拿四個可能的情境來檢視吧[5]。

清晰領域

為了發通知給消費者，你必須呼叫「簡訊王」的 SendSMS（發送簡訊）方法。此方法接收的引數（argument）除了訊息本身以外還有 target（目標），其型別為 PhoneNumber（電話號碼），這型別包括在你使用的「簡訊王」客戶端函式庫裡。PhoneNumber 型別的建構子（constructor）清楚定義了它預期使用的電話號碼格式 —— 必須是 E.164 國際格式。

由於「簡訊王」模組對於其使用的資訊提供了明確定義，這個整合情境就符合 Cynefin 框架的「清晰」領域。

5　從這裡開始，我只會聚焦在 Cynefin 框架的前四個領域：清晰、困難、複雜及混亂。

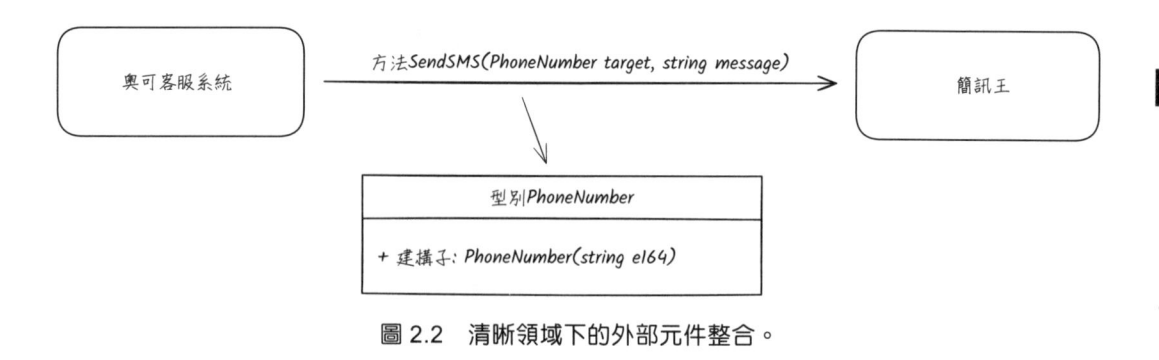

```
┌─────────────┐   方法SendSMS(PhoneNumber target, string message)   ┌─────────┐
│ 奧可客服系統 │ ──────────────────────────────────────────────────> │  簡訊王  │
└─────────────┘                      │                              └─────────┘
                                     ▼
                      ┌──────────────────────────────┐
                      │      型別 PhoneNumber         │
                      ├──────────────────────────────┤
                      │ + 建構子: PhoneNumber(string e164) │
                      └──────────────────────────────┘
```

圖 2.2　清晰領域下的外部元件整合。

困難領域

現在想像「簡訊王」並沒有提供明確的 PhoneNumber 型別，SendSMS 方法只接收一個叫做 phoneNumber、型別為字串的引數（圖 2.3）。這回「簡訊王」的 API 或文件都沒有記載電話號碼應該用什麼格式；字串裡可以隨意填入地區格式或國際格式的號碼。

於是，究竟要怎麼對外部模組提供資料，這個決策就變得不明確了。你決定諮詢模組的作者，好了解預期的格式是什麼。這使得此整合情境符合「困難」領域。

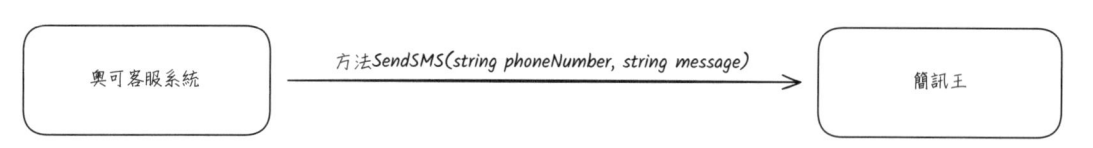

```
┌─────────────┐   方法SendSMS(string phoneNumber, string message)   ┌─────────┐
│ 奧可客服系統 │ ──────────────────────────────────────────────────> │  簡訊王  │
└─────────────┘                                                      └─────────┘
```

圖 2.3　困難領域下的外部元件整合。

複雜領域

現在假設 SendSMS 方法的呼叫方式跟前面一樣，但這次沒有人可以詢問──「簡訊王」元件是老舊系統的一部分，目前你的公司裡沒有人知道它是怎麼運作的。甚至，你也無從查看元件的原始碼。調查整合方式的唯一辦法，就是反覆實驗：嘗試輸入各種電話號碼格式，看看哪一個奏效。

由於你必須做實驗才能做出整合設計決策，這個情境就屬於「複雜」領域。

不過注意看，實驗會產生有趣的結果：等你一找出正確的資料格式，這個情境就立刻變成 Cynefin 框架的「困難」領域。要是你的組織有其他人需要整合「簡訊王」元件，他們就不必重複同樣的實驗，因為他們現在有了個可以諮詢的專家：你。

混亂領域

最後，我們沿用前兩段的前提：「簡訊王」模組屬於老舊系統，你也打算透過試誤法（trial and error）找出正確的資料格式。然而，這回你發現模組有時候接受地區格式，國際格式會丟回錯誤，但也有的時候會接受國際格式，換成地區格式有錯。模組的行為很不一致且難以預測。

原來，有人把「簡訊王」的 API 掛在一個負載平衡器服務後面，但這個負載平衡器指向了不同的伺服器，上面有不同版本的「簡訊王」在跑（圖 2.4）。這次的整合情境便屬於「混亂」領域 —— 因和果沒有關係。你的設計決策得到的結果是隨機的，取決於負載平衡器會選擇哪一台伺服器來回應。

在這種情況下，依照 Cynefin 框架的建議，你得依直覺行事，在此很可能就是完全捨棄「簡訊王」不用。

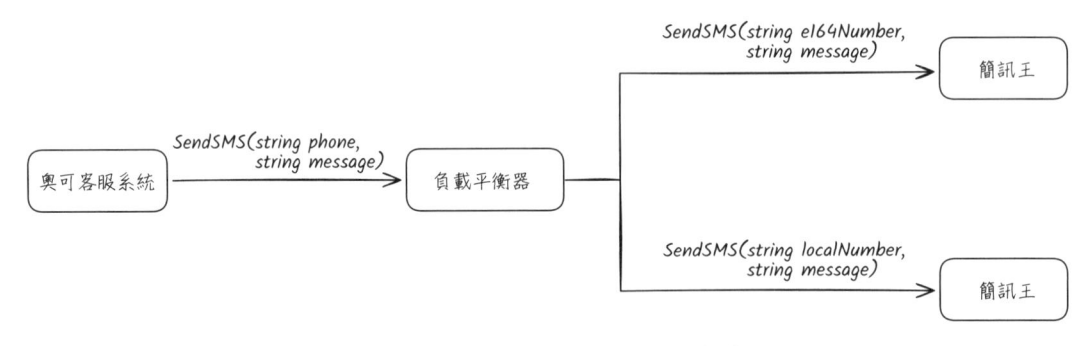

圖 2.4 「混亂」領域下的外部元件整合。

範例 B：改變資料庫索引

假設你想修改一個關聯式資料庫的索引，這些改變的潛在影響會是什麼？我們來檢視四種不同的狀況。

清晰領域

你處理的資料庫屬於你的微服務，你的組織沒有其他微服務或系統會直接讀取這個資料庫。它的資料只能透過你這個微服務的 API 存取（圖 2.5）。

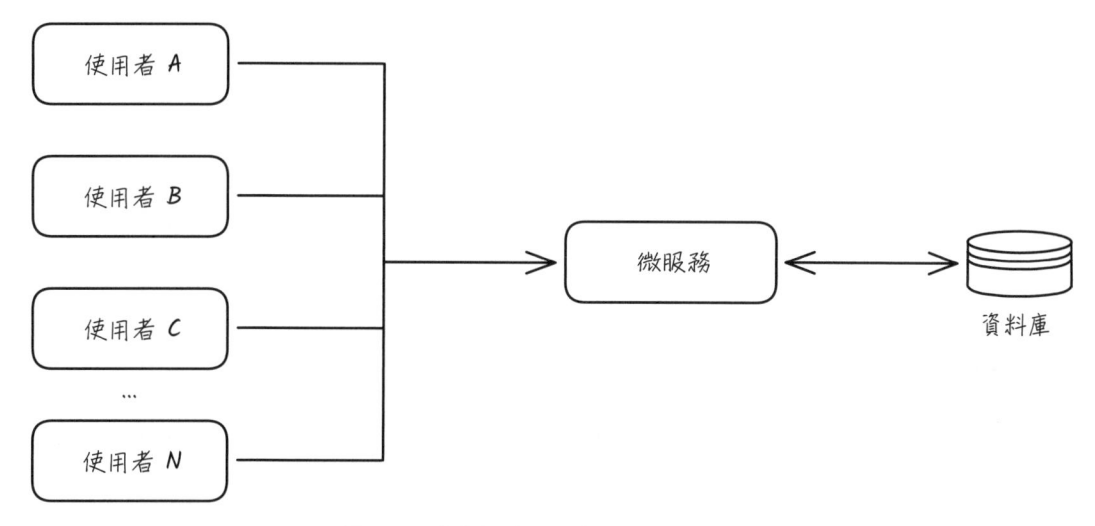

圖 2.5　清晰領域下的資料庫索引變更。

由於資料庫所有權邊界分明，修改資料庫索引的影響就顯而易見：所有資料庫查詢功能都是由你的微服務實作，你也知道修改會如何影響這些查詢功能。因此這個情境屬於「清晰」領域。

困難領域

現在想像你的微服務不再是資料庫的唯一使用者，你知道有另一個團隊會存取其資料（圖 2.6）。

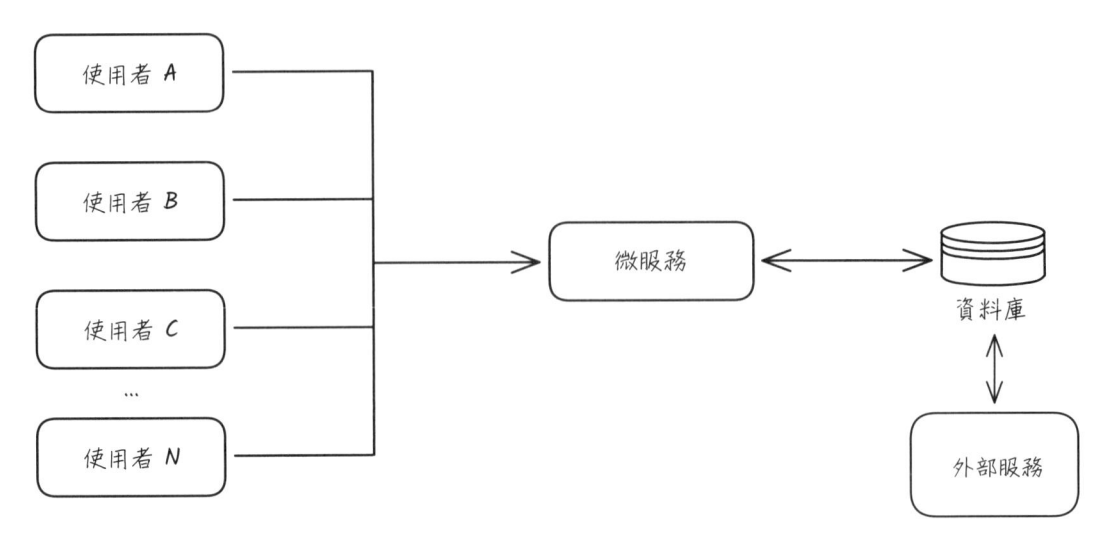

圖 2.6　困難情境下的資料庫索引變更。

這下你沒辦法確定修改會產生什麼效果。為了避免對某些查詢造成潛在負面影響，你得跟那個外部團隊討論修改計畫。這表示這種索引變更情境屬於「困難」領域。

複雜領域

這次的前提跟前面一樣，有一個外部團隊在使用你的資料庫，但這回你不知道是誰、也不曉得對方為何或怎麼使用。於是，為了修改索引，你決定仰賴自動整合跟效能測試。你把變更套用在預備環境中，然後根據系統修改後的效能分數來選擇設計決策。

由於你需要在做出正式決定之前先「試探」修改計畫，此情境就可歸類為「複雜」領域。

混亂領域

最後，想像你並不曉得有其他團隊在存取你的資料庫，而就算做了自動化測試，也無法顯示修改後是否會有非預期的後果。於是，你只確認了新索引對自家微服務的影響，然後把修改部署到正式環境。幾分鐘後，一個不相關的系統元件遭遇逾時錯誤而掛掉。

由於你無法靠諮詢或實驗預測修改的負面效果，這個情境就屬於「混亂」領域。這時你得盡快採取行動來脫離危險區：你信任自己的直覺，認為系統故障可能跟你最近的部署有關，於是決定將正式環境回溯到舊版。

Cynefin 框架的應用

雖然本章舉的例子都跟軟體工程有關，Cynefin 框架身為決策工具，其實能套用在種類廣泛的情境中，從健保到農業無所不包。甚至就算是在軟體工程的範疇內，Cynefin 框架也有能力穿越它的眾多面向。前面的段落就展示了 Cynefin 框架的各領域如何能用於分析整合情境，以便做出適當的實作變動。

Cynefin 框架也能用在策略性決策，例如一個功能究竟該不該自行實作、還是買現成方案比較符合成本效益。我會在第九章「變動性」回來討論策略決策。

Cynefin 框架與複雜性

本章一開始定義，複雜性是一個人在面對系統時體驗到的認知負擔。而在前面的段落中，各位學到 Cynefin 框架對複雜性提出的更精確定義。但是，帶來高度認知負擔的系統不見得就算是複雜：

- 如果你諮詢一位專家，這位專家對於「系統運作原理」以及「不同決策對其行為帶來的影響」了然於胸，那麼你面對的只是困難系統，不是複雜系統。

- 同樣的，如果對系統採取的行為跟其結果沒有穩定關聯，那麼這也不是複雜系統，而是混亂系統。

有趣的是，「複雜」（complex）和「困難」（complicated）在英語中會被當成同義詞。複雜性的專家，也就是 Dave Snowden，因而不得不重新定義這兩個詞[6]，好區別不確定性的程度高低。我在本書剩下的部分都會遵循 Cynefin 框架對於「複雜」的定義：具備高度不確定性、因果關係為鬆散耦合的情境。因此，「複雜」領域是不可預測的，需要做安全實驗方能揭開底下的因果關聯。

---

[6] 話雖如此，若你查詢 complicated 和 complex 的詞源，會發現它們的原始意義是不同的。complicated 來自拉丁文 complicare，意即摺疊起來，而 complex 則源自拉丁文 complexus，意味著聚集的單元。

現在各位對複雜性蘊含的意義有了更深的理解，我們來看看形成複雜性的原因跟發展過程。究竟是系統的大小會產生複雜性，還是出於系統設計的方式？這便是下一章的主題。

重點提要

本章介紹了 Cynefin 框架，並用它來定義何謂複雜性：在採取決策行為時，其結果只能事後歸納的情境。或者以 Cynefin 框架的方式說，複雜性源自行為與結果之間的弱耦合。

你在替自己的軟體系統做設計決策時，試著先分類你身處的情況。你究竟是在 Cynefin 框架的「清晰」、「困難」、「複雜」還是「混亂」領域？依照 Cynefin 框架，哪一種決策過程最適合你的處境？

在「複雜」領域做決策需要先做安全實驗，好一瞥決策的潛在影響。你過去在做軟體設計決策時，經常會直覺地這麼做，但下回你若發現自己在做決定之前開始做實驗，請先停下來，問問自己你面對的是什麼類的複雜性來源。

可惜，在應付既有軟體專案（所謂「棕地專案」）時，遭遇「複雜」情境是家常便飯。這即為我們的下一站：次章將深入探討，複雜性為何會在一般系統或軟體系統中產生。

測驗

1. 假設你的手錶停止運作，但你不是鐘錶技師，你的手錶屬於 Cynefin 框架的哪一個領域？

    a. 清晰

    b. 困難

    c. 複雜

    d. 混亂

2. 一盤西洋棋局屬於 Cynefin 框架的哪一個領域？

    a. 清晰

    b. 困難

    c. 複雜

    d. 混亂

3. 要是你可以用電腦作弊，一盤西洋棋局屬於 Cynefin 框架的哪一個領域？

    a. 清晰

    b. 困難

    c. 複雜

    d. 混亂

4. 下列哪一個 Cynefin 框架描述了因與果沒有關係的情境？

    a. 困難

    b. 複雜

    c. 混亂

    d. 這種情境不存在

5. 假設你得修改一個老舊系統的行為，寫出它的工程師早就不在公司裡，也沒有測試功能。唯一理解修改結果的方式就是把它部署到測試或準備環境，以便觀察其行為。這落在 Cynefin 框架的哪一個領域？

    a. 清晰

    b. 困難

    c. 複雜

    d. 混亂

NOTE

Chapter 3
耦合與複雜性：互動

複雜源頭非規模，
互動關係最難破。
直線往來尚單純，
多重交纏混亂多。

前一章定義了何謂複雜性：首先它定義複雜性是一個人處理系統時承受的認知負擔，然後再用 Cynefin 框架提出更細的定義。各位也學到，複雜情境中的行為後果只能事後歸納，當下是不明顯的，也沒有專家可諮詢，必須透過實驗觀察結果。由於軟體系統不喜歡這種不確定性，系統設計就該讓做出改變時的結果清晰明確。因此，相較於前一章定義什麼是複雜性和如何顯現出來，本章轉而聚焦在解釋複雜性的成因。各位將學到一般系統（特別是軟體系統）中產生複雜性的常見因素。我們會探索軟體複雜性的常見病徵、能管理複雜性的工具，以及耦合跟複雜性之間的關聯。

複雜性的本質

複雜性是一種多重面向的概念，產生自兩個主要源頭：必要複雜性（essential complexity）和意外複雜性（accidental complexity）。必要複雜性是商業領域與生俱來的部份，誕生自軟體系統想解決的商業程序、規則跟需求，這些事物本身就錯綜複雜。比如，若你在打造一個以演算法為基礎的創新交易平台，其必要複雜性可能會包含繁多的市場動態、監管要求和相關的多種金融商品，這些都是金融交易固有的本質。既然這種複雜性是系統本質的重要一環，你就不能消除它，但仍應透過縝密的系統設計來控管之——像是將

系統切成一群元件，這樣當你在思考各別元件的功能或它們在整體系統中的互動方式時，就能降低認知負擔。

意外複雜性則不是商業領域既有的東西，而是欠佳的系統設計決策所帶來的副作用。我們身為工程師和架構師，有責任要掌控好必要複雜性，並迴避意外複雜性。在以下段落中，我們將探索設計決策如何在更廣泛的系統設計脈絡下引發複雜性。

複雜性與系統設計

Charles Perrow 在其 2011 年著作《當科技變成災難：與高風險系統共存》（*Normal Accidents: Living with High-Risk Technologies*）中，對複雜系統（如核電廠、飛行管制等）發生過的災難意外的肇因做了詳盡的分析。他的結論是，所有複雜系統都注定遲早會失敗，並以此將研究聚焦在理解是什麼原因引發系統中的複雜性。

根據 Perrow 的研究，這最終可歸咎於系統中的元件如何互動；也就是說，這些互動究竟是線性還是複雜。我們來看看這兩種互動類型的差異。

線性互動（linear interactions）

線性互動是清楚和可預料的，讓元件之間的相依性和系統的因果關係都一目了然。換言之，如果你在其中一個元件引入改變，只要元件之間的互動是線性的，這對系統其他部分的影響也會很清楚。

說到包含線性互動的系統，一個單純的例子就是機械錶。雖然鐘錶機構包含眾多零件，要釐清一個齒輪或彈簧如何影響機構的其他部分並不難（圖 3.1）。

以 Cynefin 框架的用語來說，取決於你的專長程度，線性互動屬於「清晰」或「困難」領域。回到機械錶的例子，就算你不是專業修錶人員，你還是可以修好故障的錶 —— 聯絡一位清楚了解鐘錶機構的修錶師傅。

圖 3.1　鐘錶機構是一個具備線性互動的系統範例。它雖包含眾多零件，但零件間的互動跟相依性很好預料。（影像來源：Besjunior/Shutterstock）

複雜互動（complex interactions）

複雜互動和線性互動相反，既不明瞭也無法預料。這種互動有兩種來源：系統的非預期影響，或者系統以非預期方式產生符合預期的影響。

以非預期方式產生符合預期的影響

簡單來說，這描述了一個系統能夠運作，但沒人搞得懂是怎麼運作的。這可能有許多原因，包括：

- 暗中理解系統的人都離開了組織，直到剩下的人沒有能力搞懂系統。
- 系統充斥著意外的複雜性。團隊會在系統加入不必要的工具跟技巧，不是因為有需要，卻只是在跟隨風潮。
- 一個團隊繼承了一個程式庫，是用沒有人有經驗的技術組合打造的。

可想而知，要讓這種系統演進會很危險，因為即使小變動也不可避免會打亂系統功能。

非預期影響

複雜互動有可能還是能達成目的，但會引發非預期的影響，也就是系統意外跟系統故障。這種互動其實很常見：

- 改變一個元件的功能，結果對系統其他部分造成預料之外的影響。
- 一個元件的故障在系統裡引發連鎖效應，甚至波及看似無關的部分。
- 人們對系統環境做出隱含假設（或錯誤的明確假設），例如犯了分散式運算的常見謬誤[1]、假定網路永遠可靠。當網路故障發生，或者只是網路效能降低時，就經常會引發系統服務中斷。
- 系統功能的一個改變必須同時在多個相隔距離遠的元件身上同步進行，因此很容易遺漏其中一個修改，導致系統行為不一致。

非預期影響通常是隱性知識存在的症狀，要嘛是對於系統環境的暗地假設，要嘛只是結構雜亂的程式庫，在系統元件之間缺乏良好組織、一致性和清楚的邊界。

複雜互動與 Cynefin 框架

線性互動很好理解，但相對之下複雜互動會扭曲因果關係。這種關係會帶來無意的副作用，顯示我們在改變複雜系統時，是沒有能力預測其後果的。面對這種情況，唯一能找出變化效果的方式就是做實驗 —— 試驗一個改變並觀察其影響。因此，複雜互動也就理所當然屬於 Cynefin 框架的「複雜」領域。

至於 Cynefin 框架的「混亂」領域，則是極端情況下的複雜互動。當系統運作沒有因果關係存在時，其互動當然也會很複雜。

---

[1] 關於分散式系統的謬誤，或者新手工程師對分散式系統的錯誤假設，請參閱：https://en.wikipedia.org/wiki/Fallacies_of_distributed_computing。

複雜性與系統規模

Charles Perrow 的研究證明，系統複雜性並不是由系統整體大小或元件數量決定。小系統不見得都很透明，正如大系統不見得都會複雜；擁有五千個元件的系統也有可能比只有五個元件的系統單純。系統之所以會變複雜，是其元件的互動性質所致。要是整個系統的元件都靠線性互動來整合，那麼這系統就算有一百萬個元件也不會變複雜。反之，若一個小系統的設計會帶來複雜互動，那麼這系統就有可能複雜化、甚至陷入混亂。

話雖這麼說，一個看似完全以線性互動構成的系統，底下還是有可能潛藏著複雜性。

階層複雜性

系統的複雜性是多維度的，複雜互動不僅能發生在系統元件之間，也能發生在元件內部。我們在第一章討論過理由：從較小的規模來看，系統元件幾乎總是自成一個系統，自有內部元件透過互動來達成元件目的。或者照 Tim Berners-Lee 的說法[2]，任何系統其實都是更大系統的元件。

換句話說：系統和系統複雜性其實是帶有階層性質的。

現在假設「奧可」系統有一個基於微服務的實作（圖 3.2），目的是實現某種客服系統。這代表系統元件是微服務，微服務透過互動來實作「奧可」的功能。

2　Berners-Lee, Tim，1998：「設計原則」（Principles of Design）。www.w3.org/DesignIssues/Principles.html。

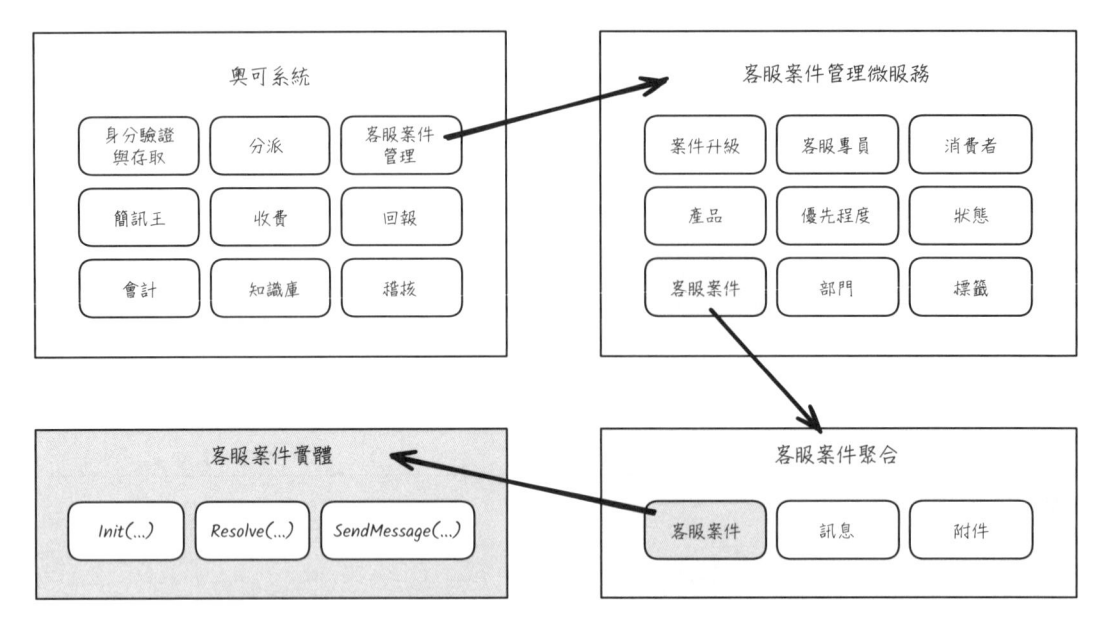

圖 3.2　多層的複雜性。

「客服案件管理」是「奧可」的其中一個微服務。由於它是以物件導向語言實作，它的元件都是物件。這些物件藉由互動來實現「客服案件管理」的功能（目的）──管理客服案件的生命週期。

而「客服案件管理」的其中一個物件叫做「客服案件聚合」[3]，它由一群客服案件實體（元件）構成，這些實體物件會透過合作（互動）來實現客服案件的結構和行為（目的）。

我們可以繼續分析某個元件的底層結構，一路來到處理器指令集的層級。但不管我們看哪個層級，它都還是能歸類為系統：擁有目的、元件和互動。任何層級的互動都有可能很複雜。

3　聚合的概念取自 Fowler, Martin，2013：「DDD 聚合」（D D D_Aggregate）。https://martinfowler.com/bliki/DDD_Aggregate.html。

為了表達不同層級的複雜性，我採用 Glenford J. Myers 在他 1979 年的書《複合及結構性設計》（*Composite/Structured Design*）提出的詞彙：

- **全域複雜性**（global complexity）指某系統的元件互動帶來的複雜性。
- **區域複雜性**（local complexity）指單一元件自身的複雜性 —— 複雜性源自元件內部的互動。

實際上，發生在系統內的複雜互動無法被歸類為全域或區域複雜性，因為這種分類法是主觀的，取決於你的視角。若從更高的抽象層級觀察，也就是改變視角、把系統當成另一個更大系統的元件來看，全域複雜性就會變成區域複雜性。而這個新層級的全域複雜性，對於再高一層的抽象層級來說，同樣也會變成區域複雜性。

因此，全域和區域複雜性都同等重要，一樣需要解決。我們來看看，若你只管理其中一種複雜性會發生什麼事。

只最佳化全域複雜性

假設你在處理一個複雜系統，想要管理系統元件之間的互動複雜性，也就是全域複雜性。解決辦法很簡單，就是把系統所有元件合併成一個單體式元件就行了（圖 3.3）。如此一來，系統裡只有一個大元件，全域複雜性就得以最小化 —— 既然只有一個元件，就沒有跨元件的互動問題。但反過來說，這個單一元件內的區域複雜性會爆表！

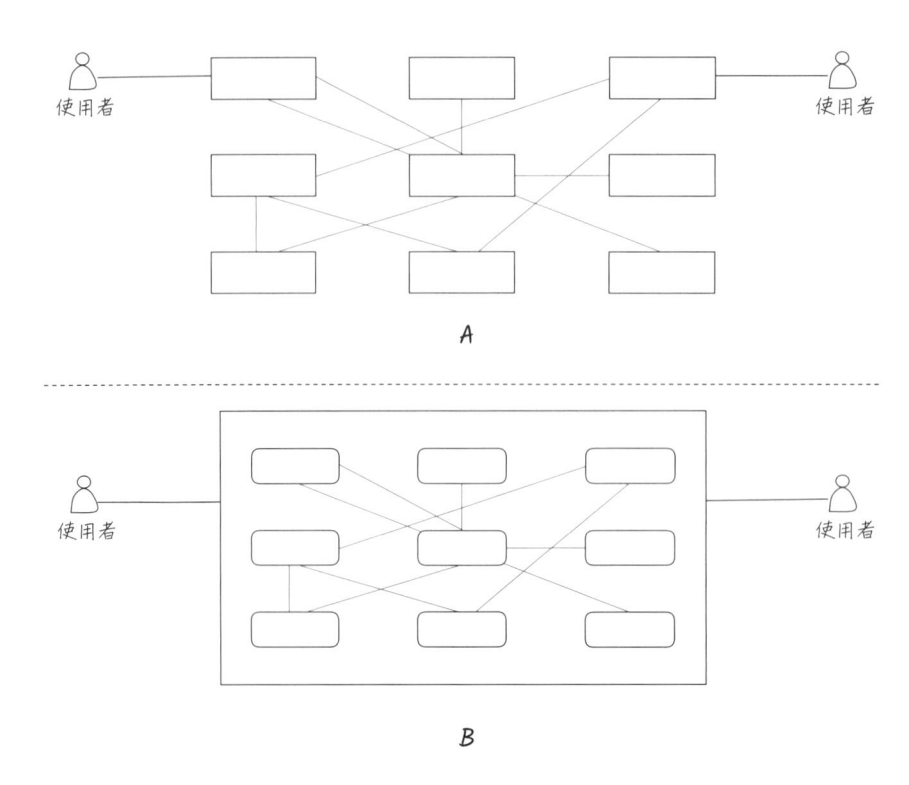

圖 3.3　天真地試圖降低系統全域複雜性 —— 將系統 A 的所有元件合併成一個單體式系統 B。只專注在全域複雜性會導致高度區域複雜性。

所以當然，把系統合併成單一元件，並不能真的管控其複雜性。最初的複雜性只是被塞到更低的抽象層罷了。當你把視角切到元件內的互動時，就會發現原本的複雜性並未消失。

只最佳化區域複雜性

現在來看看，若我們做相反的事會怎麼樣。假設有個團隊在負責一個單體式系統，決定把它拆解成（預想中）一個更現代、以微服務為基礎的架構。團隊決定限制每個微服務的程式庫不能超過一百行程式碼（拜託各位，打死也不要做這種事），理由是這些「微」程式庫會因此很容易理解，所以也會易於修改和演進。

這種路線將微服務的區域複雜性降到最低，但完全忽視了全域複雜性（圖 3.4）。這種解構策略毫不意外地經常會造成分散式的「大泥球」（Big Ball of Mud）—— 最高層級的全域複雜性。

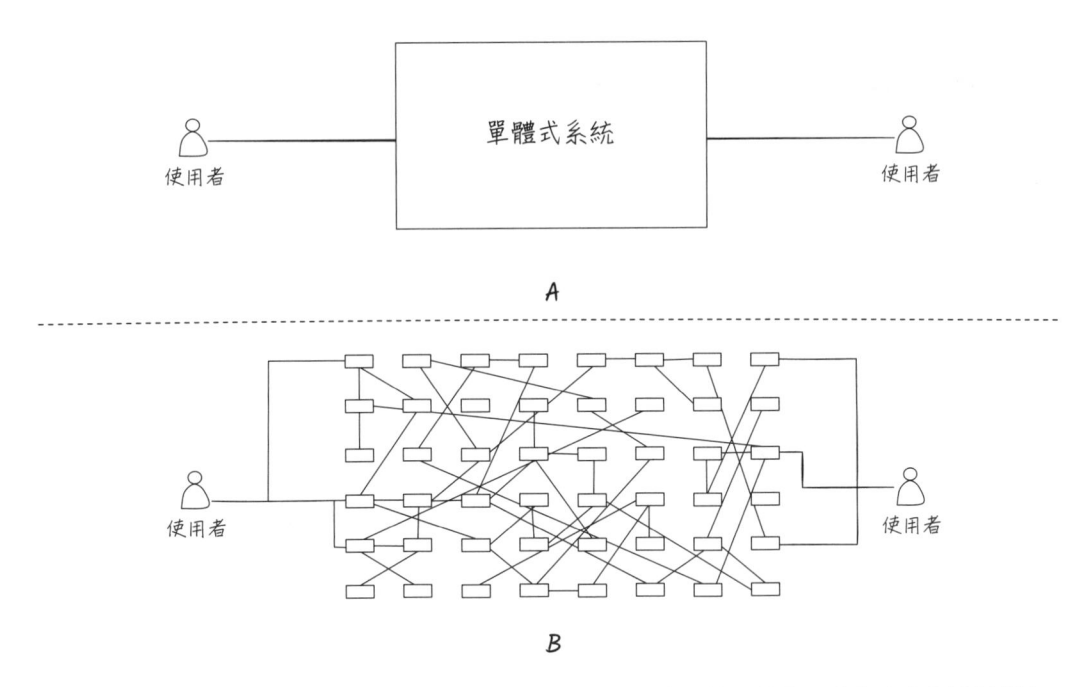

圖 3.4 試圖管理系統 A 的複雜性時，只專注在最佳化區域複雜性，導致 B 產生高度全域複雜性。

甚至，這種做法可能會落入陷阱，把複雜性跟程式庫大小畫上等號。各位在前面的段落學到，複雜性並不是由系統大小決定；因此正如以上範例，將元件「大小」最佳化並不是管理複雜性的正確辦法。這種途徑在最好的狀況下，也只會得到一樣多的複雜性。而在更貼近真實的情境中，這更會引發額外的意外複雜性。

替複雜性取得平衡

全域和區域複雜性都是出於元件之間的互動，也就是元件的耦合。若未能解決其中一種複雜性，另一種複雜性就有可能失控，令整體系統變得複雜。

各位將在第十章「平衡耦合」學到，你可以藉由調整元件之間耦合和分享知識的方式來平衡全域和區域複雜性。但我們現在先回來看複雜互動的概念，並探討一個能警示其存在的指標：自由度。

自由度（degrees of freedom）

「自由度」一詞被用在力學、熱動力學和其他領域，來描述實體系統的動作與行為。它指的是有多少獨立變數可以在不受其他變數限制下選擇不同的值。

雖然這個詞有正面的意涵（畢竟，誰不想要有更多自由？），但過多自由度可能會導致負面效應。各位將會看到，增加自由度經常會產生更複雜的互動。但我們首先來看一個例子，以軟體設計的脈絡來示範自由度的概念。

軟體設計中的自由度

想像我們要定義一個方形和一個矩形。方形只能用一個變數「邊長」（edge）定義，因此它只有一個自由度（列表 3.1）。

列表 3.1：方形有一個自由度

```
struct Square {
    // 一個自由度
    int Edge;
}
```

相對的，矩形需要兩個值描述其狀態：「長」（width）和「寬」（height），因此它有兩個自由度（列表 3.2）。

列表 3.2：矩形有兩個自由度

```
struct Rectangle {
    // 兩個自由度
    int Width;
    int Height;
}
```

最簡單的系統沒有任何自由度，意即它不能做任何改變，其狀態永遠一目了然。反過來說，系統自由度越高，它就需要越多值來描述其狀態，這些值之間也會存在更多潛在互動。系統內可能的互動越多，系統自身的可能狀態就越多，導致你更難控制系統和預測其行為——你得考量所有可能的組合，以及不同值之間有什麼樣的互動。

雖然方形跟矩形的自由度差異並不大，各位來看圖 3.5 的例子：有個軟體系統會在多重資料庫之間備份資料。這麼做的理由是在資料可用性和資料更新時間之間做取捨。要是來源資料庫掛掉，「出貨」服務仍然可以存取本地資料，但該服務也得假設來源跟本地資料庫最終會同步。此外，要是網路故障的時間延長，也會造成非預期的影響，因為這會害「出貨」服務只能使用嚴重過時的資料。

圖 3.5　在多重資料庫間重複複製資料的機制會增加系統自由度。

軟體系統中另一個常見的額外自由度來源，是商業邏輯有所重複。請看圖 3.6 的系統，其兩個元件實作了同一個商業規則 isQualifiedForFreeShipping（檢查是否可免運費出貨）。

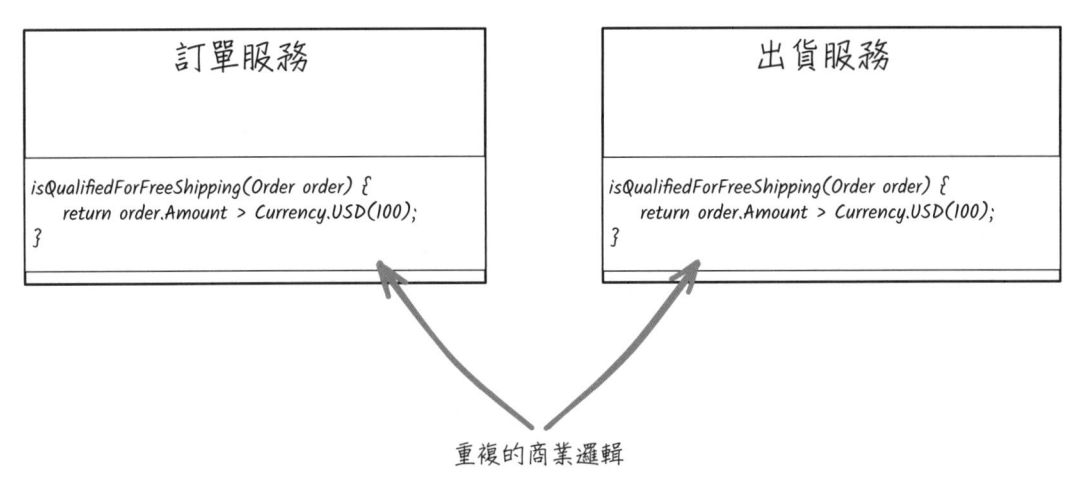

圖 3.6　軟體系統內兩個服務實作了同樣的商業邏輯。

從系統設計角度來看，isQualifiedForFreeShipping 商業邏輯有兩個自由度：它的實作方式在「訂單服務」和「出貨服務」之間可能會有出入。要是兩個實作不同步，系統就會落入不一致的狀態 —— 消費者可能在下訂單的過程符合免運費資格，可是在出貨時仍被收取運費。

自由度與複雜互動

自由度反映了系統的可能狀態。在商業邏輯重複的例子（圖 3.6）中，isQualifiedForFreeShipping 演算法可以有兩種狀態：

1. 兩套實作產生相同的結果。
2. 系統有兩套不同的演算法實作。

同一個邏輯的兩套實作也有未同步的可能性，單單這點就證明了無關的複雜性也能讓系統落入不該有的狀態。這也能套用在備份資料的例子（圖 3.5）：讓資料跨過多個資料庫複製，增加了資料不同步的可能性，導致系統某些元件只能使用過時資料。

因此，若改變系統時需考慮的自由度越多，你就越有可能遺漏某個互動關係，結果引發複雜互動和預料之外的結果。我們來看看 Cynefin 框架的領域如何反映自由度，還有你能如何運用這個見解來管理複雜性。

複雜性與限制條件

自由度的概念跟 Cynefin 框架有一個共通點：限制條件（constraints）。

如各位稍早學到的，自由度代表的是不受其他變數值限制的獨立變數數量。換言之，限制條件 —— 如商業規則和不變量 —— 能夠限制系統元件之間的可能互動，並因而減少系統的自由度。我們來看另一個例子，示範限制條件是如何限制自由度。

範例：限制自由度

列表 3.3 的「三角形」類別有三個值 ──「邊長 A」、「邊長 B」和「邊長 C」，代表三角形的三邊。它目前的實作不會限制三個變數的可能值，這暗示一個三角形實體物件有可能代表數學上不存在的三角形，也就是任兩個邊長短於第三邊。

列表 3.3：三角形類別有三個值，代表三角形的每個邊長

```
class Triangle {
    public int EdgeA;
    public int EdgeB;
    public int EdgeC;
}
```

列表 3.4 的實作為了解決這個問題，加入一個限制條件。與其讓物件屬性能被公開變更，你現在得呼叫 SetEdges（設定邊長）方法來改變它們，而該方法會限制傳入的值在數學上必須是正確的，否則會拋出程式例外。因此，這個限制條件減少了物件的可能狀態 ── 也就是其自由度 ── 使之只能接受合理的值。

列表 3.4：加入限制條件，使物件不可能用屬性代表數學上不存在的三角形

```
class Triangle {
    public int EdgeA { get; private set; }
    public int EdgeB { get; private set; }
    public int EdgeC { get; private set; }
    public void SetEdges(int edgeA, int edgeB, int edgeC) {
        if ((edgeA + edgeB) < edgeC ||
            (edgeA + edgeC) < edgeB ||
            (edgeB + edgeC) < edgeA)) {
            throw ValueException("值代表不合法的三角形");
        }
        EdgeA = edgeA;
        EdgeB = edgeB;
        EdgeC = edgeC;
    }
}
```

Cynefin 框架的限制條件

Cynefin 框架的四個領域其實和系統的限制條件密切相關。只要一個系統擁有限制條件，而且這些限制能夠維持，那麼一個系統內的秩序和未來結果都是可預測的（Snowden, 2020）。因此，限制條件的存在或不存在，會決定你有必要採取哪種決策過程。

在「清晰」與「困難」領域裡，限制條件會存在，並讓因果產生關聯。「複雜」領域仍存在少許限制條件，這便是為何因果之間存在弱耦合。但是到了「混亂」領域，就沒有限制條件可言了。

這表示你能套用的限制條件越少，因果關係就會更加不確定，使你面臨更大的複雜性。限制條件的存在正是要馴服複雜互動。幸好，我們有一個設計工具能定義系統元件是如何整合、它們又是怎麼被允許彼此互動。這種工具就叫作「耦合」。

耦合與複雜互動

我們在第一章討論過，耦合是系統設計與生俱來的一部分，它定義了構成系統的元件如何被允許相互溝通，好實現系統的目的。從本質來說，耦合就是一種設計決策，定義了元件整合時的限制條件 —— 允許某些互動，並禁止其他互動。於是限制條件的概念可以當成橋樑，把耦合和複雜性連結起來。下面我們拿一個例子來說明。

範例：連結耦合與複雜性

免責聲明：請把本範例當成思想實驗，它的本意不是要當成正確實作資料儲存庫的指南，而是示範元件的耦合方式如何帶來整合限制條件，因而影響系統複雜性。

有個軟體設計師在設計一個物件，用來實作「奧可」系統的資料儲存庫模式。這種儲存庫會封裝一個資料庫，用來儲存來自其他元件的客服案件資料（圖 3.7）。它應該要提供管理資料的標準操作：增刪查改客服案件。

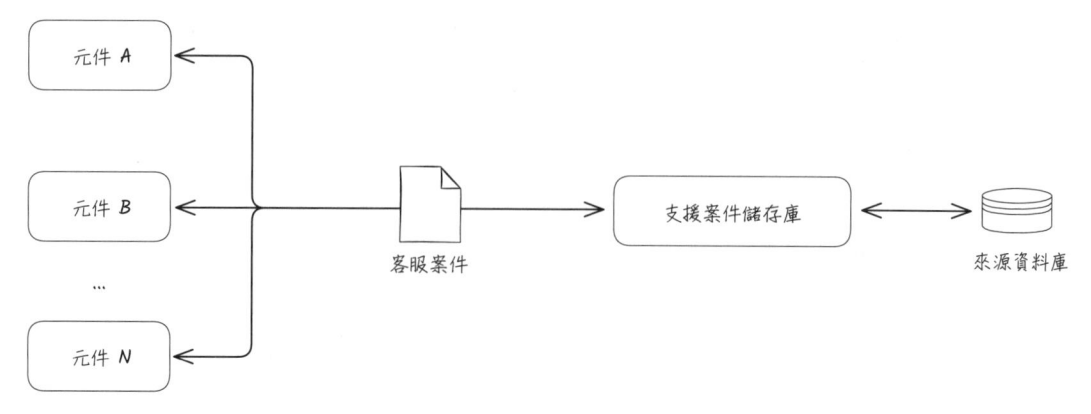

圖 3.7　此範例描述的儲存庫物件，目的是封裝其他應用元件使用的實體資料庫。

設計 A：用 SQL 過濾客服案件

既然「奧可」系統需要支援各種不同的客服案件查詢方式，軟體工程師考慮將儲存庫介面做成列表 3.5 的樣子：

列表 3.5：客服案件儲存庫介面允許呼叫者在查詢客服案件時指定 SQL 敘述中的 Where 子句

```
public interface SupportCaseRepository {
    void Insert(SupportCase case);
    void Update(SupportCase case);
    void Delete(SupportCase case);
    SupportCase GetById(CaseId id);
    IEnumerable<SupportCase> Query(string sqlWhere,
                          Dictionary<string, object> paramValues);
}
```

注意到 Query（查詢）方法的設計，它允許呼叫者指定 SQL 查詢敘述中的 Where 子句，好過濾傳回的客服案件。比如，下面的程式碼會查詢屬於特定租戶 ID 且在超過三個月前開啟的客服案件（列表 3.6）。

列表 3.6：使用 SQL 的 Where 子句查詢屬於特定租戶 ID，並開啟超過三個月的客服案件

```
var paramValues = new Dictionary<string, object> {
    ["TId"] = 10,
    ["Months"] = 3
};
var q = "Tenant=@TId and OpenedOn<=dateadd(month, @Months, getdate())";
var cases = repository.Query(q, paramValues);
```

一方面，這種設計對應用元件開發者來說，提供了非常有彈性的客服案件查詢辦法。但另一方面，如你在第一章得知的，元件耦合的方式決定了它們能透過邊界分享何種知識。我們來分析這種設計透露了哪些知識：

- 資料庫綱要（schema）：既然應用元件開發者被預期要寫 SQL 敘述，這裡假設了資料庫裡的表格欄位名稱跟 SupportCase（客服案件）物件屬性會相符。

- 資料庫索引（index）：寫出複雜的 SQL 查詢會降低效能，負擔太大時甚至會搞掛資料庫。若允許儲存庫使用者在撰寫查詢時能有這麼大的彈性，這便假設了使用者元件的工程師都曉得資料庫表格的索引為何。

- 資料庫家族：使用 SQL 暗示了「儲存庫支援的資料庫」支援 SQL，這代表背後使用的很可能是關聯式資料庫。

- 資料庫自身：雖然 SQL 的使用很廣泛，其定義並沒有完全統一。不同資料庫支援不同的方言。工程師若要替 Query 方法撰寫 SQL 查詢，就得先知道實際資料庫支援的是哪一種變形。

共享的知識會帶來許多可能的複雜互動。例如，假設有個工程師把 SupportCase 物件的 OpenedOn（開啟時間）屬性改成 Timestamp（時間戳記），卻沒有把資料庫表格綱要更新到一樣的名稱，因為一改下去就得把所有現存、會用到這個欄位的 SQL 敘述都改掉。稍後，另一個工程師寫了一條 SQL 敘述，用了 Timestamp 當成欄位名稱。這會引發複雜互動（引發非預期的效果），因為第二位工程師依循了資料物件的已接受命名慣例，SQL 查詢卻仍然失敗。

甚至，假設由於「奧可」系統大獲成功，團隊決定把資料庫引擎換成更容易擴張規模的技術。既然他們得使用 SQL 查詢，團隊決定換用 Cloud Spanner 資料庫。但該資料庫雖然支援 SQL，團隊發現其 SQL 語法和應用元件使用的不同，導致大部分的查詢程式碼都得重寫。

這兩個例子的共通點是，儲存庫介面允許分享大量無關的知識，有些是明確假設（物件屬性和欄位名稱要相符），有些則是隱性假設（使用特定的 SQL 方言）。若未能達到這些假設的要求，就會導致非預期的結果，也就是發生了複雜互動。

設計 B：使用 Query 物件

工程師為了避免前述段落的複雜互動，決定改採另一種設計：把 SQL 查詢敘述換成一個 Query（查詢）物件（列表 3.7）。

列表 3.7：客服案件儲存庫介面使用 Query 物件來過濾客服案件

```
public interface SupportCaseRepository {
    void Insert(SupportCase case);
    void Update(SupportCase case);
    void Delete(SupportCase case);
    SupportCase GetById(CaseId id);
    IEnumerable<SupportCase> Query(Query query);
}
```

現在 Query 物件被當成 Query 方法的引數，改用結構化物件來定義查詢內容，並隱藏了將查詢轉譯為 SQL 的過程。如此一來，儲存庫的使用者不再需要寫 SQL 敘述，只要用物件建構查詢就行了（列表 3.8）。

列表 3.8：使用 Query 物件過濾屬於特定租戶 ID，並開啟超過三個月的客服案件

```
var query = new QueryObject(typeof(SupportCase))
            .AddCriteria(Criteria.Equals("TenantId", 10)
            .AddCriteria(Criteria.LessOrEquals("OpenedOn",
                                    DateTime.Now.AddMonths(-3));
var cases = repository.Query(query);
```

負責將 Query 物件規範轉換成實際 SQL 的程式碼，屬於儲存庫自身。假如得切換到不同的資料庫引擎，那麼新的儲存庫實作就得將 Query 規範轉換成該資料庫的查詢語言。這下真正的資料庫整合程式碼甚至可以採用不同的查詢機制；例如，與其轉換成 SQL，Query 物件規範也可轉成 MQL（MongoDB 查詢語言）。這種設計能將資料庫的選擇封裝得更好，並減輕切換資料庫家族的負擔（只要新資料庫也支援彈性查詢即可）。之所以能做到如此，是靠著新提出的限制 —— Query 物件的實作模式並不預期得要完整對應 SQL 提供的豐富查詢選項。它把允許查詢的範圍縮限到資料庫查詢功能的其中一部分，而這個部分對應用程式而言已經堪用。

儘管如此，這個解決方案還是未能封裝一些設計 A 做出的假設：

- 資料庫綱要：Query 物件使用的規範仍然仰賴特定知識，也就是知道資料庫欄位的名稱。因此，這次仍然假設 SupportCase 物件屬性名稱和對應表格的欄位會保持同步。
- 資料庫索引：這個解決方案讓使用者能彈性地建構資料庫查詢，但仍然允許使用者不使用索引、提高資料庫的負擔。

為了進一步封裝資料庫的內部知識（綱要與索引），好避免對應的複雜互動發生，工程師考慮了第三種設計。

設計 C：使用專用的搜尋方法

請看列表 3.9 描述的儲存庫介面：

列表 3.9：使用特殊搜尋方法的客服案件儲存庫介面

```
public interface SupportCaseRepository {
    void Insert(SupportCase case);
    void Update(SupportCase case);
    void Delete(SupportCase case);
    SupportCase GetById(CaseId id);
    IEnumerable<SupportCase> AllCases(TenantId tenant);
    IEnumerable<SupportCase> CreatedBefore(TenantId tenant, DateTime date);
    IEnumerable<SupportCase> MatchingStatus(TenantId tenant, Status status);
```

```
        ...
        ...
}
```

與其透過 SQL 或 Query 物件提供彈性的查詢選項，這回的設計把查詢空間限制在一組有參數的搜尋方法，比如 AllCases（傳回所有案件）、CreatedBefore（傳回指定時間之前建立的案件）、MatchingStatus（傳回狀態符合的案件）等等。這下儲存庫的使用者與其自行建構查詢條件，得改成執行相關的搜尋方法了（列表 3.10）。

列表 3.10：使用搜尋方法過濾屬於特定租戶 ID，並開啟超過三個月的客服案件

```
var cases = repository.CreatedBefore(10, DateTime.Now.AddMonths(-3));
```

現在欄位名稱被封裝在搜尋方法裡，儲存庫的使用者再也不需要知道欄位叫什麼。不僅於此，它既然明確列出支援的搜尋，就能更適當地設定資料庫索引，好確保查詢效能最佳化。

反過來說，這種設計施加的限制導致使用者不可能建構和執行臨時特殊查詢。你不得不做出取捨：一邊是彈性，一邊是把發生複雜互動的可能性（也就是分享無關知識的後果）降到最低。

下面我們從自由度和限制條件的角度來分析這三種耦合選項。

耦合、自由度與限制條件

耦合會連結元件，並定義有哪些知識被允許跨過元件邊界流動。這些知識可以是明確的（比如前面範例中儲存庫提供的公開方法），也可以是隱性的（比如設計自身做出的假設）。如我們在第一章討論的，分享無關知識會提高相相關元件得同步改變的可能性；隱性知識則會進一步加劇連鎖效應，使得你更難預測元件的共享變動到底需要什麼，進而導致複雜互動。

設計 A，也就是允許指定 SQL 查詢來過濾客服案件的設計，將可能的查詢選項最大化，但也大幅增加系統的可能狀態（自由度）。如前面段落示範的，這會包含系統錯誤與故障狀態。

設計 B 的 Query 物件設計限制了共享知識，而這些新限制使它得以避免前述的某些問題，例如使用實際資料庫不支援的 SQL 方言。但它仍然有可能執行效率不佳的查詢，並可能因此導致資料庫掛掉（這個自由度仍然存在）。

最後，從功能性角度來看，設計 C 對於使用者元件查詢客服案件資料的能力加上了最多限制：現在它只支援特定類型的查詢。這些限制也會降低系統自由度，因而減少複雜互動的發生機會。

因此，元件的整合方式、它們用來溝通的介面，以及介面自身對於環境做出的假設，都會直接影響整體系統的複雜性。

當然，不是所有限制條件都是好事。舉例來說：想像現在有個軟體工程師最糟的惡夢，一個「大泥球」系統，所有元件都耦合得死死的，以致對系統做任何改變都肯定會弄壞某些功能。從 Cynefin 框架的角度來看，這系統可以歸類在「清晰」領域 —— 因為你非常清楚任何改變都會讓某些東西壞掉[4]。這種單純性當然不是我們想要的結果。反而，當我們在設計元件互動時，我們會想要限制共享的知識，好讓元件能做出想要的互動，並禁止其他互動，特別是複雜互動。

只要透過謹慎的耦合設計，我們就能定義出良好的限制條件，既能限制相連元件的共享功能，也能限制它們共用的知識。換言之，適當的耦合可降低系統自由度。但我們究竟會想在軟體系統中開放哪些自由度呢？這就是下一章的主題，討論耦合與模組化的交互作用。

4　你可以主張這個例子能歸類在 Cynefin 框架的其他領域。如果你很肯定「某些東西會壞掉」，那麼它就是「清晰」領域。如果你想知道什麼會壞掉和必須做實驗，那麼就會落在「複雜」領域。要是東西會隨機壞掉，跟系統的改變沒有任何關聯，那麼就屬於「混亂」領域。

重點提要

　　系統複雜性跟系統規模或元件數量無關,而是出自這些元件之間的互動。當你在做設計決策時,請思考它會產生線性互動還是複雜互動。試著跳出你的當下環境並預先思考:如果你幾年後得維護程式庫,你能否預測系統會有什麼行為,以及是否能理解受影響的元件會因為系統變化而受到哪些衝擊?你有多大的可能性得訴諸於做實驗?

　　在評估設計決策時,你也得同時顧慮到全域和區域層級的潛在複雜性。全域複雜性是元件之間的互動,區域複雜性則指單一元件內部的互動。這兩種層級的複雜性都必須受到控管。

　　有效的限制條件會封裝知識,降低系統的自由度,並把發生複雜互動的機會減到最低。請密切留意你的元件透過公開介面揭露的自由度。它們是否因為提供過度自由的輸入,因而允許非預期的行為發生?

　　我們現在清楚理解了複雜性的徵兆和源頭,便可繼續前往下一章,該章聚焦在我們想在軟體設計達成的目的:模組化。

測驗

1. 下列哪一個系統特質會影響其複雜性?

    a. 系統規模

    b. 系統元件數量

    c. 元件之間的互動

    d. 以上皆是

2. 下列哪一個或多個陳述為真？

    a. 複雜互動能引發非預期的結果

    b. 線性互動能引發非預期的結果

    c. 複雜互動能以非預期的方式帶來符合預期的結果

    d. （a）和（c）正確

3. 區域和全域複雜性的差別為何？

    a. 全域複雜性為元件內部的互動，區域複雜性則是元件之間的互動

    b. 區域複雜性為元件內部的互動，全域複雜性則是元件之間的互動

    c. 全域和區域複雜性在系統設計脈絡內是同義詞

    d. 全域複雜性源自全域變數，區域複雜性則源自區域屬性

4. 哪種複雜性在軟體設計脈絡裡比較重要？

    a. 區域複雜性

    b. 全域複雜性

    c. 兩者同樣重要

    d. 兩者同樣不重要

5. 本章強調不是所有限制條件都對系統設計有利。那麼主要的焦點應該放在哪裡？

    a. 鼓勵複雜互動

    b. 限制共享知識

    c. 開放需要的互動

    d. （b）與（c）皆正確

Chapter 4
耦合與模組化

> 模組之道有價值，
> 箇中精髓仍待識。
> 設計若要有條理，
> 永恆價值得維持。

「討論模組化的 95% 內容都是在頌揚其優點，但幾乎沒人談到要如何實現它」（Myers，1979）。這些觀察是在超過四十年前寫下，但至今依然適用。模組化的重要性不容質疑：它是任何設計良好的系統的基石。然而，儘管這些年來出現眾多新開發模式、架構風格和方法論，許多軟體專案在追求模組化時仍然備感吃力。

本章的主題便是模組化，以及它跟耦合的關係。我首先會定義什麼是模組，還有怎樣的系統能算是模組化。接著各位會學到一些設計考量因素，對於提高系統模組化程度和避免產生複雜互動方面都是關鍵。最後，本章討論跨元件互動在模組化系統內扮演的角色，並替後續章節的主題鋪路──如何把耦合當成設計工具。

模組化（modularity）

模組化的概念並不只是軟體設計獨有，「模組」（module）一詞甚至比軟體設計早了約五百年出現。模組化的精髓指的是系統由稱為模組的自成一格單元構成──你也或許還記得第一章提到，我把系統定義成一群元件的集合。這自然帶出一個有趣的問題：傳統系統中的元件和模組化系統的模組究竟有何區別？

一個系統有其目的，也就是它需要實作的功能。系統元件會透過協同合作來達成這個目的。比如，一個社交媒體 app 讓人們能夠交友、分享和互動，一個會計系統則能替企業簡化財務作業。但隨著時間過去，使用者的需要可能會改變，新的需求或許會浮現。這時就是模組化設計能派上用場的時候了。

模組化設計的用意是要比非模組化系統能應付更多的目的。它能擴展系統目標來適應目前未知、但未來有可能需要的需求。當然，系統不可能預期對於未來需求都有立即可用的現成解決方案，但模組化設計應該要讓系統能在合理的修改力氣下演進。

我們能藉由投入模組化開發，來設計出有適應力和具備彈性的系統。也是說，模組化的主要目標是讓系統能夠演進（Cunningham，1992）。有一句經常被（誤）認為出自查爾斯·達爾文的話[1]是：「存活下來的並不是最聰明的物種，也不是最強大的物種，而是身處多變環境中最能應變與適應的物種。」這個原則也適用於系統 —— 就算是當下調校最完美、表現無懈可擊的系統，要是無法隨著未來變化改變和成長，那麼一樣會變得過時。系統彈性越差，抗壓性就越弱，在面對需求演進的壓力下就更容易崩潰。相對的，模組化系統會事先對變化做好準備，因此長遠下來更容易成功。

模組化也能當成認知工具，簡化我們對系統的理解。與其當成一個單體式、深不可測的黑盒子，模組化系統由一群各別成員構成，每個都有自己的功用，但又能協同合作。只要將系統分割成模組，便能讓我們更清楚理解系統的內部運作機制，以及它最終如何實現想要的結果。

但這樣為什麼重要？只是在滿足智力上的好奇心嗎？不盡然。若要改變和改良系統，你得對系統運作有深刻的理解。這可能包含修改某個既有行為，比如修復臭蟲（bug），或是藉由增加新功能來演進系統。模組化設計的單純性和透明度，讓你能更有效和更有信心地修補、調整系統，並且帶來創新。

現在我們理解了模組化為何重要，就來更深入模組的概念，以及模組在設計彈性系統時所扮演的角色。

1　Quote Investigator 網站調查過此引言的出處：https://quoteinvestigator.com/2014/05/04/adapt/。

模組

「模組」和「元件」這兩個詞經常被混用，進而導致混淆。如我稍早所提，任何系統都是由元件構成，因此模組是元件，但元件卻不見得都是模組。在設計彈性系統時，光是把系統解構成任意一群元件是不夠的。真正的模組化設計應該能讓你透過合併、調整或更換元件（模組）的方式來修改系統。

我們來看日常生活中兩個模組範例（圖 4.1）：

1. 樂高積木本身就是模組化設計的最直接示範。每個積木都是自成一格的單元，能和其他積木組成各種結構。這些積木能輕易結合或拆開，顯示它是完美的模組化系統。

2. 另一個常見的模組化範例是攝影愛好者使用的可換相機鏡頭。這種能讓攝影師更換相機鏡頭的能力，使他們無須使用多台相機，就能把相機用於不同的拍攝情境和達到各種拍攝效果。

圖 4.1　實際生活中的系統模組化。
（影像來源：左，focal point/Shutterstock；右，Kjpargeter/Shutterstock）

軟體設計耦合的平衡之道:建構模組化軟體系統的通用設計原則

模組化系統的成功程度,取決於其模組的設計。為了讓系統達到想要的彈性,模組設計必須聚焦在明確的模組邊界,以及明確定義的跨模組互動。若要探討模組設計,我們可以檢視三個描述模組的基本特質 —— 功能、邏輯與脈絡[2]:

1. **功能(function)**是模組的目的、它要提供的功能(functionality)。這會透過模組的公開介面開放給使用者。介面必須反映使用此模組能達成哪種任務、它能被整合的方式,以及它與其他模組的互動。

2. 模組的**邏輯(logic)**是關於模組功能要如何實作,也就是模組的實作細節。不同於明確揭露給使用者的模組功能,模組邏輯應該隱藏起來,不讓其他模組看到。

3. 最後,模組的**脈絡(context)**是模組應該被使用的環境(environment),包括設計對於模組使用情境/環境而做出的明確或隱性假設。

這些基本特質 —— 總結於表 4.1 —— 讓我們能洞察模組在更大系統中扮演的角色。

為了有效設計模組,其功能應該很清楚,並透過公開介面表達出來。相對的,模組的實作細節(邏輯)則應該隱藏在模組的邊界背後,不讓模組的使用者看到。最後,模組脈絡應該有明確清楚的定義,讓其使用者能夠與之整合,並知悉模組行為在環境變動下可能會受到什麼影響。

我們來看看,這些特質如何反映在前述的模組化系統上:樂高積木跟可換相機鏡頭。

表 4.1　比較模組的三大基本特質

特質	反映	資訊類型
功能	模組目的	公開、明確
邏輯	模組運作方式	被模組隱藏
脈絡	對環境的假設	公開,沒有模組功能那麼明確

2　你可能會在更晚的出處看到用不同的詞描述這些特質:邊界、實作和環境。為了本書的一致性,我仍採用最初的用詞(Myers, 1979)。

樂高積木

樂高系統的整個目的，是用獨立的積木組合出結構。系統模組就是樂高積木。每塊積木身為模組，具備以下特質：

- 功能：積木的目的是和其他積木結合，這點透過其「整合介面」明確反映出來——可以輕易接上其他積木的突起和接孔。
- 邏輯：積木以特定材料製作，以便承擔足夠的重量，能用來建造牢固結構，並保證永遠能跟其他積木穩固結合。
- 脈絡：既然樂高（基本上）是給孩童的玩具，它們必須安全和得宜，好讓孩童能夠把玩。此外，由於樂高的目的是當作創意和玩樂工具，它就不是設計來建造實際的房屋，也沒有打算拿來蓋真實房屋。

相機鏡頭

如我在本章稍早提過的，可換相機鏡頭讓攝影愛好者不必使用多台相機，就能適應不同的拍攝情境。相機機身和可接上的鏡頭都是模組，但我們下面只探討相機鏡頭的模組特質：

- 功能：讓相機能透過特定特質來捕捉影像，比如特定的鏡頭焦距或光圈。鏡頭介面定義了機身能使用哪種類型的鏡頭，以及鏡頭支援的光學能力。
- 邏輯：鏡頭的內部結構使它們能被接上機身，並讓相機取得所需的光學能力。
- 脈絡：鏡頭支援的機身種類，以及不同機身提供的功能（比如是否支援自動對焦）。

現在我們對一般的模組化有所認識，就來探討這些概念如何能套用在軟體設計脈絡吧。

軟體系統的模組化

雖然「模組」一詞被廣泛用在軟體系統中，要定義究竟什麼是模組，反而沒有你想的簡單。這種模稜兩可是因為該詞被使用已久，但隨著軟體工程的演進，其原始意義已經鮮為人知，導致大量的重新詮釋出現、精準定義不復存在。

究竟什麼是軟體模組？是一個函式庫、一個套件、一個物件、一群物件，還是一個服務？甚至，軟體的非模組元件是什麼，又跟模組有何分別？

有些人主張一個模組是一個邏輯邊界（a logical boundary）的具體呈現，比如身為命名空間、套件或物件，而元件表明了實體邊界（a physical boundary），包含像是服務或可轉發函式庫（redistributable libraries）之類的產物。然而，這種把邏輯和實體邊界並列對比的方式其實並不準確。為了理解為何不準確，以及到底什麼是軟體模組，我們得回到過去，檢視「模組」一詞首次在軟體設計被提出時的意思。

軟體模組

David L. Parnas 在他 1971 年開創性的論文「系統模組化分解的準則」（On the Criteria to Be Used in Decomposing Systems into Modules）中，簡潔地把模組定義為「責任指派」，而不是程式敘述周圍劃出的任意邊界。

四年後，Edward Yourdon 和 Larry L. Constantine 在他們的 1975 年著作《結構化設計》（*Structured Design*）中，把模組描述為「語義上連續的程式敘述，包在邊界元素中，並擁有代表其聚合體的識別字」。或者簡化來說，模組就是任何一組可執行的程式敘述，符合以下全部三個要件（Myers，1979）：

- 這些敘述實作了自成一格的功能。
- 這些功能可被任何其他模組呼叫。
- 這組實作有機會被獨立編譯。

自成一格功能這個要件暗示，某個特定功能是被封裝在一個模組內，而不是比如分散在多重模組中。接著，該模組會透過其公開介面讓系統的其他模組得以存取這個功能。最後，該模組的實作有機會被獨立編譯。根據這種定義，模組的邊界類型究竟是實體還是邏輯性質，就無關緊要了；只要這段實作有可能抓出來變成可編譯的獨立單元，那麼它就是一個模組。而比模組邊界更重要的東西，就是它實作和提供給其他模組的功能。

這種著眼點──模組的存在來自明確定義的功能，而非特定邊界類型──使得模組在整個軟體設計中無所不在。（微）服務、框架、函式庫、命名空間、套件、物件、類別都可以是模組。甚至，由於如今一個類別的方法也可以獨立編譯（比如 C# 的擴充方法或 Python、JavaScript 的函式），各別方法／函式也可以看成是模組。

這表示在一個以服務為基礎的系統中，若服務被設計成有效的模組，那麼該系統就能算是具備模組化。系統內的服務若擁有比如模組化的命名空間，那服務本身也可以算是模組化。你能用模組化物件構成模組化命名空間，而模組化方法或函式同樣能構成模組化物件。如圖 4.2 展示的，這一路往下堆疊，有如傳說中支撐扁平世界的一層層海龜。但模組不是扁平的；模組化設計是階層式的。

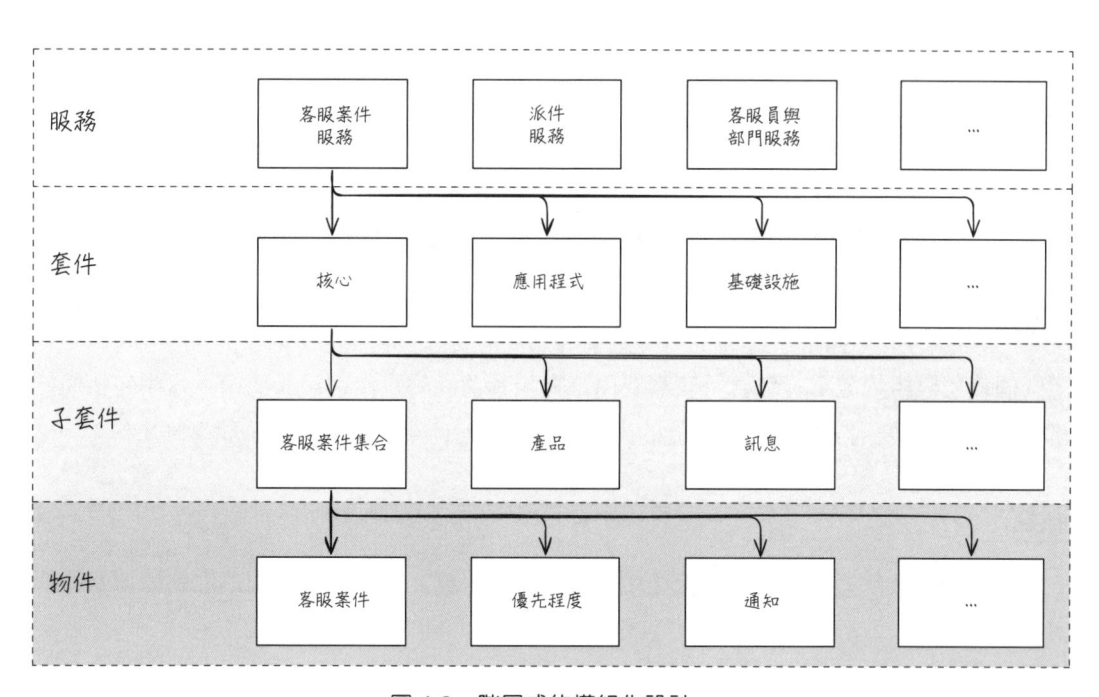

服務	客服案件服務	派件服務	客服員與部門服務	...
套件	核心	應用程式	基礎設施	...
子套件	客服案件集合	產品	訊息	...
物件	客服案件	優先程度	通知	...

圖 4.2　階層式的模組化設計。

再次重申：模組代表的是一個特定範圍，包含了明確定義的功能，開放給系統其他部分使用。這使得模組可以代表軟體系統中的任何邏輯或實體範圍，管它是服務、命名空間還是物件都一樣。

在這本書中，我都會用「模組」這個詞表示封裝特定功能的範疇。這個功能會提供給外部使用者存取，而且可以或者有機會被獨立編譯。

函式、邏輯和軟體模組的脈絡

我們可以用模組的這三個特質 —— 功能、邏輯與脈絡 —— 描述前面提到的各種軟體模組。

功能

一個軟體模組的功能，是它透過公開介面提供給使用者的功用。例如：

- 一個服務的功能可透過 REST API 或非同步的發佈／訂閱訊息來公開。
- 一個物件的功能透過其公開方法和屬性提供。
- 一個命名空間、套件或轉發函式庫的功能會由其成員實作。
- 如果一個單獨方法或函式被當成模組，它的名稱和呼叫特徵會反映其功能。

邏輯

一個軟體模組的邏輯，包含所有需要用來實現其功能的實作與設計決策。當中包括原始碼[3]，以及不需要用來描述模組功能的內部基礎設施元件（例如資料庫、訊息匯流排）。

脈絡

所有軟體模組都仰賴於它們執行環境的各種特性，且／或對它們運作的脈絡做出某些假設。比如：

- 在最基本的層級，一個模組的執行需要特定的執行環境，甚至是特定版本的執行環境。

---

[3] 傳說這就是「商業邏輯」（business logic）一詞的來源，而這暗示模組裡包含了各種「邏輯」：整合基礎設施元件的邏輯，以及處理商業任務的邏輯。但我找不到任何出處能佐證這種觀點。

- 模組若要能正常發揮作用，會需要一定程度的運算資源，如 CPU、記憶體或網路頻寬。

- 模組可能會假設外部呼叫已經經過授權，因此不會自行做授權。

回來看模組脈絡的定義，功能和脈絡的主要差別在於，模組會有跟脈絡息息相關的假設和需求，但這些不會反映在其公開介面（功能）上。

現在你對軟體模組有了紮實的理解，我們就來深入研究模組化系統的設計考量。

有效的模組

如前面的段落所說，隨意地把系統解構成元件並不會讓它模組化，而模組本身的階層本質也只會讓事情更加棘手。不管在任何層級，只要模組沒設計好，都有可能破壞整個美意。

有效的模組設計可不是簡單小事，而你在整個軟體工程史都能看到失敗的蹤影。例如，不久前許多人仍相信若要設計出有彈性、可演進的系統，微服務架構會是簡單的解決方案。但若沒有適當的原則來引導把系統解構成微服務（模組）的過程，許多團隊只會得到分散式的單體式系統（distributed monoliths）── 這種結果的彈性還遠遠不如原始設計。

就像人們說的，歷史總會一再重演，而模組化只要被帶進軟體設計，幾乎同樣的狀況都會發生：

> 當我（在 1960 年代末）來到現場時，軟體開發主管們發現打造他們口中的單體式系統行不通。他們想把需要做的工作分割成幾個部分（他們稱之為模組），每個模組會指派給不同的團隊或團隊成員。他們希望（a）各部分組合起來時會「拼好」，系統也能運作，以及（b）他們想做改變時，改變只會侷限在單一模組內。但這兩件事都沒發生，因為他們把工作分割成模組這部分做得很差勁。這些模組有非常複雜的介面，而任何改變幾乎總是會影響到許多模組。
>
> ── David L. Parnas 與本書作者的通信，2023 年 5 月 3 日

有了這次的糟糕經驗，Parnas 在 1971 年提出一個原則，用意是更有效地引導系統解構成模組──資訊隱藏（information hiding）。根據這個原則，會隱藏決策的模組就是有效的模組。如果某個決策需要重新審視，改變就應該只影響到「隱藏」決策的那一個模組，進而減少連鎖效應波及系統的多重元件。

Parnas 在稍後的研究中（1985 及 2003 年），把「遵循資訊隱藏原則的模組」和「抽象化概念」劃上等號。我們來看什麼是抽象化，以及如何用這種知識打造軟體邊界。

將模組視為抽象化（abstraction）結果

抽象化的目標是找一個辦法能充分代表多重對象。例如，「車」這個詞是一個抽象化結果；當你想到一輛「車」時，不必考慮特定的特質、型號或顏色。一輛車可以是特斯拉 Model 3、休旅車、計程車或甚至一級方程式賽車，也可以是紅、藍或銀色。你不需要這些特定細節就能理解「車」的基本概念。

抽象化結果若要「有用」，得先消除跟實際例子相關、但不見得全部共享的細節。若它要充分代表多種對象，就得專注在這群對象共享的層面。回到前面的例子，「車」一詞簡化了我們對車輛的理解，只專注在所有車共有的特徵上，比如能夠當成交通工具，還有具備典型的結構，通常有四個輪子、一個引擎跟一個方向盤。

藉由只專注在相關對象的共享細節，抽象化結果便得以隱藏有可能改變的決策。因此一個抽象化結果越通用，它就越能保持穩定。或者說，一個抽象化結果分享的細節越少，它會改變的機會就越低。

> **NOTE**
> 有趣的是，「軟體模組」這個詞本身就是一種抽象化。如各位在前小節得知的，軟體模組能代表各種不同的邊界，包括服務、命名空間和物件。這就是一種抽象化的結果：它消除跟實際軟體邊界相關的細節，只注重重要部分：責任指派，或者封裝的功能。因此，你能用「模組」來充分代表所有類型的軟體邊界。

設計良好的模組即為抽象化的成果，其公開介面的焦點應該要專注在模組提供的功能，而對於這功能所有可能的實作方向，它們之間沒有共用的知識就應該要隱藏起來。我們回

來看個類似第三章的儲存庫物件範例；列表 4.1 列出的介面專注在必要的功能，並把實際的實作細節封裝起來。

列表 4.1：這個模組介面專注在它提供的功能，並封裝其實作細節

```
interface CustomerRepository {
    Customer Load(CustomerId id);
    void Save(Customer customer);
    Collection<Customer> FindByName(Name name);
    Collection<Customer> FindByPhone(PhoneNumber phone);
}
```

　　這個儲存庫的實際實作，有可能使用關聯式資料庫或文件庫，甚至是混合式多重持久性儲存庫。此外，這個設計也允許使用者切換底下的實作，但又不必擔心受到影響。

　　在軟體工程界，想要不費吹灰之力切換資料庫的概念令人抱持懷疑態度，因為這種轉換並不常見[4]。不過，其實還有一個更常見和更關鍵的理由，會需要你在穩定介面的背後切換實作方式：若你在不修改介面的前提下修改模組的實作，比如修復臭蟲或改變其行為，這其實就是在替換實作。比如，FindByName()（以名字搜尋）和 FindByPhone()（以電話搜尋）方法的查詢方式，有可能在使用同樣資料庫的前提下有所改變，像是資料庫綱要被加入索引、名字或電話號碼，或者資料結構被調整過，好改善查詢的效率。對客戶來說，這些修改都不應該對模組介面造成影響才對。

　　話雖如此，切換實作並不是導入抽象化的唯一理由。一如 Edsger W. Dijkstra 在 1972 年的著名說法：「抽象化的目的不是要變得模糊，而是創造一個新的語義層級，讓我們能在當中追求絕對的精準（absolutely precise）。」

　　使用抽象化看似會讓事情變得更含糊或者抹去細節，但如同 Dijkstra 所說，這其實不是抽象化的目的。反而，抽象化應該創造一個新的理解層面──新的「語義層級」──好讓我們能追求「絕對的精準」。為了能產生一個合適的抽象層級來表達正確的語義，你需

4　唯一例外是執行測試套件，而該套件會將實體資料庫換成記憶體內部的假資料庫。

要取得正確的平衡。請思考以下例子：若你用「車輛」這種抽象化來表示「汽車」，可能有點太廣泛了。你得捫心自問，你想表示的對象是否真的包含各類車輛，比如摩托車和巴士，所以才需要這麼廣義的抽象化？如果不是，那麼用「汽車」就比較合適，也能更精準傳達你想要的用意。

藉由專注在必要部分──也就是模組的功能──並忽略無關的資訊，抽象化便讓我們得以理解複雜系統，但不至於迷失在細節裡。模組化系統的常見範例之一就是個人電腦：我們能思考其模組（處理器、主機板、隨機記憶體、硬碟等等）的互動，但無須理解各別元件的複雜技術層面。我們在排除故障時，不必搞懂處理器是怎麼處理指令，或者硬碟在最細的層級上是怎麼儲存資料的。我們只要思考它們在更大系統中扮演的角色即可──一個以有效抽象化產生的新語義層級。

最後，抽象化跟模組一樣是有階層性的。在軟體設計中，當我們在理解系統時，會用「抽象化程度」來表示不同程度的細節。較高的抽象化程度會更接近使用者面對的功能，而較低的抽象化程度則是跟底層實作細節有關的元件。對於不同的抽象化程度，你需要用不同的語言來討論其層級實作的功能。這些語言，或者（Dijkstra 口中的）語義層級，就是透過抽象化設計來產生的。

階層式的抽象化結果也能用來進一步展示模組化的階層本質。既然每個層級的抽象化遵循的設計原則都一樣，模組化設計就不只是階層式的，也可以是「碎形」（往下自我重複）的。我會在後面的章節討論，管理模組化結構的同一套規則如何能套用在不同的規模。但我們首先回來探討前面章節的主題──複雜性──並分析它和模組化的關係。

模組化、複雜性與耦合

糟糕的系統模組設計會帶來複雜性；我們在第三章討論過，複雜性可以發生在全域或是區域範圍，而這種分界又取決於你的視角──全域複雜性對於更高層級的抽象化來說就等於區域複雜性，反過來也成立。但一個設計為何能夠變得模組化或變複雜呢？

模組化和複雜性都是誕生自系統設計裡共享的知識。只要在元件之間分享無關的知識，就會提高你理解系統時的認知負擔，也會帶來複雜互動（非預期的結果，或以非預期方式產生符合預期的結果）。

反之，模組化以下面兩種方式控制系統的複雜性：

1. 模組化消除了意外的複雜性；換言之，避免糟糕的系統設計帶來複雜性。

2. 管理系統必要的複雜性；這種複雜性是系統商業領域與生俱來的部分，因此不能拿掉。但模組化也能藉由將複雜部分包裝在合適的模組中，來控制複雜性和避免它「溢出」到整個系統。

以知識的角度來說，對於知識如何在系統元件（模組）之間擴散，模組化設計能夠把這個過程最佳化。模組基本上就是一個知識邊界（a knowledge boundary），定義了哪些知識會被開放給系統的其他部分，那些又會被模組封裝（隱藏）起來。我們在本章稍早定義的模組三特質，便定義了模組設計會反映的三種知識：

1. 功能：明確公開的知識

2. 邏輯：隱藏在模組內部的知識

3. 脈絡：模組對於其環境的知識

有效的模組設計會把它封裝的知識最大化，並且在其他元件跟這個模組協作時，只分享對方所需的最低程度知識。

深模組（deep module）

John Ousterhout 在其 2018 年著作《軟體設計哲學》（*A Philosophy of Software Design*）中，提出一個視覺式的啟發法來評估模組邊界。請想像模組的功能和邏輯可以畫成圖 4.3 的矩形，矩形區域代表模組的實作細節，而底邊長度則代表模組功能（或公開介面）。

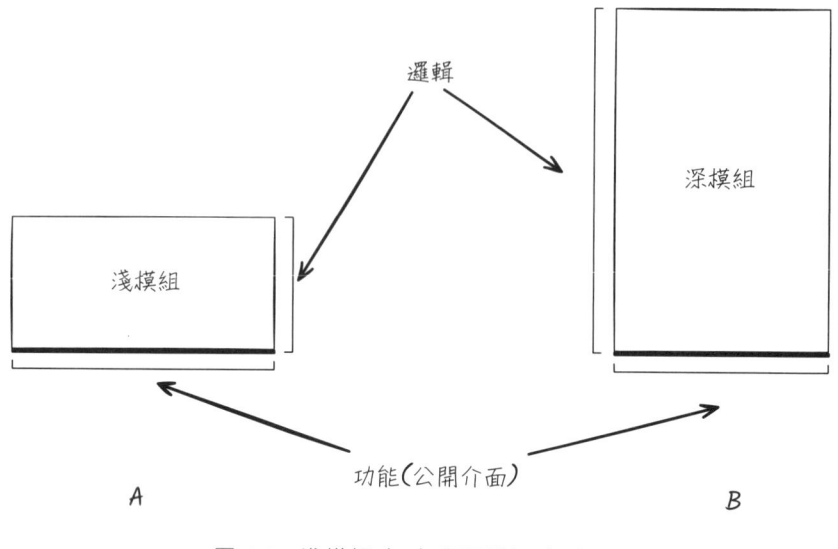

軟體設計耦合的平衡之道：建構模組化軟體系統的通用設計原則

圖 4.3 淺模組（A）和深模組（B）。

依 Ousterhout 的說法，方塊的「深度」反映了模組隱藏知識的程度。模組的邏輯對於功能的比率越高，矩形就會變得「越深」。

如果一個模組是淺模組（圖 4.3A），那麼功能跟邏輯的比率差距就不高，該模組的邊界所封裝的複雜性也較低。在最極端的狀況下，功能和邏輯長度會完全相同，代表公開介面完全反映了模組的實作方式 —— 這樣一來，你乾脆直接看模組的實作就好了。列表 4.2 示範一個極端的淺模組例子，該模組的方法沒有封裝任何知識，只描述了其實作內容而已（把兩個數字相加）。

列表 4.2：淺模組（shallow module）範例

```
addTwoNumbers(a, b) {
    return a + b;
}
```

相對地，深模組（圖 4.3B）把複雜的實作細節封裝在簡潔的公開介面背後，模組的使用者不需要知道實作細節為何。但使用者就算不知悉模組的運作細節，依然能夠了解模組

的功能，還有它在整體系統扮演的角色 —— 也就是說，使用者會從更高的語義層級來理解它。

不過，深模組的比喻還是有限制的。比如，系統裡可能有兩個完美的深模組，但它們實作了相同的商業規則，而當這個規則改變時，兩個模組都得修改。這可能會引發系統內的連鎖改變，且若要是只改到其中一個模組，也有可能令系統行為不一致。這再度佐證了模組化的赤裸事實：面對複雜性是困難的任務。

模組化 vs. 複雜性

模組化和複雜性是兩股拉鋸的力量。模組化想要讓系統更好理解和更容易演進，而複雜性則想把系統往反方向拉。模組化的完全相反狀況，或者複雜性的典範，就是所謂的大泥球反模式（Foote and Yode，1997）：

> 「大泥球」是一個結構雜亂、四處蔓生、鬆散、草率組合、一團亂的程式碼叢林。這種系統表現出錯認不了的跡象，其成長絲毫未受管控，且一再地以權宜之計修補。資訊會胡亂跟遠處的系統元素共享，導致幾乎所有重要資訊都被擺在全域層級或者有所重複。整個系統結構可能根本沒有清楚定義過。要是有，那麼這定義已經被腐蝕到難以辨認了。

— Brian Foote 與 Joseph Yoder

上面把「大泥球」反模式定義為未受管控的發展、隨便跟遠處的系統元件共享知識，以及把重要資訊全域化或重複複製，這都展示了若知識流動沒有最佳化也缺乏效率，是會扯系統後腿的。

我們可以改寫這些論點，以效率不彰的抽象化來表示。有效的抽象化會移除一切不相關的資訊，只保留有效溝通真正所需的部分。相比之下，無效率的抽象化未能消除不重要的細節，或者移除了關鍵細節（或兩者皆有），進而產生雜訊。

若抽象層包含無關的細節，那麼就會透露不必要的知識，而這能透過好幾種方式引發意外的複雜性。抽象層的使用者會收到太多資訊，但他們使用抽象層時並不需要知道這麼多。這首先會帶來意外的認知負擔，或者本來可以藉由封裝無關細節來避免的部分。其次，這

限制了抽象化的範圍：它無法一視同仁地充分代表多種個體，只能代表那些有用到這些多餘資訊的個體。

另一方面，要是抽象層省略了重要資訊，那它一樣會失敗。例如，一個資料庫抽象層要是沒有傳達它的交易語義，使用者期待的資料一致性程度可能會跟實際實作的做法有落差。這種狀況產生的是所謂的滲漏抽象化（leaking abstraction）[5]，也就是底下系統的細節「滲漏」到抽象層外。要是使用者需要理解底層的實作細節才能正確使用模組，就會發生滲漏抽象化，而這和抽象層分享無關資訊的狀況一樣，只會增加使用者的認知負擔，使他們誤用或誤會模組，導致維護、除錯和延伸使用上更加困難。

因此，知識封裝是道兩面刃：給太多知識會讓使用模組變得困難甚至不可行，而給太少也會發生同樣的事。讓模組化更加困難的是，就算一個系統拆解成看似完美的模組，這也不能保證它已經模組化。

模組化：物極必反

我在本章開頭，把模組化設計定義成可以讓系統適應未來變化的一種設計。但是它應該要有多大的彈性呢？俗話說，一個東西越有用，將來的用途就會越少。這就是彈性（以及模組化）的代價。

在設計模組化系統時，務必留意兩個極端：你不能讓系統僵化到無法改變，也不能讓系統的彈性太過頭，結果失去用處。為了舉個例，我們再回來看列表 4.1 的儲存庫物件，其介面讓我們能用兩種方式查詢客戶：用名字或電話。如果我們試圖讓物件能接受所有可能的查詢，比如能用更多類型的欄位，甚至用多重欄位查詢，介面會變成什麼樣子？這會讓介面變得更難使用。此外，想把底下的資料庫最佳化、好提高所有潛在查詢的效率，也不是小事。

因此，模組化設計應該專注在**合理的改變**。換言之，系統應該只開放合理的自由度；若像是把部落格核心引擎換成印表機驅動程式，這就不是合理的改變。

5　Spolsky, Joel，「滲漏抽象化法則」（The Law of Leaky Abstractions），2002 年 11 月 11 日發表於 Joel on Software。www.joelonsoftware.com/2002/11/11/the-law-of-leaky-abstractions。

很不幸，我們沒辦法精準預測合理的未來改變，只能根據我們目前對系統的知識和假設來猜想。針對系統的假設基本上就是在對未來下賭注（Høst，2023），而未來可能會證實或推翻這些假設。不過，要是模組化設計形同在下賭注，我們倒是可以盡可能收集資訊，好讓我們做出最合理的猜測。

模組化內的耦合

若要理解模組化的許多面向，你不能把它們看成獨立個體，而是必須檢視它們的相互關係。我們在前面的深模組小節示範過這點：就算是完美的「深」模組，也仍有可能帶來複雜互動。如 Alan Kay 所說，物件導向程式設計的真諦並不是在於類別，而是訊息交換[6]，或者說物件之間的關係和互動[7]。傳統上，系統設計時只會專注在方格（元件）上，可是連接方格的箭頭跟線條呢？

若要評估系統的模組化程度，你不能單獨只檢視各別模組的設計。模組化設計的目標是簡化系統元件之間的關係。所以，評估模組化的唯一方式就是檢視元件之間的關係和互動範圍。元件之間分享的知識決定了上頭系統會變得模組化還是更複雜。在系統的各種面相中，耦合定義了元件之間要共享哪些知識；元件耦合的方式若不同，所分享的知識類型跟份量也會不同。有些耦合會增加複雜性，有些則能提高模組化程度。

現在剛好適合來提耦合的相反概念：內聚性（cohesion）。內聚性是在《結構化設計》（Yourdon 與 Constantine，1975）搭配耦合一起提出的，指一個模組內的元素相互結合的程度。換句話說，內聚性衡量了一個模組內的各種責任之間有多大的關聯。高內聚性通常被視為好的特質，因為這促使模組追求單一和定義明確的目的，進而提高可讀性、易於維護性和穩健性。

---

[6] Kay, Alan，「Alan Kay 談論訊息交換」（Alan Kay on Messaging），發表於 1998 年 10 月 10 日。wiki.c2.com/?AlanKayOnMessaging。

[7] 根據原始定義，物件是模組，因此適用於物件的設計原則，也同樣可套用於其他抽象層級的模組。

但是，內聚性在檯面下仍然根基於耦合。有些軟體工程師甚至會把內聚性稱作「良好耦合」，而這也是我偏好的看法。本書第二部「維度」的章節便仔細審視了耦合如何影響系統設計，以及你能在哪些維度觀察到耦合的影響。在本書後段，我則會把這些見解合併成一個簡明的框架，能用於引導模組化設計，但也能反映系統模組的內聚程度。

重點提要

模組化藉由管理模組之間的知識散布方式，來致力於將複雜性降到最低。然而，模組化的至高目的是讓系統能夠根據未來目標及需求而演進。因此，模組化設計不只需要了解當下的需求，也要預測未來可能出現哪些需求。

無論如何，請留意「物極必反」症候群。如果將一個系統設計成很有彈性，能夠適應任何變化，那麼該系統很可能會過度複雜。若要避免系統過度僵化或彈性過多，取得平衡是箇中關鍵。

為了訓練你預測未來變化的「直覺」，多了解你系統的商業領域。請試著分析趨勢：過去曾需要哪些改變，又是出於哪些原因。然後是研究競爭產品：它們做的有何不同，為何能做到不同，以及你有多大的可能性得改變你的系統來做到同樣的事。

在設計模組時，請思考它們的核心特質。你能表達一個模組的功能（目的）而不透露裡面的實作細節（邏輯）嗎？一個模組的使用情境（脈絡）是有明確表達的，還是根據某些將來可能會被遺忘的假設？

最後，為了真正設計出模組化系統，你必須考慮模組的彼此關係，並承認它們的相互作用會對模組化有著重大影響。「耦合」定義了元件之間能分享哪些知識，「內聚性」則定義了一個模組的各種責任之間有多大的相關性。這些主題都會在後續章節進一步擴展，最終構成一個能做合理模組化設計的穩健框架。

測驗

1. 模組的基本特質有哪些？

    a. API、資料庫和商業邏輯

    b. 原始碼

    c. 功能與邏輯

    d. 功能、邏輯與脈絡

2. 一個有效的模組具備什麼樣的條件？

    a. 良好的執行階段效能

    b. 將其封裝的複雜性最大化

    c. 將其封裝的複雜性最大化，同時支援系統的彈性需求

    d. 正確實作商業邏輯

3. 模組的哪一個特質是最明確的？

    a. 功能

    b. 邏輯

    c. 脈絡

    d. （b）和（c）正確

4. 下列哪一個軟體設計元素可視為模組？

    a. 服務

    b. 命名空間

    c. 類別

    d. 以上皆是

5. 有效的抽象化得具備什麼要件？

    a. 盡可能省略資訊

    b. 盡可能包含細節

    c. 創造一種語言來允許討論元件的功能，但不必知曉功能的實作方式

    d. 描述越多物件越好

PART II
維度

本書第一部展示，系統元件耦合的方式能讓整體系統變得模組化或者變複雜。若要把系統設計推往正確方向，我們就得先理解耦合會對系統造成的各式各樣影響。為此，本書第二部會從三個維度──整合強度、空間與時間──來探討耦合的表現形式。

第五章從耦合概念的起源來探討它。各位將學到史上第一個用來評估耦合的模型：結構化設計的「模組耦合」。

第六章介紹「共生性」，這是另一種模型，用來評估耦合元件之間分享的知識。各位會了解共生性的程度、每種程度之間的差異，以及共生性和模組耦合的關聯。

我在第七章會把模組耦合和共生性合併成「整合強度」，這是用來評估耦合強度的統一模型。各位會了解到為何整合強度是有其存在必要的，而當中的各種等級又反映了什麼。更重要的是，各位將學到如何把這模型應用在實務中。

在設計跨元件互動時，另一個重要的面向是考慮元件在程式庫中的空間距離。第八章討論了距離對耦合的影響。各位會學到，元件的實際距離如何影響它們需要共同改變的理由。

第九章則替第二部總結，探討耦合在時間維度上的效應。各位會學到怎麼評估元件的預期變動頻率，以及可能在耦合元件之間造成連鎖變動的額外因素。

> **NOTE**
> 在我跳進不同的耦合評估模型之前，我得先提出一個重要聲明：五、六、七章討論的耦合評估模型是不同的。各位將學到，有些耦合層級乍聽之下似乎可以接受，也有的聽起來會讓人退避三舍，但目前而言，要判斷哪些耦合層級好、哪些又應該避免，仍然言之過早。這些會留到第三部「平衡」討論。在進入第三部之前，我們把焦點先放在辨認元件的各種耦合方式，以及它們會在系統設計中對知識流動造成何種影響。

Chapter 5
結構化設計的模組耦合

古老典範雖遺忘，

相同原則不曾亡。

模組知識如何流，

結構設計搶頭香。

我們在本章首先會探索軟體設計中的各種耦合形式。我會從結構化設計方法論提出的耦合評估模型（model for evaluating coupling）開場，這個方法在第四章提過好幾次，各位或許記得它源自 1960 年代，當時的軟體工程領域和我們現今熟悉的樣子差距頗大。

既然這個方法已經太老舊，要介紹這些概念，甚至應用在實務上，就有些困難了。為了讓各位更好理解，我會透過結構化設計的原始耦合脈絡來討論耦合程度，本章有些範例因此會用組合語言、COBOL、Fortran、PL/I 之類的程式語言來實作。你當然不必精通這些語言；我已經把範例簡化，就算不熟上述語言的人也能看得懂。但除了透過原始歷史觀點，我仍會把這些耦合程度帶進現代脈絡，並使用更貼近我們科技現況的例子。此外，為了強調耦合的動態變化可以在各種抽象層級觀察到，本章的範例會同時以行程間通訊（in-process communication）和分散式系統的脈絡來示範。

> **NOTE**
> 本章和第六章「共生性」描述的模型都是蠻多年前提出的，但這些章節並不是要當成歷史課。雖然這些模型如今不常使用，它們的底層原則會是第七章「整合強度」模型的核心。因此，我們還是有必要理解這些模型描述的耦合層級，以及這些層級之間的概念差異。

結構化設計

Larry L. Constantine 最早在 1963 年開始發展結構化設計方法論的概念（Yourdon 與 Constantine，1975），然後和 Edward Yourdon 在 1970 年代初合作，將這些點子出版成書。你或許會認為過了半世紀後，這些材料已經過時和不相關了。但先別急，讀一下《以複合設計打造可靠軟體》（*Reliable Software Through Composite Design*，Myers，1979）的第一段：

> 後人或許會將 1970 年代看成軟體考量壓過硬體考量的年代。如今人們在關切資料處理系統的可靠性和經濟性時，多半已經把焦點放在軟體而非硬體上。軟體成本已經遠遠超過硬體成本，而在過去二十年裡，軟體問題如可靠度欠佳、成本超支和時程拖延都被當成次要問題看待。

那個時代也提出了「軟體危機」（software crisis）一詞（Naur 與 Randell，1969），凸顯了在當時的侷限下想打造有用、高效率的電腦程式會有多麼大的挑戰。聽起來和現在差不了多少吧？事情過了這麼久依然變化不大，真是有意思。軟體產業經歷了大幅演進，我們也持續精進工具、技術與方法，但過了半個世紀，我們依然發現自己身陷在同樣的難題裡（Standish，2015）。

模組耦合（module coupling）

結構化設計方法論的目標，就和我們現今追求的一樣：藉由設計模組化系統，來做出符合成本效益、更可靠和更有彈性的軟體。這個方法論在追求模組化設計方面，其中一個核心方法便是評估程式模組之間的相互關係和整合。因此，結構化設計提出稱為「模組耦合」的模型，描述六種不同層級的相互關聯：「內容」、「共用」、「外部」、「控制」、「特徵」和「資料」耦合。

在探究這些模組耦合層級之前，我想重申我們在第四章討論過的事：模組並不是指特定的邊界類型，而是責任指派──會封裝某種功能的邊界，將該功能開放給系統其餘部分使用，而且有機會被獨立編譯。因此，模組耦合能套用在各種模組邊界上，從方法、程序、函式、服務到整個系統都適用。

我們來討論模組耦合模型的相互關聯程度，並從最高的層級開始：「內容」耦合。

內容耦合（content coupling）

「內容」耦合層級也被稱為是「病態的」模組耦合。病態（pathological）？肯定不是好事。確實，要是一個下游模組直接引用上游模組的內容，而不是透過其公開介面存取，它們之間就存在「內容」耦合。也就是說，一個模組忽視另一個模組的正式整合方式，反而侵門踏戶闖進去使用其私有介面，或者透過其他實作細節來整合。

列表 5.1 的組合語言程式碼示範了一個經典的「內容」耦合範例。MAIN 程序的第 12 行把執行位置移到第 53 行，也就是 COMP 標籤往後剛好 18 行；這兩個程序存在「內容」耦合，因為 MAIN 直接使用 PROCESS 程序的內容來控制執行流程。

列表 5.1：組合語言的「內容」耦合

```
01 ROUTINE MAIN
   ...
   ...
12 JUMP TO COMP + 18
   ...
   ...
20 END ROUTINE MAIN
21 ROUTINE PROCESS
   ...
   ...
35 COMP:
   ...
   ...
   ...
53 MOVE 0 TO REGISTER B
   ...
72 END ROUTINE PROCESS
```

幸好，現在想玩這種玩命特技已經難得多了。話雖如此，我們還是能用其他方式產生具有「內容」耦合關係的模組。以列表 5.2 的程式碼為例：DoSomething 方法使用了反射

（reflection）機制（在執行期間檢測物件的內容）來執行 InvoiceGenerator 物件內的私有方法 VerifyInput。

列表 5.2：使用 C# 反射的「內容」耦合

```
public void DoSomething() {
    var invoice = new InvoiceGenerator();
    var t = typeof(InvoiceGenerator);
    var privateMethod = t.GetMethod("VerifyInput", BindingFlags.NonPublic |
                                    BindingFlags.Instance);
    var res = privateMethod.Invoke(invoice, "input");
}
```

既然 VerifyInput 方法被宣告為私有，它的原意就不是要讓 InvoiceGenerator 物件的使用者呼叫，所以透過反射機制來呼叫它就是「內容」耦合──下游模組（DoSomething）讓自己跟上游模組（InvoiceGenerator）的內容（實作細節）產生耦合。

另一個讓現代系統產生「內容」耦合的常見方式，是直接存取屬於另一個元件的基礎設施元件。比如，假設你有兩個微服務，其中一個從另一個的資料庫直接讀取資料，而不是透過後者的公開介面存取；只要該資料庫不是有意當成整合機制的一環，這麼做就是「內容」耦合。

內容耦合的影響

「內容」耦合在實務上的暗示，就是上游模組的邊界被打破了，這種邊界已經沒有意義，因為下游元件直接把手伸進其實作細節、拿它們來整合。

不消說，這種整合方式既不明確又十分脆弱。這一方面限制了上游模組演進和改變實作細節的能力，因為任何改變都有可能弄壞整合。另一方面，上游模組的作者可能根本不曉得有這種整合存在，因此它就算是做最微小的改變，也能不經意地釀成整個系統的整合問題──這便是典型的複雜互動範例。

你可以想想看，若把列表 5.1 的第 53 行程式改掉，或甚至只是在它前面多加一行程式，都會破壞這個整合，在最糟情況下將導致系統行為出現不一致。

共用耦合（common coupling）

兩個模組若使用共享的全域資料結構，它們就存在「共用」耦合。所有「共用」耦合的模組都能讀寫全域記憶體內儲存的某個值。

這種耦合層級是以 FORTRAN 語言裡的 COMMON 敘述[1]命名的。請看列表 5.3 的程式碼，裡面定義了三個子程序：SUB1、SUB2 和 SUB3（第 01、11 和 31 行）。這些子程序不是接收引數，而是用 COMMON 敘述定義它們共用的資料，包含四個變數：ALPHA、BETA、GAMMA 和 DELTA（第 06、16 和 36 行）。就算其中一個子程序只想使用其中一個變數，它還是得宣告和引用整組資料。於是，若其中一個子程序想改變其中一個變數的類型，所有存在「共用」耦合的子程序都會受影響。

列表 5.3：「共用」耦合：使用全域共享資料的三個子程序

```
01 SUBROUTINE SUB1 ()
05      REAL ALPHA, BETA, GAMMA, DELTA
06      COMMON /VARS/ ALPHA, BETA, GAMMA, DELTA
        ...
09      RETURN
10 END
11 SUBROUTINE SUB2 ()
15      REAL ALPHA, BETA, GAMMA, DELTA
16      COMMON /VARS/ ALPHA, BETA, GAMMA, DELTA
        ...
19      RETURN
20 END
   ...
31 SUBROUTINE SUB3 ()
35      REAL ALPHA, BETA, GAMMA, DELTA
```

1　參閱史丹佛大學的範例：web.stanford.edu/class/me200c/tutorial_77/13_common.html。

```
36      COMMON /VARS/ ALPHA, BETA, GAMMA, DELTA
        ...
39      RETURN
40 END
```

這種透過可全域存取的記憶體空間來整合模組的方式,就和「內容」耦合一樣,在現代程式語言已經不常見,但仍然是有可能做到的。在現代系統中,「共用」耦合的明顯例子會如圖 5.1 所示,為多重模組讀寫同一個物件儲存服務(比如 AWS S3、Google Cloud Storage 或 Azure Storage)上的同一個檔案。

data.json
(Distributed object storage)

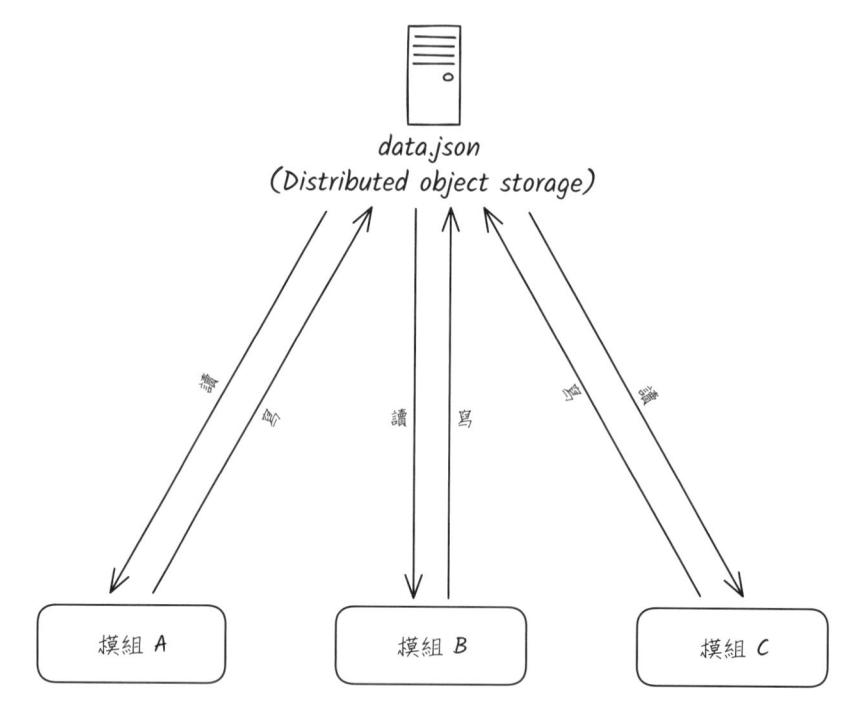

讀 寫 讀 寫

模組 A   模組 B   模組 C

圖 5.1 透過可存取的全域物件儲存庫讀寫檔案而構成「共用」耦合。

另一個在現代系統更常見的例子,是物件有多重方法跟上層物件的成員互動。在這個例子中,同一個子物件所包含的方法之間便會有「共用」耦合。當然,「讓一群方法修改同一批父物件屬性」,並不會像「讓多重系統同時修改一組資料」那麼嚴重,但這兩個都屬於「共用」耦合。所以使用這種耦合到底是好設計還是壞設計?第十章「平衡耦合」將會

深入討論上述這兩個例子，以及為何同樣層級的相互關聯一個可以接受，另一個卻會產生問題。

共用耦合的影響

「共用」耦合在模組耦合層級中，被認為具有高度相互連結。這個層級之所以被列為第二高（僅次於「內容」耦合），有以下原因：

- 「共用」耦合模組分享的資訊會遠多過必要程度。例如，就算圖 5.1 的其中一個模組不需要從共享檔案 data.json 取用所有資料，它還是得知道這檔案的存在。共享的資料越多，日後要修改就越困難；某個模組可能需要改變檔案上的資料結構或資料類別，甚至改掉其中一個變數的名稱。只要這些資料被不同模組共用，所有存在「共用」耦合的模組就必須同時改變。

- 由於「共用」耦合模組之間分享了無關資訊，模組之間的整合契約（integration contract）就是隱性的。你很難追蹤每個模組到底實際需要資料的哪些部分。

- 「共用」耦合模組之間的資料流動很難追蹤跟理解。如果一個模組更新了全域共享的值，這行為會對相關模組造成副作用。反之，其他模組也無從追蹤某個值是怎麼來的。

- 有些共用變數在更新值之前需要先做驗證，比如依照商業領域的規則和不變條件做檢查。在這種情況下，用來驗證值的商業邏輯就得複製到所有「共用」耦合模組中。要是某個模組忽略這些規則，直接複寫變數值，這可能會導致其他模組陷入無效狀態。

- 最後，讓多重程序同時修改同一組資料，會產生競爭條件（race condition）。你得對這個共用狀態實作並行性（concurrency）管理，好讓它的存取動作被「序列化」，但這種排隊機制可能會對系統效能帶來負面影響，因為這下一次只能允許一個模組修改資料。此外，實際上用於儲存共享資料的機制，甚至有可能實作不出充足的並行性控制。

共用耦合 vs. 內容耦合

元件透過共享記憶體來整合這件事，被歸類為「共用」耦合。但會引發一個疑問：為什麼這不能算「內容」耦合？畢竟對所有相關模組來說，共享記憶體某方面其實就是實作細節的一環。我們前面討論過，使用另一個模組的實作細節來整合就可視為「內容」耦合。

但兩者的用意是不同的。「內容」耦合是一個模組忽略上游模組的公開介面，改從其私有實作細節來擅自整合；相對地，「共用」耦合是一群模組的集體行為，透過共享記憶體空間（持久性或暫時性）來整合。所有的「共用」耦合模組有意識地決定要用這種方式整合，而在「內容」耦合中，上游模組並未同意這種整合，或者甚至可能不知情自己的邊界被破壞了。

外部耦合（external coupling）

在結構化設計的模組耦合層級中，「外部」耦合仍然居高不下，而且和「共用」耦合很像。使用「外部」耦合的模組仍然透過全域共享資料來溝通，但和「共用」耦合不同的是，整合的模組不會透露自己所有的資料；只有真正需要用於整合的資料才會被共享。

這種耦合的名稱來自 PL/I 語言的 external 屬性[2]，用來標記變數說它要被存在可全域存取的記憶體內。在列表 5.4 中，程序 ProcA 和 ProcB 都使用變數 A，而 A 被標上 external 外部屬性（第 02 和 12 行），這實際上會讓這兩行指向同一個記憶體位址。如果 ProcA 修改 A 的值，那麼 ProcB 中的 A 值會跟著改變，因為它們在記憶體內是共用的。

列表 5.4：PL/I 語言使用外部整合的程序

```
01 ProcA: procedure;
02     declare A fixed decimal (7,2) external;
       ...
       ...
       ...
10 end ProcA;
11 ProcB: procedure;
12     declare A fixed decimal (7,2) external;
       ...
       ...
       ...
20 end ProcB;
```

2　關於 external 屬性的討論請參閱：www.ibm.com/docs/de/epfz/6.1?topic=declarations-internal-external-attributes。

在現代程式語言中，有好幾種方式可以實作「外部」耦合。例如，列表 5.5 展示使用全域靜態變數（一個類別的靜態屬性，無須建立物件即可呼叫）在多重類別之間分享資料：

列表 5.5：使用全域變數整合的「外部」耦合類別

```
class ClassA {
    public static string Name { get; set; }
}

class ClassB {
    public void SetName(string name) {
        ClassA.Name = name;
    }
}

class ClassC {
    public void Greet() {
        Console.WriteLine($"Hello, {ClassA.Name}!");
    }
}
```

外部耦合的影響

「外部」耦合相對於「共用」耦合式的整合，雖然有比較多的好處，但仍然會使用全域資料，也有一模一樣的缺點。它還是很難追蹤修改全域值帶來的副作用，也很難知道某個值是哪邊來的。

「外部」耦合如同「共用」耦合，有可能得在模組置入重複的商業邏輯。如果全域變數的值在設定之前應該要做某些檢查，那麼這些檢查邏輯就得複製到所有會修改這個共享變數的模組內。最後，要是多重模組會同時更新全域變數，你也得實作同步機制來避免並行性問題。

外部耦合 vs. 共用耦合

「外部」耦合相對於「共用」耦合，主要優點是模組之間共用的資料變少了；現在只有真正需要用於整合的部分會共用。這使得透過「外部」耦合整合會更明確、更易於理解。此外，由於分享的資料減少，模組整合時透過邊界開放的自由度降低，「外部」耦合模組就會比較穩定，模組實作細節的改變也比較不容易擴散到模組之外。但「外部」耦合仍然保留了「共用」耦合的大部分負面效果。

控制耦合（control coupling）

如果一個模組控制另一個模組的內部執行流程，那麼這兩個模組就存在「控制」耦合。這種控制通常是透過傳遞資訊（比如旗標、指令或選項），不只是告訴對方要做什麼，也是在告訴它該怎麼做。某方面來說，這等於是一個模組對另一個下指導棋；呼叫者不只指定了第二個模組該進行什麼任務，還指定了處理任務要如何進行。

請看列表 5.6 的兩個模組，sendNotification（發送通知）方法的引數 type（訊息類型）決定了一個 switch 敘述會執行哪個敘述。在這個例子中，sendNotification 的使用者 notifyUser（通知用戶）方法被預期已經「知道」type 引數所有可能的值：「sms」（簡訊）、「email」（電郵）和「push」（推播）。

列表 5.6：「控制」耦合：sendNotification 方法藉由公開引數，來讓呼叫者控制其內部執行流程

```
function sendNotification(type, message) {
    switch (type) {
        case 'sms':
            sendSMS(message);
            break;
        case 'email':
            sendEmail(message);
            break;
        case 'push':
            sendPushNotification(message);
            break;
```

```
        default:
            throw new Error("不支援的通知類型");
    }
}
function notifyUser(user, message) {
    let notificationType;
    if (user.preferences.receiveSMS && user.phoneNumber) {
        notificationType = 'sms';
    } else if (user.preferences.receiveEmail && user.email) {
        notificationType = 'email';
    } else if (user.preferences.receivePushNotifications) {
        notificationType = 'push';
    } else {
        throw new Error('查無適合使用者之通知方式');
    }
    sendNotification(notificationType, message);
}
```

「控制」耦合會讓使用者知曉上游模組的內部功能結構，而分享這種資訊就會在相連結的模組之間帶來更強的相依性，並有可能引發複雜互動。比如，假設有個新版本的 sendNotification 不再支援推播通知，而這種改變會需要你去查遍使用者的程式碼，確保沒有人會再傳入「push」值引數，否則可能會導致執行階段錯誤。

你或許會說，如果把字串引數換成列舉型別，就更容易發現這種相容性問題和避免執行階段錯誤。你說得沒錯；可是在 Fortran 和 COBOL 語言的全盛時代，它們並不支援原生列舉型別，而是只能傳遞數值，使這種整合錯誤更容易發生。如今這種整合方式已經沒那麼常出問題，但底下的設計問題仍舊存在。

「控制」耦合的存在，顯示了上游模組未能封裝自身的邏輯，以致這模組若改變自己的控制條件，呼叫它的所有模組都需要跟著修改。這種連鎖變動會提高維護難度，並降低系統的彈性。

控制耦合的影響

回到我們在第四章用過的詞彙，「控制」耦合意味著上游模組沒有做到適當的抽象化；它的邊界透露了跟其功能不相關的資訊，導致耦合的模組之間容易共享商業邏輯或實作細節，或兩者皆有。

因此，在不影響模組使用者的前提下，「控制」耦合會讓上游模組可改變的空間變少：

- 它無法控制自己的執行流程，且對應的邏輯必須實作在跟它整合的模組內。
- 在分享知識這方面，被控制的模組的邊界會不夠理想；它無法單純描述自己能解決的商業問題（即模組的功能），公開介面更暴露了自身的執行細節（模組的邏輯）。甚至，「控制」耦合經常會對模組的所在脈絡加上額外的限制 —— 這些都是抽象化不理想的症狀。

控制耦合 vs. 外部耦合

「控制」耦合層級比「外部」耦合低一個層級，因為它不再仰賴全域狀態，而是透過明確的引數來溝通。但「控制」耦合仍被視為強耦合，因為上游模組沒有徹底封裝其功能。

「控制」耦合的缺點可以用下一個層級的模組耦合解決：「特徵」耦合。

特徵耦合（stamp coupling）

若兩個模組用來溝通的資料結構會透露一部分實作細節，這兩個模組之間就存在「特徵」耦合。一般來說，這表示這類資料結構透露的資訊，比實際上的整合需求還多。

特徵耦合的影響

參考列表 5.7 描述的兩個模組。第一眼看下來，這些程式碼正常得很：Analysis（分析）模組呼叫 CRM（客戶關係管理）模組的儲存庫，好取回一筆客戶資料。不過在第 16 行可以看到，Analysis 模組並不想要整個 Customer 物件，只需要裡面的 Status（狀態）欄位。要是 Customer 物件有上百個不同欄位，結果全部開放給外部模組讀取，會發生什麼事？這會導致 CRM 模組將來更難修改這個資料結構，畢竟 CRM 的作者不得不假設，透過公開介面開放的資料都有可能被下游模組使用。

列表 5.7：透過分享不相關資料而造成「特徵」耦合

```
01 namespace Example.CRM {
02     public class CustomersRepository {
03         ...
04         public Customer Get(Guid id) {
05             ...
06         }
07         ...
08     }
09 }
10
11 namespace Example.Analysis {
12     public class Assessment {
13         ...
14         void Execute(Guid customerId) {
15             var repository = new CustomerRepository();
16             var status = repository.Get(customerId).Status;
17             ...
18         }
19     }
20 }
```

雖然「特徵」耦合在結構化設計的模組耦合層級中算很低，它仍然不是最低的耦合層級，也仍然會限制上游模組演進的能力。

特徵耦合 vs. 共用耦合

「特徵」耦合看起來很像「共用」耦合，畢竟兩者都分享了整合不需要的資訊。但它們最明顯的差別是，「特徵」耦合的耦合層級比「共用」耦合弱多了──模組不會跨過邊界共用商業邏輯。

此外，和「共用」耦合不同的是，「特徵」耦合不是透過可修改的全域狀態來整合，而是透過呼叫方法這麼做。只有發出呼叫的模組會負責管理資料結構及其資料。因此，你不需要替「特徵」耦合模組加上並行性控制，也無須擔心有重複的商業邏輯。

特徵耦合 vs. 控制耦合

「控制」耦合和「特徵」耦合的關鍵差異，在於它們反映了上游模組透過邊界分享的不同類型知識：

- 「控制」耦合模組會共享應該由上游模組封裝的行為和功能知識。
- 「特徵」耦合模組會共享上游模組使用的資料結構知識。

比起對模組行為的了解，對資料結構的了解具有較低的耦合層級，也比較穩定，因此「特徵」耦合的層級就比「控制」耦合更低。

資料耦合（data coupling）

「資料」耦合是結構化設計中層級最低的模組耦合。「資料」耦合模組不會共享商業邏輯，並把透過模組邊界分享的資料結構知識減到最少：只有整合真正所需的資料才會被共享。

列表 5.8 的程式碼是從前面的「特徵」耦合範例（列表 5.7）重構過來，使之變成「資料」耦合式整合：

列表 5.8：透過只分享整合需要的資料來達成「資料」耦合

```
01 namespace Example.CRM {
02     public class CustomersRepository {
03         ...
04         Status GetStatus(Guid customerId) {
05             ...
06         }
07         ...
08     }
09 }
```

```
10
11  namespace Example.Analysis {
12      public class Assessment {
13          ...
14          void Execute(Guid customerId) {
15              var repository = new CustomerRepository();
16              var status = repository.GetStatus(customerId);
17              ...
18          }
19      }
20  }
```

你可以發現，現在 CRM 模組只提供使用者真正需要的資訊，也就是客戶的狀態。Analysis 模組現在並不曉得客戶資料在 CRM 模組裡面長什麼樣子，或者物件裡有多少欄位。這讓 CRM 模組有修改和演進的空間，並能進一步改進它內部包裝客戶資料的方式。

「資料」耦合還有一種極端的實作方式，是把上游模組的內部資料結構全部轉成「資料轉換物件」（data transfer objects，DTO）（Fowler，2003），如列表 5.9 的示範。CRM 模組再也不會傳回內部的 Customer 物件，而是一個整合專用的物件（an integration-specific object），這定義在 CRM.Integration.DTOs 命名空間，叫做 CustomerSnapshot（客戶快照）。如此一來，只有 CustomerSnapshot 會屬於 CRM 的公開介面，也只有它會被分享給下游元件。

列表 5.9：「資料」耦合：藉由定義整合專用的資料轉換物件（DTO）來封裝內部資料結構

```
01  namespace Example.CRM.Integration.DTOs {
02      public class CustomerSnapshot {
03          ...
04          public static CustomerSnapshot From(Customer c) {
05              ...
06          }
07          ...
08      }
09  }
10
```

```
11  namespace Example.CRM {
12      public class CustomersRepository {
13          ...
14          public CustomerSnapshot Get(Guid customerId) {
15              ...
16          }
17          ...
18      }
19  }
20
21  namespace Example.Analysis {
22      public class Assessment {
23          ...
24          void Execute(Guid customerId) {
25              var repository = new CustomerRepository();
26              var customer = repository.Get(customerId);
27              ...
28          }
29      }
30  }
```

使用 DTO 能進一步降低上游模組分享的知識；模組的內部設計跟 DTO 可以用不同的頻率演進，而這麼做的目的當然是讓內部設計決策可以比公開介面更頻繁地修改，使公開介面更趨穩定。公開介面越穩定，修改模組實作細節就越不容易波及模組的使用者。

比較各個模組耦合層級

結構化設計的模組耦合模型，展示了元件的不同連接方式能如何影響系統的複雜性和模組化程度。不管是透過非預期的介面整合（「內容」耦合）、透露實作細節還是未能封裝功能，都有可能帶來複雜互動，使單純的修改演變成連鎖效應、擴散到整個系統。

圖 5.2 標示了本章討論的各種耦合層級。耦合層級越低，跟其他模組之間的整合就越清晰，跨越邊界分享的知識也越少。

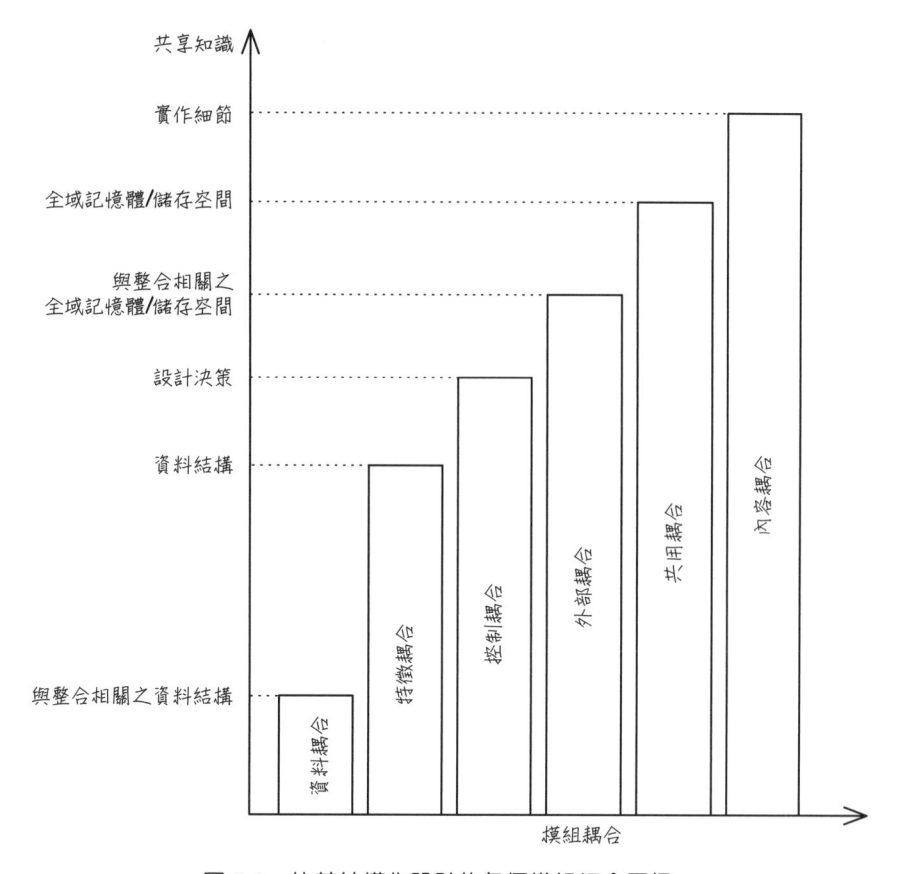

圖 5.2　比較結構化設計的各個模組耦合層級。

在圖 5.2 中，最高的極端是**「內容」耦合**：整合發生在最不明確的介面，也就是模組作者沒有記載的介面。這使得模組使用者對於上游模組的實作細節的了解，多過理想狀況下需要的程度。

「共用」耦合和**「外部」耦合**都仰賴可修改的全域狀態來作為模組溝通用途，而這種全域值 —— 也是一個不明確的整合介面 —— 使得模組需要共用商業邏輯跟內部實作細節。

「控制」耦合的缺點在於得把上游模組的功能分享給其使用者，因為模組自己沒辦法獨立做必要的執行決策。

「特徵」耦合不會分享跟上游模組功能有關的知識，但還是會透露上游模組拿來實作商業需求的資料結構。

最低的層級是**「資料」耦合**：模組在整合時盡可能減少分享上游模組的知識，而且永遠會透過明確定義的公開介面。

重點提要

如同在第二部的引言所說，各位目前學習的是辨認有哪些類型的知識會在元件邊界傳播。至於一個設計究竟會帶來模組化還是複雜性，以及如何改善產生複雜性的設計，會留到第三部討論。目前而言，各位在應付一個程式庫時，請試著辨識你元件的共享知識屬於哪一種模組耦合層級：

- 你的元件會共用資料庫嗎？它們得擁有什麼樣的知識，才能確保資料永久保存？（「外部」耦合和「共用」耦合）

- 你能否找到會交換資料結構，並因此分享無關知識的元件介面？（「特徵」耦合或「資料」耦合）

- 你是否仰賴實作細節來跟外部元件或系統整合？（「內容」耦合）

雖然結構化設計方法論是在超過半世紀前設計出來的，它想解決的問題，以及其中一些解法，在現今仍有參考價值。各位在下一章則會學到另一個時代提出的共享知識評估模型（model for evaluating shared knowledge）──共生性。最後，這兩個模型將在第七章合併成實用的解決方案。

測驗

1. 本章討論的哪些耦合層級會傾向共享商業邏輯？

    a. 內容、共用、外部、特徵耦合

    b. 共用、外部、控制耦合

    c. 內容、共用、外部、控制耦合

    d. 內容、共用、外部、控制、特徵耦合

2. 本章討論的哪個耦合層級會透露上游模組的所有執行細節？

    a. 特徵耦合

    b. 內容耦合

    c. 控制耦合

    d. 不可能分享所有實作細節

3. 本章討論的哪些耦合層級，可以藉由限制整合所需的資料來降低耦合？

    a. 外部和資料耦合

    b. 共用和特徵耦合

    c. 控制耦合

    d. 以上皆是

4. 下列哪一個耦合層級會分享的知識包括模組的功能或實作的邏輯？

    a. 共用耦合

    b. 控制耦合

    c. 外部耦合

    d. 以上皆是

NOTE

Chapter 6
共生性

結構設計薪火傳，

共生分析來把關，

耦合光譜大哉問，

連結深度不難探。

　　前一章討論了結構化設計的「模組耦合」模型，用來評估跨模組關係的強度，而這種模型是在程序式程式設計典範（procedural programming paradigm）的脈絡下設計和提出的。但隨著物件導向程式設計（object-oriented programming）被廣為採納，人們需要一個更細緻的模型來應付物件導向設計的微妙差異。Meilir Page-Jones 在 1996 年回應了這個需求，提出稱為「共生性」（connascence）的模型。

　　我們在本章會來了解共生性模型。等各位熟悉此模型的各個層級後，請試著從下面兩點來判斷各層級之間的差異：整合介面的複雜度，以及跨模組分享之知識的明確程度。此外也記住，如第二部的引言所說，這樣的目的是辨認元件的各種整合方式，以及它們會分享何種知識。至於怎麼評估整合設計的優劣，這會留到第三部「平衡」再做討論。

什麼是共生性？

　　共生性是拉丁文，意思是「同時出生」。若翻譯成軟體設計詞彙，當兩個模組的生命週期糾纏在一起時，我們就可以說它們有「共生性」—— 即暗示它們是一起誕生的。基本來說，共生模組的其中一個做出改變時，另一個就必須隨之改變，或者起碼得嚴謹檢查是否

會發生無法向下相容的狀況。甚至，若軟體需求要做出「合理」的改變，而你能推斷有兩個模組將同時產生變化，那麼這兩個模組就具有共生性。

根據 Meilir Page-Jones 的說法，共生性模型的設計初衷是要提供一種工具，來評估不同類型模組之間的相互關係，從一個方法內的單獨陳述到物件之間的複雜互動。這種通融性呼應了我們在第四章討論的事，也就是模組設計的多重維度本質。

和結構化設計的模組耦合模型相比，共生性模型更細緻，也描述了更多種知識能在模組間分享的方式。它的層級可分成兩類：

1. **靜態共生性**描述了模組在原始碼層級的相互連結，也就是在編譯階段的關係。
2. **動態共生性**描述了元件在執行階段的關係，或者不同模組實作的功能如何在執行期間影響彼此。

我們下面就從「靜態共生性」開始講解。

靜態共生性（static connascence）

靜態共生性層級描述了有哪些知識能夠跨過模組邊界共享；這些層級也反映介面的明確程度，當中的「名稱」共生性是分享程度最少和最明確的知識，而「位置」共生性則最不明確的共享知識（圖 6.1）。我們來看不同層級之間的差異是怎麼形成的。

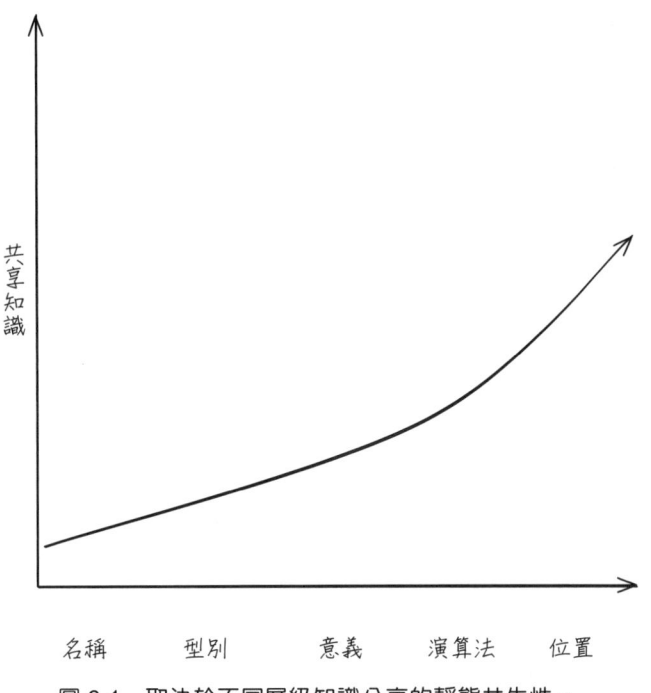

圖 6.1　取決於不同層級知識分享的靜態共生性。

名稱共生性（connascence of name）

「名稱」共生性是共生性等級中最弱的層級，它暗示了相連的模組為了引用相同的東西，必須先對其名稱達成共識。例如：

- 得讀取或更新的變數名稱
- 想呼叫的方法名稱
- 想執行的服務名稱

既然名稱的知識會在多個模組之間共用，改變名稱就會需要同時改變這些模組，才能讓整合有作用。請看列表 6.1 的 Python 程式[1]：

1　我刻意選了一種動態型別語言，下一小節我會解釋這麼做的理由。

列表 6.1：名稱共生性的範例

```
01 def greet(name):
02     message = f'Hello, {name}!'
03     print(message)
04
05 greet('world')
```

你幾乎能在每一行觀察到「名稱」共生性：

- 第 01 和 02 行得使用該方法接收的引數名稱（name）。
- 第 02 和 03 行得使用存入新產生之訊息的變數名稱（message）。
- 最後，第 01 和 05 行得對方法名稱（greet）取得共識。

如果範例中的三個名稱有任一個改變，就必然會影響到其中兩行程式碼。這個例子示範的共生性雖然只存在於單獨的程式碼和方法裡，這個原理仍然能套用到其他層級的模組化。比如，在有多重類別互動的情境中，它們得對公開方法和公開屬性達成共識。同樣的事也可應用在網路服務 —— 彼此有互動的網路服務得對允許的 HTTP 方法、行為跟引數名稱取得共識。

靜態共生性的下一個層級跟「名稱」共生性息息相關，也經常被認為具有類似的共生性層級。我們就來看看原因。

型別共生性（connascence of type）

當兩個元件得對特定的型別達成共識時，就會產生「型別」共生性。我們沿用列表 6.1 的範例，但這回改用強型別語言來實作（列表 6.2）。

列表 6.2：型別共生性的範例

```
01 private static void Greet(string name) {
02     string message = $"Hello, {name}";
03     Console.WriteLine(message);
04 }
05
```

```
06  static void Main() {
07      Greet("world");
08  }
```

當實作語言從動態型別語言（列表 6.1 的 Python）換成強型別語言（列表 6.2 的 C#）後，有些關係的共生性層級就改變了。比如，現在光是知道 Greet 方法的名稱還不夠；第 01 和 07 行必須使用相同的 name 引數型別 —— string（字串）。

「型別」共生性其實被認為比「名稱」共生性更高一級，但這兩個層級經常結伴出現。對型別一無所知的整合方式相當少見；就算型別沒有明示，在比如動態型別語言裡那樣，語言還是會假定為特定型別。如果你輸入不同型別的值，程式仍然有效，但可能會在執行階段引發錯誤。

意義共生性（connascence of meaning）

如果兩個元件會對某個值提供特殊意義，或者簡單說，模組會跨過其邊界傳遞所謂的「魔術值」，那麼它們就存在「意義」共生性。魔術值（magic value）所代表的意義會由共生模組共享。

列表 6.3 展示了典型的「意義」共生性範例。在第 03 行，AppendResponse（附加回應）方法被呼叫時，newStatus（新狀態）引數被設為 7。「7」到底代表什麼意思？在這個範例裡，該數值的實際意義不得而知，但列表 6.3 程式碼的作者和 SupportCase（客服案例）物件的作者都得曉得該值的特有意義，並對此達成共識。

列表 6.3：意義共生性的範例

```
01  void ProcessEmail(EmailMessage msg, CaseId caseId) {
02      var supportCase = repository.Load(caseId);
03      supportCase.AppendResponse(msg.Body, newStatus=7);
04  }
```

不消說，這種整合設計並不理想。編譯器沒辦法驗證模組之間溝通用的值，使用時也很容易犯錯。更重要的是，這種元件介面比之前兩個範例（「名稱」和「型別」共生性）更不明確。

從許多方面來說，你能如列表 6.4 的示範，把常數拉出來定義或改用列舉值（enumeration），藉此把「意義」共生性重構成「名稱」或「型別」共生性。在列舉所有可能的狀態值（第 100 行）後，03 行就能清楚表達新狀態是什麼了。

列表 6.4：加入列舉值來把意義共生性降低為型別共生性 [2]

```
01  void ProcessEmail(EmailMessage msg, CaseId caseId) {
02      var supportCase = repository.Load(caseId);
03      supportCase.AppendResponse(msg.Body, newStatus=Status.Reopened);
04  }

    ...

100 enum Status {
101     Open, FollowUp, OnHold, Escalated,
102     Closed, Resolved, Reopened
103 }
```

演算法共生性（connascence of algorithm）

某方面來說，「演算法」共生性很類似「意義」共生性，但會把相連模組共享的知識再往上提高一級。若兩個模組必須同意使用特定的演算法，方能*理解*透過介面交換的值，那麼它們就具有「演算法」共生性。

「演算法」共生性的一個典型例子是兩個模組交換加密資料。除非兩邊講好用什麼演算法來加密和解密，否則，整合就無法作用。另一個常見例子則如列表 6.5 所示，兩個模組會分享檔案和計算 checksum 來驗證傳入資料是否完整。如果遠端儲存服務使用的雜湊演算法跟 UploadFile（上傳檔案）方法用的不一樣（第 03 行），整合就無法正確作用。

---

[2] 技術上來說，這會變成同時有「名稱」跟「型別」共生性，但傳統上我們只會用最高的層級來表示實際的相互關係程度。

列表 6.5：演算法共生性的範例

```
01 static void UploadFile(string filePath) {
02     var data = ReadFile(filePath);
03     var checksum = CalculateMD5(data);
04     _storage.Upload(data, checksum);
05 }
```

但有別於常見的誤解，「演算法」共生性並不是重複程式碼，而是指模組必須使用特定的演算法才能理解交換的值。在這種層級的共生性脈絡裡，演算法究竟是在兩個模組有重複，還是被實作在外部函式庫並被兩個模組引用，這都沒有差別。重點在於兩個模組得對演算法達成共識，這樣才能理解彼此。因此，「演算法」共生性在共生性層級內仍然相對較低[3]。重複的商業邏輯本身會帶來更強的相互連結性，但不會是最強的。

位置共生性（connascence of position）

當多重模組得講好按照特定順序來組合元素時，它們之間就有「位置」共生性。請看列表 6.6 的示範，一個方法的引數會接收一個陣列，而每個元素的意義是由它們在陣列中的位置決定。

列表 6.6：方法呼叫規格帶來位置共生性

```
01 void SendEmail(string[] data) {
02     var from = data[0];
03     var to = data[1];
04     var subject = data[2];
05     var body = data[3];
06     ...
07 }
```

---

3 若把靜態共生性和稍後將介紹的動態共生性一起算進來，「演算法」共生性在九個層級排第四。

SendEmail（發送電郵）方法的使用者必須知道該方法如何從 data 陣列中取出值：這個知識會由該方法跟呼叫者共享。這種方法設計很容易引發錯誤和觸發無效系統行為，因為你會不慎用錯誤順序傳入值。

幸好列表 6.6 那種型別設計並不常見，但就算是讓更簡單的方法接收一串型別相同的具名引數，還是會有一樣的缺點。請看列表 6.7 示範修改過的 SendEmail 方法，雖然現在表達了每個值的意義，你仍然很容易弄錯引數順序，可能造成不正確的系統行為：

列表 6.7：多重相同型別引數帶來的位置共生性

```
01 void SendEmail(string from, string to
02                string subject, string body) {
03     ...
04 }
```

還有一種常見的「位置」共生性是傳遞無名 tuple（元組，一系列獨特值的組合）。以列表 6.8 為例，方法會傳回一個包含兩個值的 tuple：當地時區的時間，以及 UTC（世界協調時間）時區的時間。哪個時間值在前，哪個又在後，這就是該方法和呼叫者共享的知識。

列表 6.8：方法傳回無名 tuple 而造成的位置共生性

```
01 (DateTime, DateTime) GetCurrentDateTime() {
02     DateTime localTime = DateTime.Now;
03     DateTime utcTime = DateTime.UtcNow;
04     return (localTime, utcTime);
05 }
```

在「位置」共生性發生時，你必須要記得查詢上游模組的整合規則，才能安全地與之整合。「位置」共生性也會讓整合介面變得不堪一擊；元素順序若做了看似無害的調整，也會破壞現有的整合，而整合的元件也會需要一併修改。

「位置」共生性是靜態共生性的最高層級。乍看之下它好像沒有比最弱的層級（「名稱」共生性）嚴重到哪裡去，但這兩個層級的差異確實很顯著。「名稱」共生性能讓整合介面保持明確，而「位置」共生性會讓整合介面既不明確也易於產生錯誤。

動態共生性（dynamic connascence）

前面討論的靜態共生性，可以藉由檢視程式碼來辨認和評估。理論上，這個過程可以用靜態程式碼分析工作來自動化。

另一方面，動態共生性歸納的是模組之間更複雜的關係 —— 執行階段行為的相依性。這使得「動態共生性層級」會帶來比「靜態共生性層級」更強的連結，而模組之間共享的知識也更多。

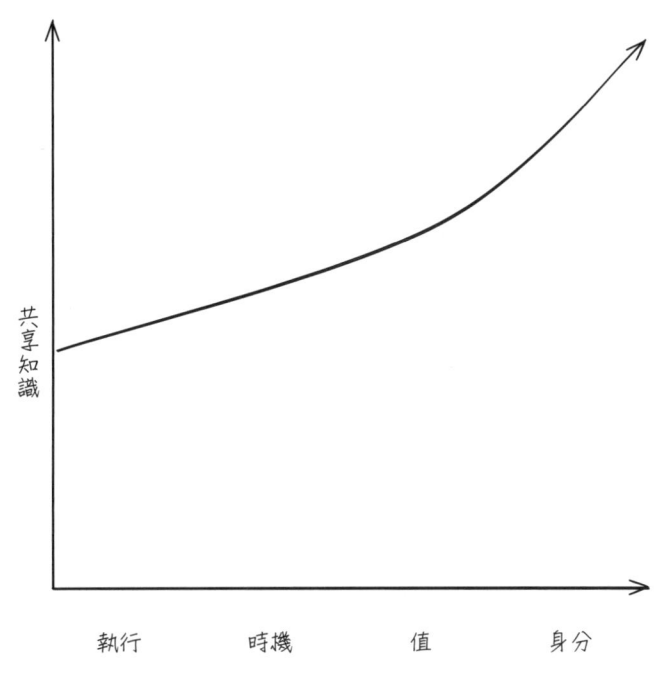

圖 6.2　取決於不同層級知識分享的動態共生性。

我們就從動態共生性最弱的層級開始探討：「執行」共生性。

執行共生性（connascence of execution）

「執行」共生性相當於靜態共生性中的「位置」層級。當模組必須依照特定順序執行時，它們就會產生「執行」共生性。比如，列表 6.9 的 DbConnection（資料庫連線）介面定義了一系列方法：

列表 6.9：執行共生性的範例

```
interface DbConnection {
    void OpenConnection();
    void BeginTransaction(Guid transactionId);
    QueryResult ExecuteQuery(string sql);
    void Commit(Guid transactionId);
    void Rollback(Guid transactionId);
    void CloseConnection();
}
```

這介面描述了操作關聯式資料庫的標準程序。你首先要開啟資料庫連線，然後啟動一個資料庫交易（transaction）、執行查詢，接著交易要嘛確認（commit），不然就是回復（rollback）。最後你會關閉資料庫連線。

介面中定義的每一個方法，幾乎都跟所有其他方法存在「執行」共生性：

- 所有方法必須在 OpenConnection（開啟連線）方法之後執行。

- 在 OpenConnection 呼叫後，所有方法必須在 CloseConnection（關閉連線）方法之前執行。

- 交易只能在呼叫 BeginTransaction（開始交易）之後才能確認（Commit 方法）或回復（Rollback 方法）。

- 查詢──呼叫 ExecuteQuery（執行查詢）方法──只能在交易開始之後以及在交易確認或回復之前執行。

這個範例顯示，「執行」共生性會共享的知識，比靜態共生性所有層級還多。方法之間會存在執行階段相依性（runtime dependency），表示這些方法的功能彼此密切相關。

時機共生性（connascence of timing）

「時機」共生性和前面的「執行」共生性十分相近，但這回不只是兩個模組的功能得照特定順序執行，它們還得在彼此之間留下特定的時間間隔。

回到前面操作關聯式資料庫的例子（列表 6.9），我們加入另一個需求：如果建立連線，但 30 秒內沒有做任何動作，那麼就應該讓連線逾時。這個實際的間隔（30 秒），以及什麼時候要逾時，得從開啟連線的方法傳遞給判斷逾時的方法，使這兩個行為之間產生「時機」共生性。

在即時運作的系統當中，可以找到大量「時機」共生性的例子。例如，許多車門在解鎖後，若在過了既定的時間沒有打開，就會自動鎖上。或者，X 光機要在啟動的幾秒鐘後才有辦法偵測物體。

有一種更奇怪、更難察覺的「時機」共生性，可以在仰賴系統內部時鐘的模組身上看到。請看列表 6.10 的例子：

列表 6.10：仰賴系統內部時鐘而產生的時機共生性

```
01 (int, int) GetTime() {
02     int hour = DateTime.Now.Hour;
03     int minute = DateTime.Now.Minute;
04     return (hour, minute);
05 }
```

GetTime 方法會傳回一個 tuple，包含兩個對應到當前時間的數字（小時和分鐘）。可是這裡查詢了兩次系統時間：02 行先取得目前的小時，03 行再取得目前的分鐘。這種實作假設兩行程式碼會立刻執行完畢，中間完全沒有延遲。但想像一下，若作業系統在執行 02 行和 03 行之間發生停頓，結果實際的小時值往前走了，或是系統剛好在兩行呼叫之間轉入日光節約時間，這會發生什麼事？這兩個情境都會產生錯誤結果，顯示 02 和 03 行之間存在「時機」共生性。

列表 6.10 的程式碼可以如列表 6.11 輕鬆修改，來避免這種執行階段相依性。但是，這種修正不一定總是有用，前面討論的資料庫連線逾時就是一例。

列表 6.11：重構程式碼來將時機共生性降為型別共生性

```
01 (int, int) GetTime() {
02     DateTime now = DateTime.Now;
03     int hour = now.Hour;
04     int minute = now.Minute;
05     return (hour, minute);
06 }
```

最後，列表 6.10 的例子雖然有點太純屬理論性，其核心問題仍然十分普遍。系統如果得在短時間多次查詢系統時間，又沒有處理好的話，就有可能遇到時間上的不一致。在真實世界情境裡，這種時間不一致可能會引發各種後果：想像有系統會用時間戳記登記事件或交易日誌，結果時間戳記在程序的不同階段發生延遲或不一致，導致資料分析或者事件的發生順序出錯。例如，若事件 A 發生得較晚，卻因時間不一致問題，使得記錄時間比事件 B 早，這可能會讓人做出錯誤結論或不正確的資料解讀。

值共生性（connascence of value）

「值」共生性已經很接近共生性的最高層級，這個層級描述了系統不同元素之間存在很強的功能關係。假如系統中有數個值必須同時改變，比如一個原子操作（atomic transaction）會修改多重值，未能做到的話就會使系統處於不正確的狀態，這就存在「值」共生性。

一個直接了當的「值」共生性例子，是一種算術約束（arithmetic constraint）。請看列表 6.12 的資料結構，裡面有三個變數（EdgeA、EdgeB 和 EdgeC）代表三角形的三邊。

列表 6.12：三個值之間的值共生性

```
01 class Triangle {
02     double EdgeA { get; private set; }
03     double EdgeB { get; private set; }
04     double EdgeC { get; private set; }
05
06     void SetEdges(double a, double b, double c) {
```

```
07          ...
08      }
09      ...
10  }
```

　如圖 6.3 所示，這些欄位不能隨便指派值。若要代表數學上存在的三角形，這些值就得滿足一條算術約束：三角形的任兩邊總和必須比第三邊長。若你改變列表 6.12 中的 Triangle（三角形）類別的其中一個值，那麼你就必須同時改變另外兩個值當中的至少一個值。這顯示三個值之間存在「值」共生性。

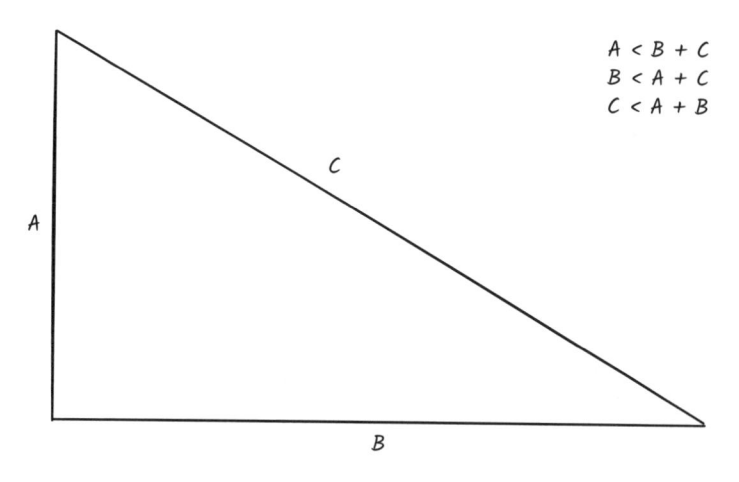

$A < B + C$
$B < A + C$
$C < A + B$

圖 6.3　三角形邊長的數學約束條件。

　你會比較常看到由商業規則（business rule）和不變量（invariant）構成的約束條件。想像有個零售系統必須實作下列商業規則：如果某位客戶的身分有通過驗證，業務可以把他們升級到優先出貨方案。我們假設客戶是以一個物件來表示，其欄位如列表 6.13 所示：

列表 6.13：商業規則帶來的值共生性

```
01  class Customer {
02      Guid Id;
03      ...
04      bool isVerified;
05      bool priorityShippingEnabled;
```

```
06      ...
07      void ClearVerification() {
08          isVerified = false;
09          priorityShippingEnabled = false;
10      }
11
12      void AllowPriorityShipping() {
13          if (isVerified) {
14              priorityShippingEnabled = true;
15          } else {
16              ...
17          }
18      }
19  }
```

商業規則在欄位 isVerified（已驗證，04 行）和 priorityShippingEnabled（啟用優先出貨，05 行）之間製造了「值」共生性。priorityShippingEnabled 的正確值取決於 isVerified 的值。如果客戶的身分驗證被取消，那麼 priorityShippingEnabled 就必須跟著被改回 false（否）。

身分共生性（connascence of identity）

共生性層級中最高的是「身分」共生性，它源自兩個物件需要參考同一個第三方實例物件，否則無法正常運作。這種模組的功能會有很強的相互連結，而且經常是透過共享物件來指揮其功能。

既然共生性的概念是在物件導向程式設計的脈絡下提出的，絕大部分「身分」共生性的例子都和類別的互動有關。比如，試想有幾個模組共用同樣的資料庫連線池。為了讓可用的資料庫連線能被充分利用，所有模組都被規定要使用同一個連線池，這使得它們之間產生「身分」共生性。

若你想把這種共生性層級往外推到其他類型的模組身上，比如服務，你必須先了解這種關係的本質，以及它為何是最強的共生性等級：當多重物件在使用另一個類別的同一個實例物件時，你可以假定這些相連模組會仰賴這個共享物件提供十分一致的狀態。共享物件的任何改變都會被相連的模組立刻觀察到；甚至，共享物件有能力指揮相連模組的行為。

而在分散式系統的脈絡中，若有多個服務讀寫同一個資料庫，如圖 6.4 所示，這也是「身分」共生性。

不過務必注意的是，在圖 6.4 描繪的情境中，「身分」共生性的唯一成立前提是兩個服務會更新同一組資料，而且兩個服務能立即觀察到彼此做出的更新。反過來說，若服務不需要讓共享資料保持交易上的一致，這就不會被歸類為「身分」共生性了 —— 例如，兩個服務是透過訊息匯流排（message bus）溝通，它們對於發佈的訊息並不期待能夠維持交易一致性。

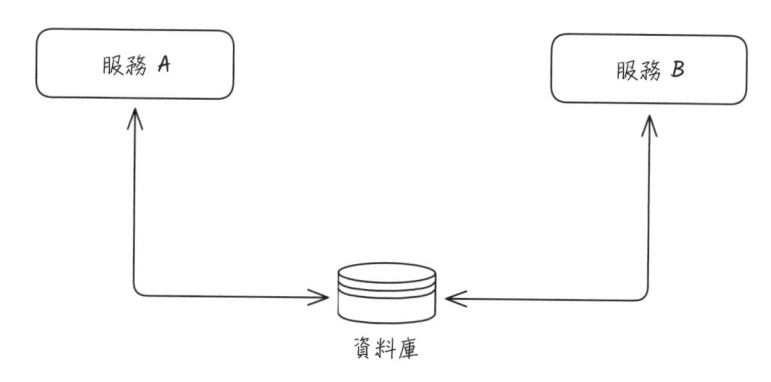

圖 6.4　透過資料庫整合發生的身分共生性。

評估共生性

參考列表 6.14 的程式碼，是 retail（零售）模組呼叫 accounting（會計）模組的方法：

列表 6.14：不同共生性層級的範例

```
(res, balance, tran_id) = accounting.process_payment(
    account_id='LVG141028',
    transaction_type=3,
    credit_card='S5hDn175mPiDL4D5ftbtMw=='
)
```

我們來檢視這裡存在的各種靜態共生性層級：

- 「名稱」共生性：呼叫者模組（retail）和被呼叫者模組（accounting）必須對方法名稱（process_payment，處理付款）和方法引數名稱達成共識。

- 「型別」共生性：雖然是用動態型別語言（Python）撰寫，引數不能接收任意型別，而是各自有指定型別：account_id（帳號 ID）和 credit_card（信用卡）得是字串，而 transaction_type（交易類別）得是數值。

- 「意義」共生性：transaction_type 引數得到「3」這個值，這數值代表的特殊意義由呼叫者與被呼叫者模組共享。

- 「演算法」共生性：credit_card 引數用了 AES 演算法來加密，所以兩個模組得同意使用相同的演算法來交換加密資料。

- 「位置」共生性：process_payment 方法傳回有三個值的 tuple，接收者必須依照完全相同的順序接收。

如果有多重共生性層級存在，那麼以最高的為準。以上範例展現出所有層級的靜態共生性，因此 retail 和 accounting 模組之間的整體共生性就屬於「位置」共生性[4]。

管理共生性

當你察覺有不同的共生性層級存在時，這就能協助你降低軟體模組之間的相互連結。各位前面已經看到，簡單的重構就能大幅降低共生性，讓模組的互動更單純和更明確；比如說，把值抽取成列舉值，就能把「意義」共生性降為「型別」共生性，或者使用具名引數，就能把「位置」共生性降為「名稱」共生性。

儘管如此，有些時候共生性是不可能降低的。人們常犯的錯誤是把共生性層級當成設計目標，總是嘗試把元件關係簡化到「名稱」或「型別」共生性，但這經常是完全不可行的。例如，有「時機」共生性的模組必須在特定時間間隔後執行，你再怎麼改寫也無法改變這種商業需求。而「演算法」、「執行」、「值」和「身分」共生性也是如此。

---

[4] 這是根據範例裡存在的資訊，但實際上可能也存在更高的動態共生性。

當元件之間存在高度共生性時，這就表示這些元件真的是「一起誕生」，所以不該拆散，而是應該擺在彼此身邊。我會在第八章「距離」、特別是第十章「平衡耦合」回來探討這個概念。

共生性對應結構化設計的模組耦合

模組耦合（module coupling）和共生性（connascence）是評估系統元件相互連結性（interconnectedness）的兩種辦法。既然這兩個概念似乎都是在衡量同一件事，我們當然得嘗試在這兩個模型的層級之間找出對應。

我們來檢視模組耦合的各個層級，並判斷它們和哪些共生性層級最相關。

資料耦合

這是模組耦合最弱的層級，認定模組沒有共享商業邏輯，只有交換整合所需的最低程度資料。從共生性的角度來看，所有靜態共生性層級都能歸在這一層；只要模組共享的引數資料維持在整合必要的最低限度，就連最高的層級（「位置」共生性）也仍然符合結構化設計的「資料」耦合層。

特徵耦合

「特徵」耦合中的模組仍然沒有分享任何商業邏輯，但會共享複雜資料結構——這些資訊超出了整合所需的程度。但和前面一樣，由於它們沒有分享執行階段的行為知識，所有靜態共生性層級同樣可套用在這個層級內。但在此，最低的可能共生性層級必然是「型別」，因為相連的模組使用資料結構來溝通時，得對該資料結構的型別達成共識。

控制耦合

「控制」耦合假定模組十分了解另一個模組的功能，並有能力控制其行為。換言之，這些功能沒有封裝在上游模組中，有一部分也是被模組使用者實作。沒有對應的共生性層級能描述這種關係。

外部耦合

「外部」耦合的模組透過全域變數溝通，這種整合方式跟「值」共生性和「身分」共生性相容：

- 「值」共生性：兩個模組必須實作同樣的商業規則來驗證共享資料的正確性。
- 「身分」共生性：兩個模組都依賴於一個具備一致狀態的共享物件。

由於共生性是以最高層級來定義，「外部」耦合對應的就是「身分」共生性。

共用耦合

「共用」耦合是「外部」耦合的延伸情境；現在不再是分享整合專用的值，而是模組間會透過全域狀態共享無關的資料。此外，共享資料在共享記憶體中有怎樣的結構，這種知識也會重複保存在雙方模組中。從共生性層級的脈絡來看，這仍然屬於「身分」共生性，因為你需要一個外部元件來儲存共享狀態，並把它分享給連接的模組。

內容耦合

「內容」耦合是使用其中一個模組的私有介面或實作細節來整合，例如用反射（reflection）來存取私有屬性，如列表 6.15 所示：

列表 6.15：透過反射產生的「內容」耦合

```
01 var customer = LoadNextCustomer();
02 var value = typeof(Customer)
03            .GetProperty("_verificationStatus")
04            .GetValue(customer);
```

從結構化設計的角度來看，這明顯是**最強**的耦合層級 ——「內容」耦合。可是用共生性來看呢？

若要像列表 6.15 讀取私有屬性的值，你得先知道私有屬性的名稱。因此以共生性來看，這反而是**最弱**的共生性層級 ——「名稱」共生性！這是怎麼回事？

結構化設計的模組耦合，以及共生性，雖然應該都是在描述同一個現象（元件間的相互連結性），但它們針對的是耦合的不同面相。另一個可佐證的點是，動態共生性的絕大部分也並未反映在模組耦合層級中。

因此，下一章會從不同角度來探討耦合的概念，聚焦在結構化設計的模組耦合以及共生性的精髓，並利用這些見解來制定一個整合的跨模組關係模型——「整合強度」。

重點提要

和結構化設計的「模組耦合」模型相比，「共生性」模型反映了其他不同類型的知識能跨過模組邊界分享。這種模型的層級分為兩類：「靜態共生性」和「動態共生性」。

靜態共生性描述了模組在彼此協調溝通時，會使用的不同類型介面決策。「名稱」和「型別」共生性是最弱的，也就是元件得對名稱或型別達成共識。「意義」共生性表示元件能共同賦予某個值的特定意義，「演算法」共生性則是需要使用共識演算法來理解一個值的意義。最後，「位置」共生性代表原始碼檔案中的元素仰賴於特定排列順序。

動態共生性則將焦點從編譯階段轉到執行階段的相依性。必須照特定順序執行的模組具有「執行」共生性，而若執行之間需要有特定間隔時間，就變成「時機」共生性。「值」共生性是模組的資料得依共用商業規則或約束來共同改變；如果相關模組需要依賴第三方元件，且該元件的同一個實例物件得由所有模組共用，這樣各模組才能正確運作，那麼它們就存在「身分」共生性。

對於本章結尾描述的模組耦合跟共生性的矛盾，各位怎麼看待其本質呢？這又要如何解決？這正是下一章的主題。

測驗

1. 下列哪個陳述為真？

    a. 靜態共生性所描述的相互連結程度，比動態共生性描述的更高。

    b. 動態共生性所描述的相互連結程度，比靜態共生性描述的更高。

    c. 靜態與動態共生性層級是平行的。

    d. 靜態共生性層級描述了編譯階段的關係，而動態共生性層級描述了執行階段的關係，兩者無法比較。

2. 哪一種共生性層級能對應到結構化設計的「內容」耦合？

    a. 身分共生性

    b. 值共生性

    c. 位置共生性

    d. 以上皆非

3. 「位置」共生性和「執行」共生性的差異為何？

    a. 這兩個層級相同。

    b. 位置共生性描述了編譯階段的關係，而執行共生性描述了執行階段的關係。

    c. 位置共生性描述了執行階段的關係，而執行共生性描述了編譯階段的關係。

    d. 以上皆非。

4. 哪個共生性層級反映了兩個模組間有很強的功能關聯？

    a. 演算法共生性

    b. 值共生性

    c. 身分共生性

    d. （b）和（c）皆對

Chapter 7
整合強度

結構設計作前浪，
整合強度當自強。
共生連結一脈承，
知識流向無處藏。

在前章的結尾，有個例子在結構化設計的「模組耦合」模型以及「共生性」模型產生了矛盾結果：模組耦合指出它有最強的相互連接層級，共生性卻指向最弱的層級。這種結果乍聽之下令人訝異，但等你分析兩個模型究竟反映了什麼面向，你就會發現這是合理和符合預期的。

我在本章開頭會先討論模組耦合以及共生性各自反映了跨模組關係的哪些重要方面，然後用這些見解來整合兩個模型，成為一個能分析跨模組關係的新工具，不僅更有彈性，而且也更耐用 —— 整合強度（integration strength）模型。

> **NOTE**
> 在本章和接下來的章節，我會用「介面」來指模組的整合介面（integration interface），或者它跟其他模組的整合辦法。這跟傳統程式語言如 Java 和 C# 的「介面」，也就是用來表示類別設計的協定或契約的概念有所區別。

耦合強度

本書的第一部探討了元件之間的連結和互動如何能影響整體系統，而這些互動——耦合——的設計能決定系統會變得模組化，還是變得更複雜。第一章解釋兩個元件之間的連結越強，其中一個元件改變時對另一個元件的影響就越大。甚至，不同的設計會導致不同類型的互動：各位在第三章學到，隱含且無法預測的連結會產生複雜互動，而第四章則展示了一種明確的設計，專注在模組化系統的封裝結果。這些會把我們帶到一個重要的問題：到底是耦合的哪些特性，會產生線性或複雜互動關係？

本書第二部首先討論兩個用來評估模組之間耦合強度的模型：模組耦合（來自結構化設計），以及共生性。如我在第六章結尾示範的，這兩個模型其實強調了元件互動的不同面向。尤其，這兩種相互連結的衡量方式反映了跨模組互動的兩種關鍵特質：

1. 介面類型（interface type）：結構化設計顯示你能用不同類型的介面來連結元件。例如，模組能透過私有介面（「內容」耦合）或公開介面（「特徵」和「資料」耦合）來溝通。第六章討論到，透過私有介面溝通會交換更多知識，導致相連元件之間有更強的耦合。各位在下一小節會學到其實還有一種獨特的介面類型：元件可以在沒有實際整合的情況下一起改變，這表示它們之間的實際整合類型是「無整合」。

2. 介面複雜性（interface complexity）：元件連結的方式有可能產生複雜互動。回頭看使用實作細節來整合的範例（「內容」耦合），上游元件的任何改變都有機會破壞它跟元件使用者的整合。相對地，模組若只公開整合所需的最低程度知識（「資料」耦合），這種模組會更穩定和更好預測行為。整體來說，模組分享的知識越多，它跟其使用者之間就越有可能形成複雜互動。

介面設計有另一個方面也有可能提高複雜性——透明度。不明確的隱性介面維護起來會更困難和更昂貴；例如，若一個元件得假設另一個元件會如何運作，就算假設是正確的，當對方的功能一發生改變，互動就有可能變複雜。

隱性介面也有可能讓元件以不正確的方式整合，進而產生不當的系統行為。比如，「位置」共生性比「名稱」共生性更容易引發整合錯誤。

以上兩個因素描述了不同的跨元件互動變化，你必須同時考慮到兩者。所以，模組耦合跟共生性，這兩個模型誰表現得比較好呢？

結構化設計？共生性？還是兩者皆用？

只用結構化設計的模組耦合或者共生性模型來評估耦合強度，都是不可行的。模組耦合模型較為粗糙的層級比較適合表示整合介面的類型，而共生性則更適合反映介面的複雜性。

因此，試著把這兩個模型的層級合併成單一一個線性分級，乍聽之下或許會比較合理。這兩個模型的層級確實存在共通點：例如，「共用」耦合和「外部」耦合都符合「身分」共生性，這在兩個模型中都屬於較強的相互連結層級。但如我在第六章結尾所討論的，這些相似點也有誤導之嫌：

- 較弱的共生性層級有可能對應到最強的模組耦合層級，比如使用反射來執行私有方法：「內容」耦合（最強）對上「名稱」共生性（最弱）。
- 最強的共生性層級，比如「時機」共生性，可以完美對應最弱的模組耦合層級（「資料」耦合）。

此外，兩個模型也未能反映耦合的許多方面。

結構化設計與共生性的盲點

假設有個系統，裡面有兩個模組「零售」和「訂單履行」，它們實作了完全相同的商業功能，也就是消費者是否符合免運費資格（圖 7.1）：

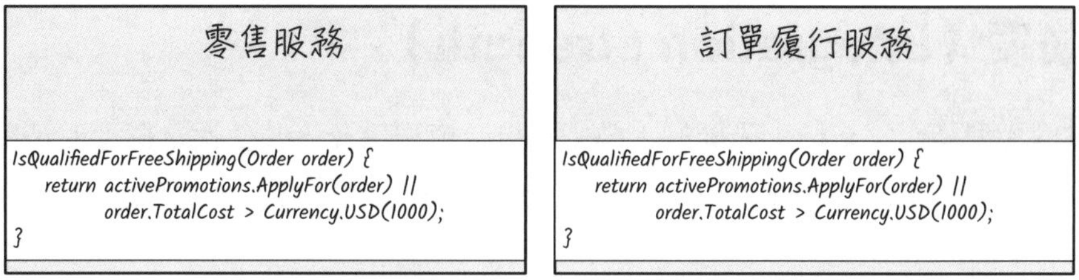

```
零售服務

IsQualifiedForFreeShipping(Order order) {
    return activePromotions.ApplyFor(order) ||
           order.TotalCost > Currency.USD(1000);
}
```

```
訂單履行服務

IsQualifiedForFreeShipping(Order order) {
    return activePromotions.ApplyFor(order) ||
           order.TotalCost > Currency.USD(1000);
}
```

圖 7.1　商業邏輯在兩個服務內重複存在。需求變更必須同時套用在兩個服務上。

這種兩個模組間的相依性，並沒有反映在模組耦合或相依性層級中，但仍然有共享的改變動機，而且也非常強。要是商業規則的實作沒有同步，那服務就可能會做出相左的決策，導致系統狀態自相矛盾。因此，商業需求的任何變動若會影響這個規則，那麼就得同時套用到兩個服務身上。

甚至在圖 7.1 中，我刻意沒有畫線來表示兩個服務之間存在關聯或直接相依性，所以它們實體上沒有整合在一塊。但它們仍然有共享的知識，也因此需要一起改變。這就是模組耦合和共生性模型的另一個盲點：它們只能套用在有實際整合（physically integrated）的模組上。

> **NOTE**
> 如果你在想這能不能算「演算法」共生性，其實不然。「演算法」共生性指出模組得講好使用特定的演算法，以便理解它們交換的資料。如果重複的邏輯不影響模組之間溝通用的資料，那就不算「演算法」共生性。

換個策略

所以各位能夠看到，單純把兩個模型的層級合併成單一分級不但不可行，還會忽略知識能在模組之間分享的其他重要方式。那麼，我們就來換個途徑。

結構化設計是在 1960 年代末發展的，而共生性則是在 1990 年代問世。這兩個模型之間隔著這麼多年，在它們之後也過了更多年。那麼，現在應該要考慮提出新的方式來判斷耦合強度了！

整合強度（integration strength）

整合強度模型結合了結構化設計的「模組耦合」模型以及「共生性」模型的精髓，但再次強調，我們並不只是單純合併它們的層級，而是把它們併入不同的結構。

這個新模型要達到的目的如下：

- **實用性**（Practicality）：整合強度應該易於理解，也易於用在日常工作中。
- **多用途**（Versatility）：能評估各種模組的耦合強度，從單獨幾行程式碼到分散式系統內的服務皆適用。
- **完整性**（Completeness）：解決模組耦合和共生性模型的不足與盲點。

為了讓這個模型容易了解和應用，它會參考下面四個基礎層級來組織：

1. 契約耦合
2. 模型耦合
3. 功能耦合
4. 侵入耦合

這些基本層級反映了連結模組的介面形式，它們本質上扮演了在模組間分享知識的渠道。

沿用範例：共享資料庫

請看圖 7.2 示範的系統，裡面有兩個服務存取同一個資料庫。你怎麼看這種設計？這兩個服務是強耦合還是弱耦合？

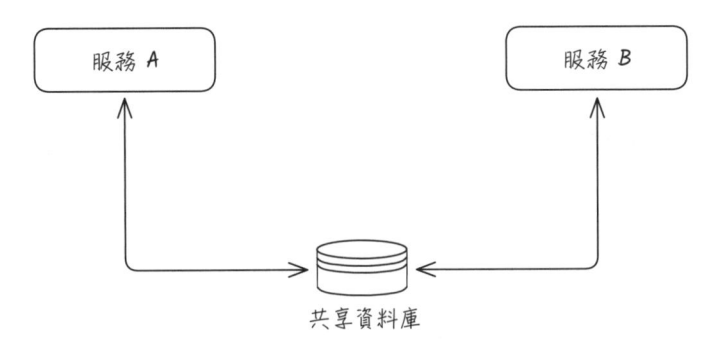

圖 7.2　兩個服務存取同一個資料庫。

嗯，這是個陷阱題，因為圖沒有提供足夠的資訊來評估耦合層級。下面討論每一個層級的整合強度時，我都會回來看這個範例。

我們先從模型中最強的層級來探討——「侵入」耦合。

侵入耦合（intrusive coupling）

在「侵入」耦合中，下游模組並不是透過公開介面溝通，而是使用並依賴上游模組的實作細節（圖 7.3）[1]。

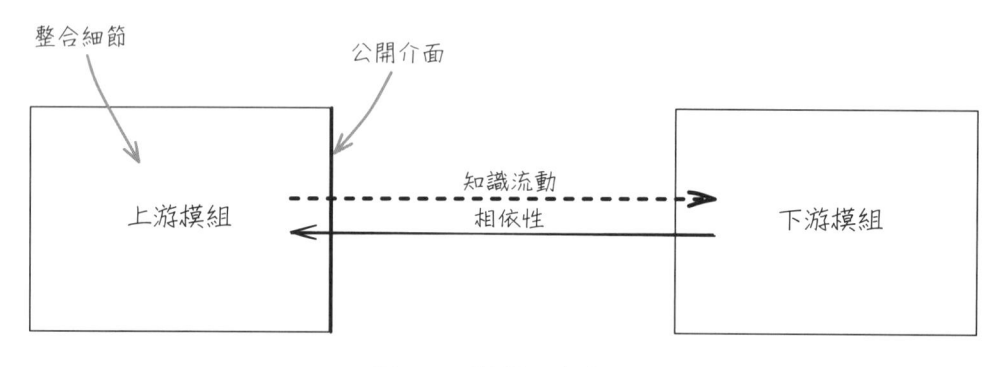

圖 7.3 「侵入」耦合。

在這裡，用於整合的實作細節會包含上游模組中所有本來無意用於整合的各種方面。這個層級之所以稱為「侵入」式，是為了強調上游模組的作者並未考慮到這種整合辦法。

侵入耦合的範例

我們在第五章討論的結構化設計之「內容」耦合範例，也適用於這一層。透過反射（reflection）來存取模組的私有成員跟方法，就屬於「侵入」耦合：你透過反射機制跟本

---

1 「侵入」耦合和結構化設計的「內容」耦合是同義詞。我決定不要在整合強度模型中使用「內容」耦合這個詞，因為它指的是模組內容，也就是原始碼，但如今我們有更多種辦法可以在實作細節上帶進相依性。我起先把這層級稱為「實作」耦合，但 Vaughn Vernon 想出了「侵入」耦合一詞，這完美反映了這種整合介面的本質。

來不是要用於整合的元素互動。但是，並不是反射機制讓這個整合產生侵入性，而是出於整合背後的用意。

下面這個例子看似和前面的類似，但本質其實不同。物件關聯對映（Object Relational Mapping，ORM）框架經常使用反射來跟資料模型互動，藉此動態地存取和修改對應物件的屬性。你在使用這種工具時，就是在同意讓這個框架有權存取你的物件屬性，不管是透過反射或其他機制都一樣。因此，這個例子就不算「侵入」耦合了。

你能用很有創意的方式帶進「侵入」耦合。假設你在使用一個現成的商用訂單管理系統，而一個新的商業需求說你得對每個新訂單接收通知。很不幸的是，系統沒有提供註冊通知的方式，但你可以檢視該系統的程式碼，然後修改實作來加入缺少的通知功能。這種擅自修改的整合是一種「逆」侵入耦合：訂單管理系統的任何升級都會重設原始碼，並破壞你做的整合。

沿用範例：共享資料庫的侵入耦合

回顧我們在前一小節提出的例子，也就是兩個服務存取同一個資料庫。假設這是以微服務為基礎的系統，而該資料庫屬於服務 A，本來就無意當成整合介面。這就構成了典型的「侵入」耦合（圖 7.4）──服務 B 闖入服務 A 的封裝邊界，對後者的實作細節產生相依性。

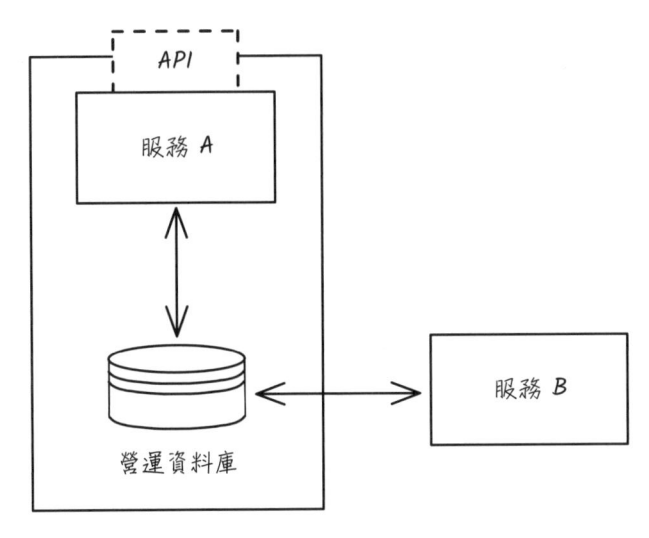

圖 7.4　存取本意並非用於整合的資料庫實體，帶來「侵入」耦合。

侵入耦合的影響

「侵入」耦合出於許多理由，可能會對系統帶來害處。這就是為何在結構化設計時代，這種耦合被稱為「病態」耦合。

首先，這種整合很脆弱；上游模組的任何變動都有可能破壞跟下游元件的整合。這導致上游模組的任何改變都得經過謹慎的檢視，並當成有可能造成整合不相容的變動。

其次，「侵入」耦合代表著最不明確的整合介面，而且這種整合發生時，上游模組的作者通常不知道其存在。因此，要像前面提的那樣謹慎檢驗每一個新版本，把它們當成潛在的不相容變動，其實是不可能辦到的。

第三，此舉破壞了封裝效果。模組化設計需要在模組邊界背後盡可能隱藏知識，然而「侵入」耦合會打破這些邊界。你得假設上游模組的所有知識——它有什麼功能，又是怎麼實作的——都會跟下游元件共享。出於以上理由，「侵入」耦合被擺在整合強度模型的頂端：它會把跨過上游模組分享的知識最大化。

下一個整合強度層級則改而著重在模組是如何實作，又實作了何種內容：模組的商業領域、邏輯跟需求。

功能耦合（functional coupling）

如果兩個模組的功能有相互關聯，它們之間就具有「功能」耦合。

模組中共享的商業責任，會以相關聯的企業規則、不變量跟演算法的形式呈現，或者就是我們一般所說的商業邏輯（business logic）。因此，當功能上（或商業上）的需求改變時，所有具有「功能」耦合的模組就都可能受到影響。而既然系統中的連鎖變動很可能都跟「功能」耦合有關，這個層級就被擺在整合強度等級的第二高，僅次於「侵入」耦合。

「功能」耦合模組會分享它們實作的功能知識。但很有趣的是，這個層級不若其他整合強度層級，是沒有上下游關係的——知識會在模組間雙向流動。如果「功能」耦合的模組

中有任一個改變，這種變動就可能會擴散到其他模組。所以，對於「功能」耦合的模組，雙方都可以視為是上游模組。

功能耦合的不同程度

有別於「侵入」耦合，「功能」耦合並不是單純有或沒有耦合存在的情境。反之，這種整合強度層級有個額外維度，描述了模組間分享的知識程度。

順序功能耦合（sequential coupling）

「順序」耦合（Jamilah 等人，2012）也稱為「時間」耦合（temporal coupling），發生在有多重行為必須照順序呼叫的時候。根據共生性模型，這種關係顯示相連模組之間有著很強的相互連結。它們很有可能是在實作同一個商業程序的生命週期，處理同樣的資料，不然就是替整體系統共享類似的責任。

「執行」共生性和「時機」共生性都符合「順序」耦合的定義，而且也能用來辨認下一種更細微的「功能」耦合。

交易功能耦合（transactional coupling）

「交易」耦合情境指的是有多重操作必須當成單一一組工作來完成，也就是一段交易。這些操作都得成功，整個交易才能算成功。若有任何操作失敗，那交易內的所有操作通常會回復到前一個狀態，好維持系統完整性。

「交易」耦合的常見症狀是需要管理並行性。如果有兩個模組在修改同一組資料，你就需要實施並行性控制（concurrency control），才能在多重使用者的環境中維護資料完整性。

從知識分享的角度來看，交易耦合會在相連模組之間分享大量知識，而這些知識對應到下面兩個動態共生性：

- 「值」共生性：值必須同時改變，或者依據演算法約束或商業不變量來修改。
- 「身分」共生性：模組會操作同一組資料，而該資料必須盡量維持一致狀態，好讓各模組能正常運作。

對稱功能耦合（symmetric functional coupling）

最後，「功能」耦合中最高的層級是兩個模組實作了一模一樣的功能。這裡必須強調，所有邏輯重複的案例不見得都會造成「對稱功能」耦合。這種耦合只會發生在以下情況：

- 兩個模組實作了同樣的目的，是如何實作的則沒有關係。模組也可以採用不同的演算法來達到目標。

- 當共享行為的需求改變時，這改變必須由所有「功能」耦合模組同時實作，否則會導致系統出現不正確狀態（有臭蟲）。

有個定義「對稱功能」耦合的更簡潔方式，就是故意違反 DRY（Don't Repeat Yourself）原則（Hunt 與 Thomas，2000）：

> 對於每個知識點，系統中都只能有一個明確而權威的表示。
>
> ── Andrew Hunt 和 David Thomas

前面圖 7.1 顯示的有重複演算法的模組，就是以「對稱功能」產生耦合。該範例明確指出，不只是演算法有重複，該演算法的任何改變也得由兩個服務同時實作才行。

「對稱功能」耦合的程度之所以在整合強度等級會這麼高，只僅次於「侵入」耦合，有兩個原因：首先，功能上的改變必須同時套用在兩個模組上。其次，這種共享相當不明確：元件並不需要實際相連，甚至不必知道彼此的存在，但仍然存在耦合、有連動改變的需要。

圖 7.5 總結了「功能」耦合的不同程度。

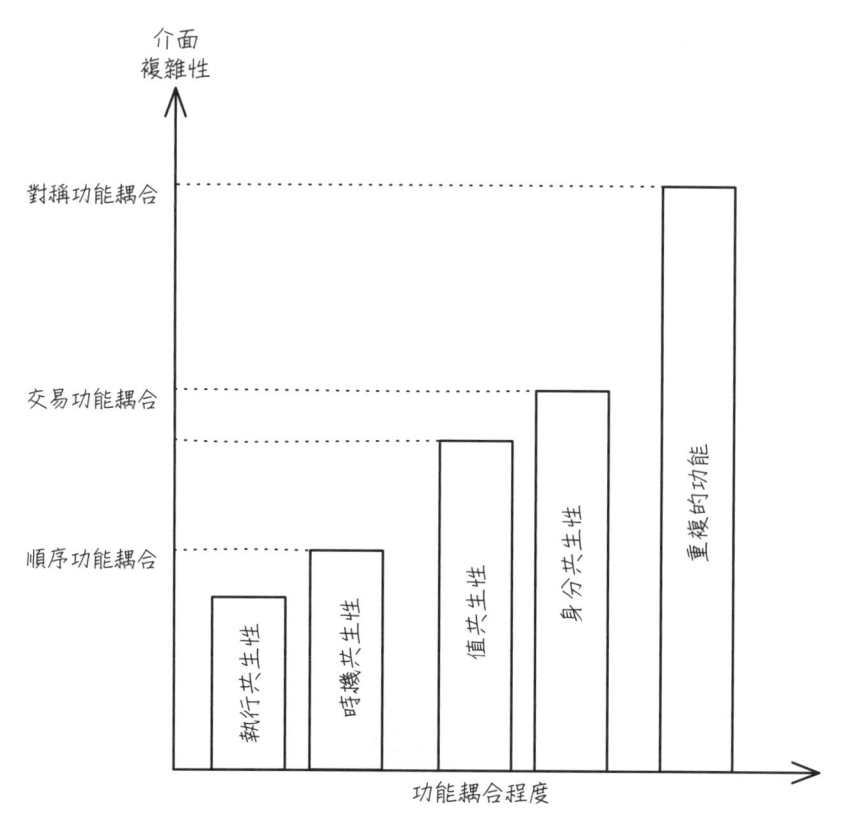

図 7.5 「功能」耦合的各種程度。

功能耦合的肇因

回來看 David L. Parnas 的定義，模組基本上就是責任指派，其目的是封裝決策，並確保這些決策的改變只會影響模組本身。而依據這種定義，「功能」耦合牽涉到大量的共享知識，顯示模組邊界的設計成效不彰。

若要辨認「功能」耦合，有個有用的啟發思考法，就是假設某個商業需求的變更會影響多重模組的功能。如果這種假設可成立，那麼模組之間可能就存在「功能」耦合。

沿用範例：共享資料庫的功能耦合

回到兩個服務共享資料庫的範例，請看圖 7.6 的案例。現在兩個服務會對同一個資料庫表格讀寫資訊，而且得依循同樣的商業規則來確保資料一致。這使得兩個服務存在「功能」耦合，在共生性則等同於「身分」共生性。

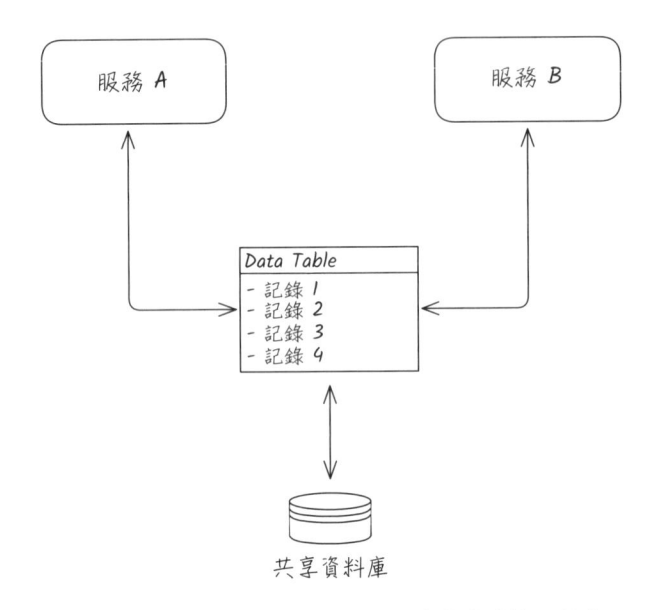

圖 7.6　兩個服務處理同一組資料，產生「功能」耦合。

功能耦合的影響

在「功能」耦合中，就算最低的程度（「順序」耦合）也在整合強度等級上名列前茅。這裡共享的知識量很大，而模組相關功能的變動也很可能會跨過邊界擴散到其他耦合模組身上。

若模組分享了自身實作的知識，這自然會讓介面變得太廣泛和太複雜，且這樣的整合常常會帶來模組間難以追蹤的隱含關係。於是，如果沒有對所有受衝擊的模組實作該有的修改，就很容易引發非預期的系統行為。

模型耦合（model coupling）

當多重模組共用相同的商業領域模型時，就會產生「模型」耦合。

想像你在設計一個醫療軟體系統，你當然沒辦法把整個醫療領域的知識整合到軟體中（這麼做無異於要求醫療產業的軟體工程師取得醫師資格）。反而，你會在軟體內描述這塊知識的一個子集合（subset）；這個子集合跟你在開發的系統有關，你得也用它來實作系統功能。基本來說，你是在建置一個模型，並透過軟體來清楚表達它。

建模（modeling）是軟體設計的必要環節，因為模型反映了結構和程序，以及商業領域的其他元素，外加跟這些元素有關的行為。舉個例，試想「奧可」系統管理的客服案件——取決於客服案件的行為，你能用很多不同方式替它們塑模。列表 7.1 就描述了兩種不同的模型選擇，一個用於營運管理，一個則用於分析。

列表 7.1：代表同一個商業個體的不同模型

```
namespace WolfDesk.SupportCases.Management {
    public class SupportCase {
        public CaseId          Id                { get; private set; }
        public string          Title             { get; private set; }
        public string          Description       { get; private set; }
        public DateTime        CreatedDate       { get; private set; }
        public DateTime        LastUpdatedDate   { get; private set; }
        public AgentId         Assignee          { get; private set; }
        public CustomerId      OpenedBy          { get; private set; }
        public CaseStatus      Status            { get; private set; }
        public List<string>    Tags              { get; private set; }
        public List<Message>   Messages          { get; private set; }
    }
    ...
}
namespace WolfDesk.SupportCases.Analysis {
    public class SupportCase {
        public CaseId          Id                { get; private set; }
        public int             ReopenedCount     { get; private set; }
```

```
        public int              ReassignedCount { get; private set; }
        public TimeSpan          LongestResponseTimeByAgent
                                                 { get; private set; }
        public TimeSpan          LongestResponseTimeByCustomer
                                                 { get; private set; }
        public TimeSpan          AverageResponseTimeByAgent
                                                 { get; private set; }
        public TimeSpan          AverageResponseTimeByCustomer
                                                 { get; private set; }
        public DateTime          CreatedDate     { get; private set; }
        public DateTime          LastUpdatedDate { get; private set; }
        public int               ReassignedCount { get; private set; }
        public List<AgentId>     PreviouslyAssignedAgents
                                                 { get; private set; }
        public AgentId           CurrentAgent    { get; private set; }
        public CustomerId        OpenedBy        { get; private set; }
        public CaseStatus        CurrentStatus   { get; private set; }
        public List<CaseStatus>  PastStatuses    { get; private set; }
        public List<string>      Tags            { get; private set; }
    }
    ...
}
```

以上範例的兩個物件雖然都代表同一個商業個體，也就是客服系統中的一個客服案件，這兩個模型的結構仍反映了不同目的。WolfDesk.SupportCases.Management 命名空間的模型所聚焦的細節，是要拿來管理案件的營運生命週期（operational lifecycle），而 WolfDesk.SupportCases.Analysis 命名空間的模型，則反映了商業智慧部門的需求，要能夠隨著時間分析資料，好從中獲得見解和改進企業表現。你大可把這兩個模型合併，這樣就能支援所有需求，但也會產生出過度複雜的物件，在任何任務都無法最佳化。有句俗話說「樣樣都會，樣樣不精通」──這正好適用於軟體系統的模型設計概念。

從定義來說，模型的用意並不是要反映真實世界，而是只反映其中某個部分，好解決特定需求而已。從軟體系統的脈絡來看，這些需求指的便是所需系統功能的實作。這讓人想到一句著名的話：

> 所有模型都是錯的,但有些模型仍有用處。
>
> — George E.P. Box（1976 年）

模型的用處是很主觀的。某個模型或許很適合某個商業功能,但另一個商業功能可能更需要搭配另一種模型。這正是為何領域驅動設計（domain-driven design,DDD）強調你應該設計有效的模型,並用多種模型來解決系統的不同需求與功能[2]。

因此,在不同模組之間共用同樣的模型,可能就會破壞模組化設計。我們假設有兩個模組 Distribution（派件）和 Accounting（會計）,而派件模組匯出了其內部使用的模型,當成公開介面的一部分。會計模組相依於派件模組的介面,等於是重複使用了該內部模型的一部分（圖 7.7）。

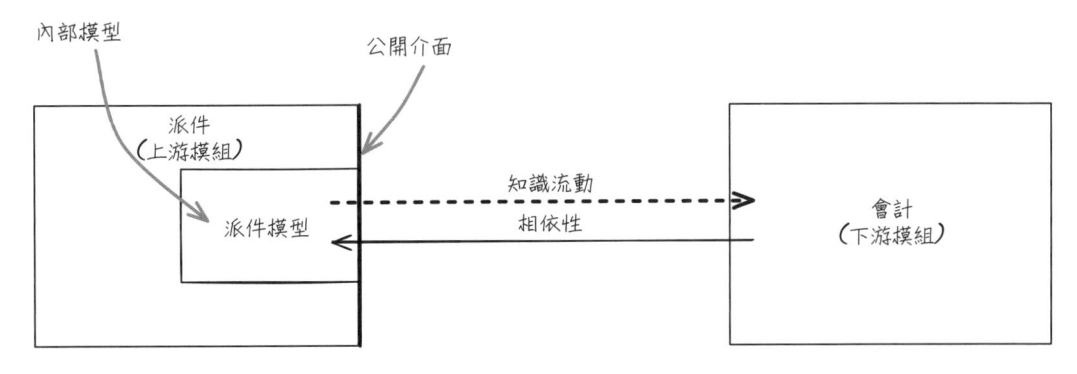

圖 7.7 上游模組透過其公開介面透露其內部模組。

跨過邊界分享內部模型的知識,會破壞模組化系統設計的美意。首先,會計模組說不定使用別的模型會比較合適;其次,跨邊界分享的知識越多,連鎖變動就會越多。派件模組內的模型若有任何修改,會計模組就必須同步做對應改變。對於派件模組使用的模型來說,這種限制就會變成其演進和改良上的阻礙。要是系統中有重大功能需要針對複雜的商業領域來建模,這種影響就會尤其顯著。

---

2 我可以針對這個主題再談上好幾頁,但這不是本書的主軸。若各位想了解更多,我強烈建議各位去研究領域驅動設計（DDD）。

軟體中使用的商業領域模型，會包含其資料與行為，但此處討論的整合假設只有共享資料模型。因為若有行為被共享，那就會屬於「功能」耦合。

模型耦合的不同程度

既然模型是取決於它們要解決的問題，模型的複雜性也會隨著問題有不同的變化。對於跨過模組邊界公開的模型究竟分享了多少知識，我們可以用靜態共生性來評估，如圖 7.8 所示。

如我們在第六章討論的，靜態共生性描述了模組在編譯階段的相依性；最低的是「名稱」和「型別」共生性，而耦合程度越高，介面就變得越不明確，增加整合時犯錯的機會。

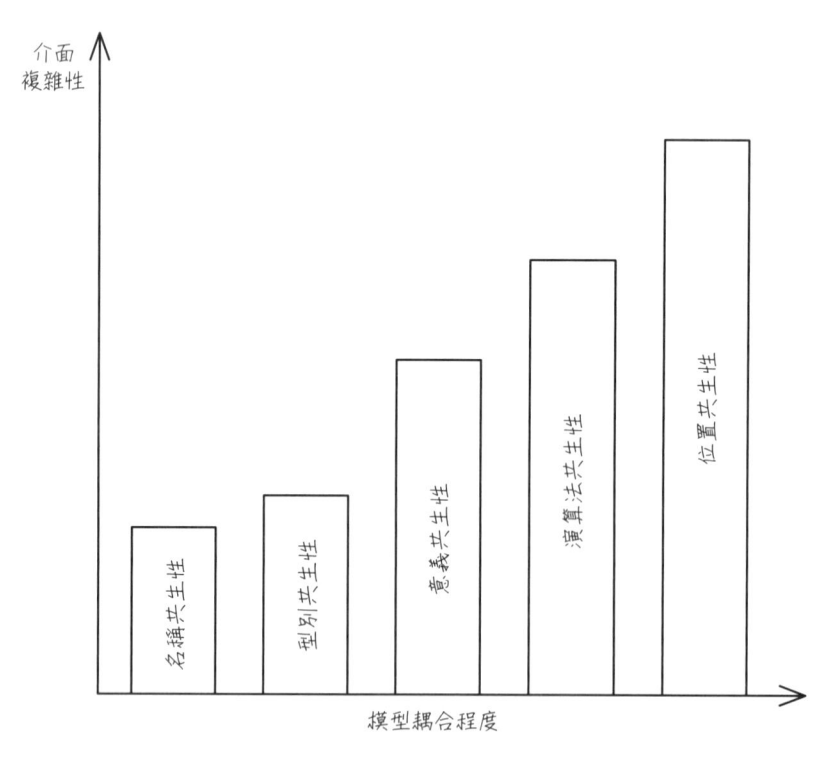

圖 7.8 「模型」耦合的各種程度。

沿用範例：共享資料庫的模型耦合

在圖 7.9 展示的情境中，資料庫屬於服務 A，服務 A 負責管理其資料。但服務 B 也獲得權限讀取資料庫的內容。這裡和「侵入」耦合不同之處在於，現在資料庫變成了公開介面；既然服務 B 看得到資料庫取得的資料，而這些資料又反映在服務 A 的內部模型中，這就能算是「模型」耦合。

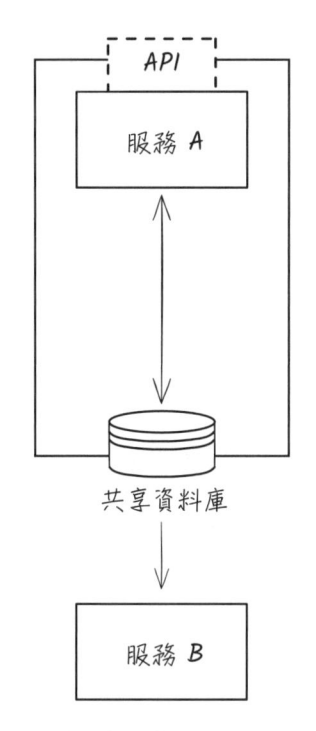

圖 7.9　從另一個元件的營運資料庫讀取資料，會帶來「模型」耦合。

模型耦合的影響

由於模組的功能需要透過模型實作，你讓內部模型透過模組邊界公開出去，就等於是暴露其實作細節。這自然帶來了一個疑問：這怎麼會比「侵入」耦合或「功能」耦合更好？

首先，存在「模型」耦合的介面只會暴露資料模型（data model），但不包括其行為（behavior）。分享功能行為的知識會轉而屬於「功能」耦合層級。分享資料結構的疑慮，

遠比共享商業邏輯少多了；此外，資料結構通常也比其相關行為更穩定，所以帶來的連鎖影響會更少。

其次，會共享模型知識的介面，會比分享相關功能的介面更明確。你能輕易記錄有哪些模型在模組邊界之間分享，並找出發生不相容錯誤的地方。

最後，和「侵入」耦合不同的是，人們是特意共用模型的一部分來當成整合手段。下游模組不需要打破上游模組的封裝邊界，就能存取這些模型。因此，上游模組的作者會知道它共享了哪些知識，並能採取措施來避免在整合上產生不相容變更。

話雖如此，這種類型的介面還是能對系統帶來意外的複雜性。要是下游模組只使用模型的一部分，那上游模組就分享了不必要的資訊，導致模型更難修改（這相當於結構化設計的「特徵」耦合），而「模型」耦合的程度越高，更改模型就越難。此外，若系統內到處都使用同樣的模型，就會有更多元件使用不是針對其功能量身實作的最佳化模型。

契約耦合（contract coupling）

若兩個模組透過整合專用的模型（integration-specific model）── 契約 ── 來溝通，它們之間就存在「契約」耦合。

所謂的契約是一份協議（agreement），列出合作的條件。在軟體設計中，契約是系統元件之間的溝通協定（communication protocol），且從某方面來說，就是一個模型的模型（a model of a model）：它把一個模組使用的商業領域模型加以抽象化，去掉無關的資訊，藉此降低透過邊界公開的知識量。

如圖 7.10 所示，上游模組自身能維護一個整合專用模型（整合契約），而其設計目的是用來跟其他模組有效溝通。契約模型會透過邊界跟下游模組共享，但不會用來實作上游模組的功能。反之，下游模組的呼叫會經過轉譯傳入其內部實作，也就是我們在前面的「模型」耦合層級討論的那樣。

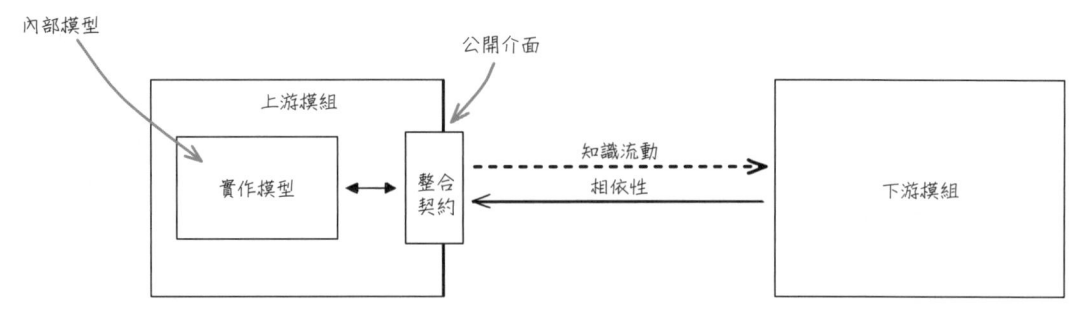

圖 7.10 「契約」耦合 ── 透過針對整合最佳化的模型來連接下游模組。

對上游模組來說，使用整合專用模型有多重好處：

- 整合契約比底下的實作模型更穩定。只要實作模型仍然能轉換為同樣的整合契約，整合模型就能自由演進、改變或擴張，但變動並不會擴散到下游模組。

- 整合契約將上游模組分享的知識降到最低。只有整合契約被公開給模組使用者，而實作模型仍然被封裝在模組邊界背後。這讓兩個模型可以用不同的速率演進，實作模型也能用更快的速度更迭。

- 整合契約可以有不同版本。同一個上游模組能同時公開不同的整合契約，比如讓其使用者逐步遷移到新版。

我們可以重申以下的話來總結以上好處：模組共享的知識越少，對模組使用者造成的連鎖效應就越少。

契約耦合的範例

我們回來看前一小節客服案件物件範例當中的營運模型（為了方面起見，我直接複製它到列表 7.2）。記得該模型使用了各種跟商業領域有關的物件，比如 CaseId（案件 ID）、AgentId（客服專員 ID）、CustomerId（客戶 ID）、CaseStatus（案件狀態）和 Message（訊息）。若對使用者公開這些物件（比如透過 API），那麼下游模組就會知道這些物件的結構和用途。此外，要透過 API 交換這堆物件也不怎麼單純，畢竟不是所有平台都支援那麼多資料型別[3]。

---

3 例如，C# 語言能很方便地把 GUID（全域唯一識別碼）轉成字串，可是，不是所有平台都有原生功能來解析原始 GUID 格式。

相對的，列表 7.2 的另一個物件 SupportCaseDetails 把營運模型的細節抽象化，藏在基礎型別背後，讓下游模組能用更簡單的方式消化。

列表 7.2：一個商業個體和一個整合專用模型

```
namespace WolfDesk.SupportCases.Management {
    public class SupportCase {
        public CaseId          Id              { get; private set; }
        public string          Title           { get; private set; }
        public string          Description     { get; private set; }
        public DateTime        CreatedDate     { get; private set; }
        public DateTime        LastUpdatedDate { get; private set; }
        public AgentId         Assignee        { get; private set; }
        public CustomerId      OpenedBy        { get; private set; }
        public CaseStatus      Status          { get; private set; }
        public List<string>    Tags            { get; private set; }
        public List<Message>   Messages        { get; private set; }
    }
    ...
}
namespace WolfDesk.SupportCases.Application.API {
    public class SupportCaseDetails {
        public string         Id                { get; private set; }
        public string         Title             { get; private set; }
        public string         Description       { get; private set; }
        public long           CreatedDate       { get; private set; }
        public long           LastUpdatedDate   { get; private set; }
        public string         AssignedAgentId   { get; private set; }
        public string         AssignedAgentName { get; private set; }
        public string         CustomerId        { get; private set; }
        public string         CustomerName      { get; private set; }
        public string         Status            { get; private set; }
        public string[]       Tags              { get; private set; }
        public MessageDTO[]   Messages          { get; private set; }
        ...
    }
```

```
    ...
}
```

　　記得 David L. Parnas 說模組是一種抽象化,而 Edsger Dijkstra 則說抽象化是要創造一個新的語義層級,讓我們能在當中追求絕對的精準嗎?使用明確整合契約的做法,便將這種概念推到了極致。整合契約得以創造一種新語言,完全專注在這個模組能達成的任務,並將這些任務的實作方式徹底抽象化。比如,整合契約可以用「指令」(commands)和「查詢」(queries)的形式來表示——能夠執行的行為,以及能從模組取得資訊的方法。列表 7.3 示範我們如何使用指令物件當成 SupportCases 模組的整合契約,而該列表也展示執行指令跟查詢用的 API:

列表 7.3:使用物件導向語言描述模組的整合契約

```
namespace WolfDesk.SupportCases.Application.API.Commands {
    public class EscalateCase {
        public readonly string CaseId;
        public readonly string CustomerId;
        public readonly string EscalationReason;
        ...
    }
    public class ResolveCase {
        public readonly string CaseId;
        public readonly string Comment;
        ...
    }
    public class PutCaseOnHold {
        public readonly string CaseId;
        public readonly string Comment;
        public readonly long Until;
        ...
    }
    ...
}
namespace WolfDesk.SupportCases.Application.API {
    interface SupportCasesAPI {
```

```
        // Commands
        ExecutionResult Execute(EscalateCase cmd);
        ExecutionResult Execute(ResolveCase cmd);
        ExecutionResult Execute(PutCaseOnHold cmd);
        ...
        // Queries
        IEnumerable<SupportCaseDetails> CasesByAgent(string agentId,
                                                    string status);
        IEnumerable<SupportCaseDetails> CasesByCustomer(string
                                                       customerId);
        IEnumerable<SupportCaseDetails> EscalatedCases();
        ...
    }
}
```

這個範例顯示，整合契約的概念是相對較高的抽象層級：一個服務透過 API 對外提供其功能。我在本章開頭講過，整合強度模型應該要能應用在各種抽象層級的模組──那麼，我們就來看看其他更低的抽象層級。以下的設計模式來自原版的《設計模式》（Gamma 等人，1995）：

- **外觀（facade）**：「提供一個統一介面給子系統的一組介面。『外觀』定義了更高階的介面，讓子系統易於使用。」
- **橋接（bridge）**：「把一個抽象化跟其實作去耦合，好讓兩者能獨立改變。」
- **轉接器（adapter）**：「將一個類別的介面轉換成使用者預期的另一種介面。轉接器讓原本因介面不相容而無法協作的類別得以合作。」

這些設計模式提出了不同的整合契約實作方式，能套用在一群物件上（命名空間、套件、函式庫等等）。如果你觀察單一一個物件，它經常會同時有公開跟私有方法，而其公開方法並不會直接實作功能，而是轉交給一個以上的私有方法。因此，這些公開方法就扮演了整合契約的角色。

最後，整合契約不見得必須量身打造，系統可以使用很普遍的協定來定義整合契約。例如，若你在實作電子郵件服務，你可能會用 SMTP、IMAP 和／或 POP3 作為跟使用者之間的整合契約。

契約耦合的不同程度

由於在以契約為基礎的介面中，知識的流動量取決於共享資料的格式和結構，我們能用跟「模型」耦合一樣的方式來評估其程度，也就是以靜態共生性來判斷（圖 7.11）：

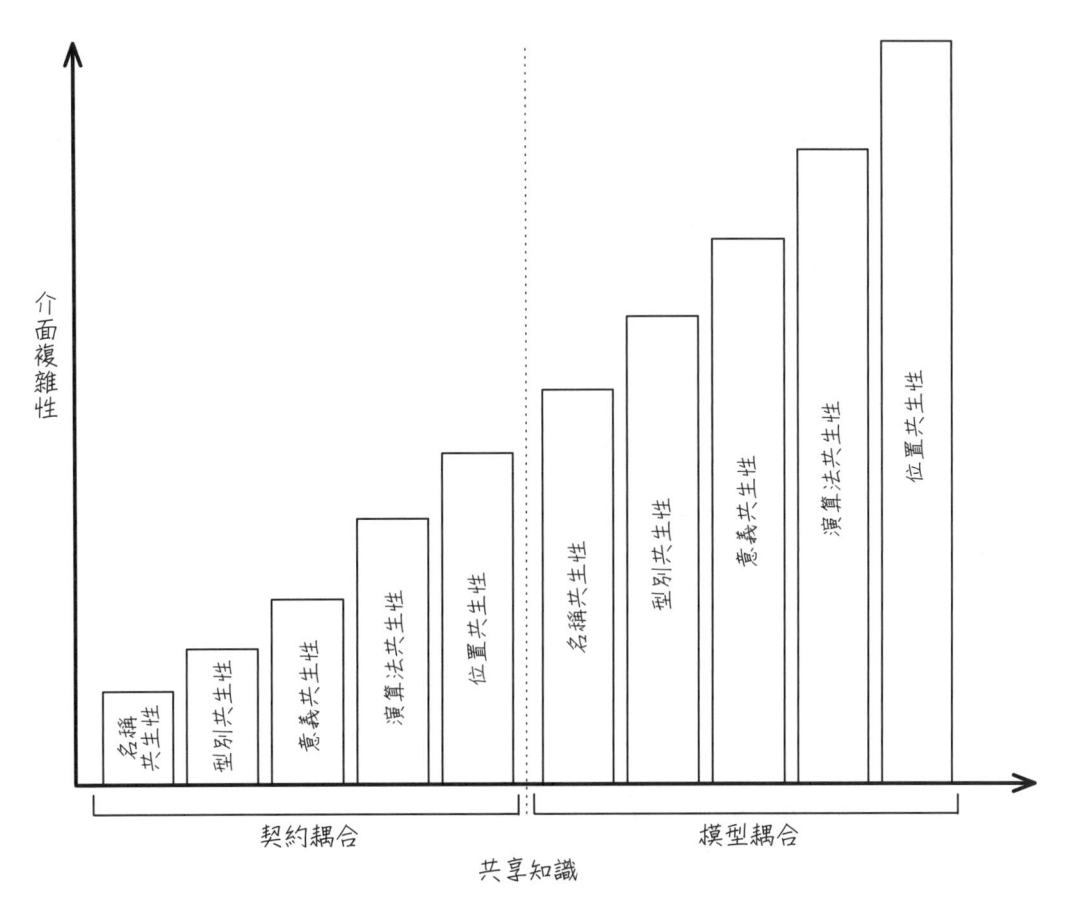

圖 7.11 「契約」耦合和「模型」耦合的各種程度。

當我們使用同一個尺度評估「契約」耦合和「模型」耦合的各種程度時，這就能凸顯兩種介面的重要差異。「契約」耦合最強的程度所分享的知識，仍然比「模型」耦合最弱的程度還少。關鍵在於兩者底下分享的知識類型不一樣：「模型」耦合使用的模型和實作細節有關，但「契約」耦合的整合契約模型則無此關聯。因此，「契約」耦合再怎麼強，它引發連鎖效應的機會仍比「模型」耦合低多了。

契約耦合的深度

在圖 7.11 中，各位或許會注意到「契約」耦合和「模型」耦合之間有條細細的虛線作為區隔。在我結束這小節之前，我覺得有必要先討論這兩個層級的分界線。

假設你在開發「奧可」系統，發現有一個簡單的資料結構 Message（訊息）同時能代表客戶或客服專員傳送的訊息。此外，該服務的 API 提供了一個資料轉換物件（DTO）叫做 MessageDTO 來透過該 API 傳送訊息資料。如列表 7.4 所示，你能發現 Message 和 MessageDTO 物件描述了完全相同的資料欄位跟格式。

列表 7.4：一個整合契約，沒有封裝實作模型的任何細節

```
namespace WolfDesk.SupportCases.Management {
    public class Message {
        public Guid     Id     { get; private set; }
        public string   Body   { get; private set; }
        public DateTime SentOn { get; private set; }
        public Guid     SentBy { get; private set; }
    }
}

namespace WolfDesk.SupportCases.Api {
    public class MessageDTO {
        public Guid     Id     { get; private set; }
        public string   Body   { get; private set; }
        public DateTime SentOn { get; private set; }
        public Guid     SentBy { get; private set; }
    }
}
```

雖然 MessageDTO 只存在「名稱」與「型別」共生性，它仍然沒有把營運物件 Message 的任何知識封裝和隱藏起來。因此，就算 MessageDTO 是個分離的物件，用意是當成服務的整合契約，它本質上仍然比較接近「模型」耦合而不是「契約」耦合。

我們回來看第四章討論過的視覺啟發法（評估模組深度），如果你把模組畫成一個矩形，其面積代表實作細節，底部邊長則是模組的功能，那麼其「深度」就反映了模組隱藏知識的效果好壞（圖 7.12）。

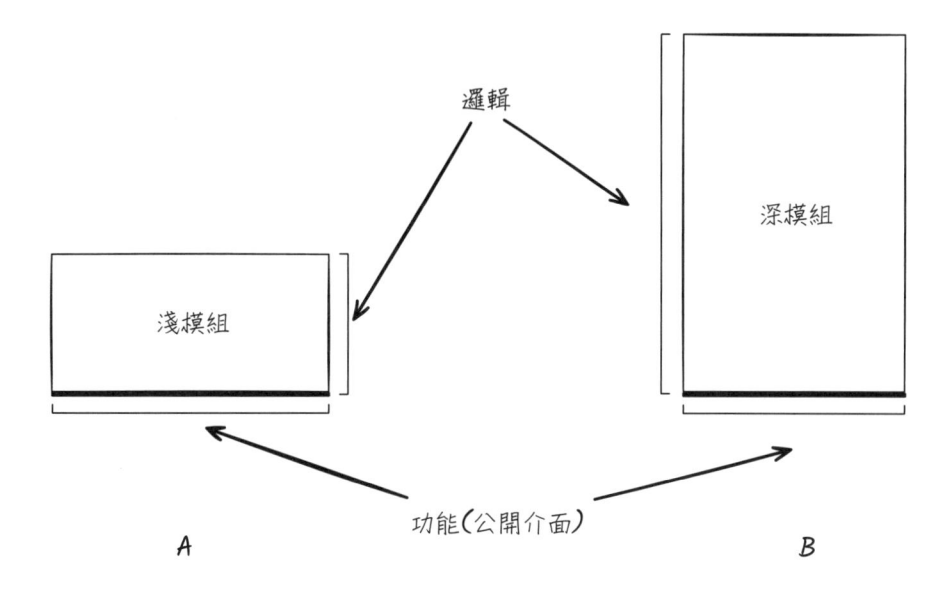

圖 7.12　模組深度：評估模組的視覺啟發法。

列表 7.4 的 MessageDTO 物件沒有封裝任何知識，因此深度和底邊一樣長，它是個淺模組 —— 封裝效率不佳的模組。

這例子顯示，你必須評估整合專用的模型封裝了多少知識，而若它像 MessageDTO 一樣沒有封裝任何東西，它並不會簡化系統，甚至還會帶來不必要的「活動零件」，而搞得系統更複雜。

你或許會抗議說，這樣也不是完全無益，因為這讓開發者能修改 Message 物件，而不需要動到 MessageDTO。這或許沒錯，但既然兩個物件內容完全一樣，這暗示你對 Message 做的改變很可能也得套用在 MessageDTO。此外，你也仍然能跨邊界分享 Message 物件（「模型」耦合），並在有需要的時候才加入整合專用的物件。

沿用範例：共享資料庫的契約耦合

假設現在資料庫裡有一個表格是專門給元件整合使用，如圖 7.13 所示。這表格的綱要乃是從服務 A 的實作模型簡化和去耦合而來。這下就算各服務仍然透過資料庫溝通，它們也會構成「契約」耦合，因為它們交換的資料是特別設計的整合模型。

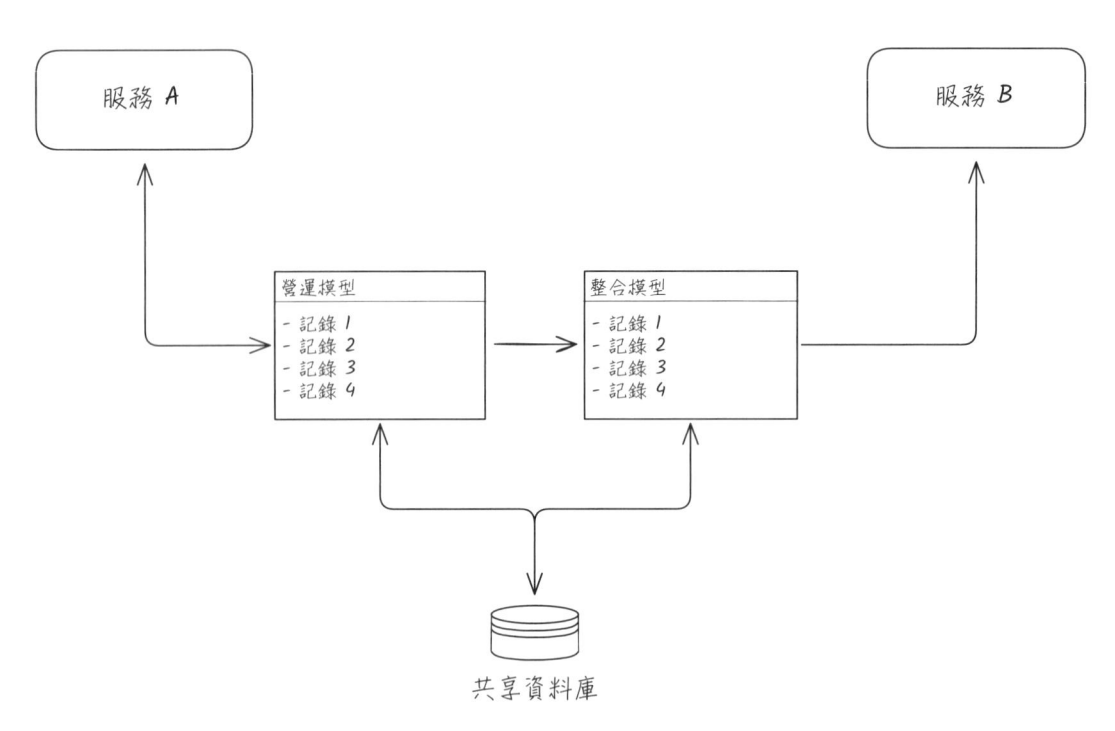

圖 7.13　藉由提供整合專用的資料庫綱要來達成「契約」耦合。

契約耦合的影響

「契約」耦合會把跨邊界共享的知識最小化，這會使模組邊界變得更穩定、更不容易遭遇連鎖變動。整合專用的模型的存在，也能讓整合方法變得最明確。

但儘管「契約」耦合有這麼多好處，各位仍務必把它當成設計工具箱的其中一個選擇，而不是當成絕對的最終目標。首先如列表 7.4 展示過的，使用「契約」耦合不見得都有好處。其次，你不見得永遠能使用「契約」耦合；你有時會必須沿用同一個實作模型，實作密切

相關的功能，或者讓下游模組依賴私有介面。等我在第八章「距離」和第九章「變動性」討論完耦合的剩餘維度後，我會在第十章「平衡耦合」回來更深入討論這部分。

> **NOTE**
>
> 在軟體設計詞彙中，有一個廣為接受的詞可以同時用來描述「模型」耦合和「契約」耦合：語義耦合（semantic coupling）。我選擇不用它，因為「模型」耦合和「契約」耦合的整合強度有著不小的差異。把這兩個層級擺在同一個分類下，並不能合理化它們共享知識上的差異。

整合強度討論

整合強度模型的四種層級，反映了整合設計的本質 —— 一個元件的變動會對系統其餘部分造成什麼影響。這些層級所描述的，就是變動究竟會被限制在模組內，還是有可能擴散到整個系統。整合強度越強，改變帶來的影響就越難以預測。圖 7.14 展示了模組需要一起改變的原因，其因素為介面類型（整合強度層級）和其複雜性（整合強度的程度）。

我在本章開頭說過，結構化設計的模組耦合和共生性反映了跨元件互動的不同面向，因此最好合併使用。我們就來很快總結整合強度模型，分析它跟結構化設計的耦合和共生性的關聯究竟為何。

整合強度的四個層級，和結構化設計的「模組耦合」各層級有著明顯的對應關係：

- 「侵入」耦合等同於結構化設計的「內容」耦合。

- 「功能」耦合近似於結構化設計的「共用」、「外部」和「控制」耦合。這些模組耦合層級都代表模組之間存在功能相依性。

- 「模型」耦合最接近「特徵」耦合。會交換資料記錄的模組，溝通時可能會包含超出整合所需的資訊。

- 「契約」耦合類似「資料」耦合，也就是將跨模組邊界共享的知識最小化。

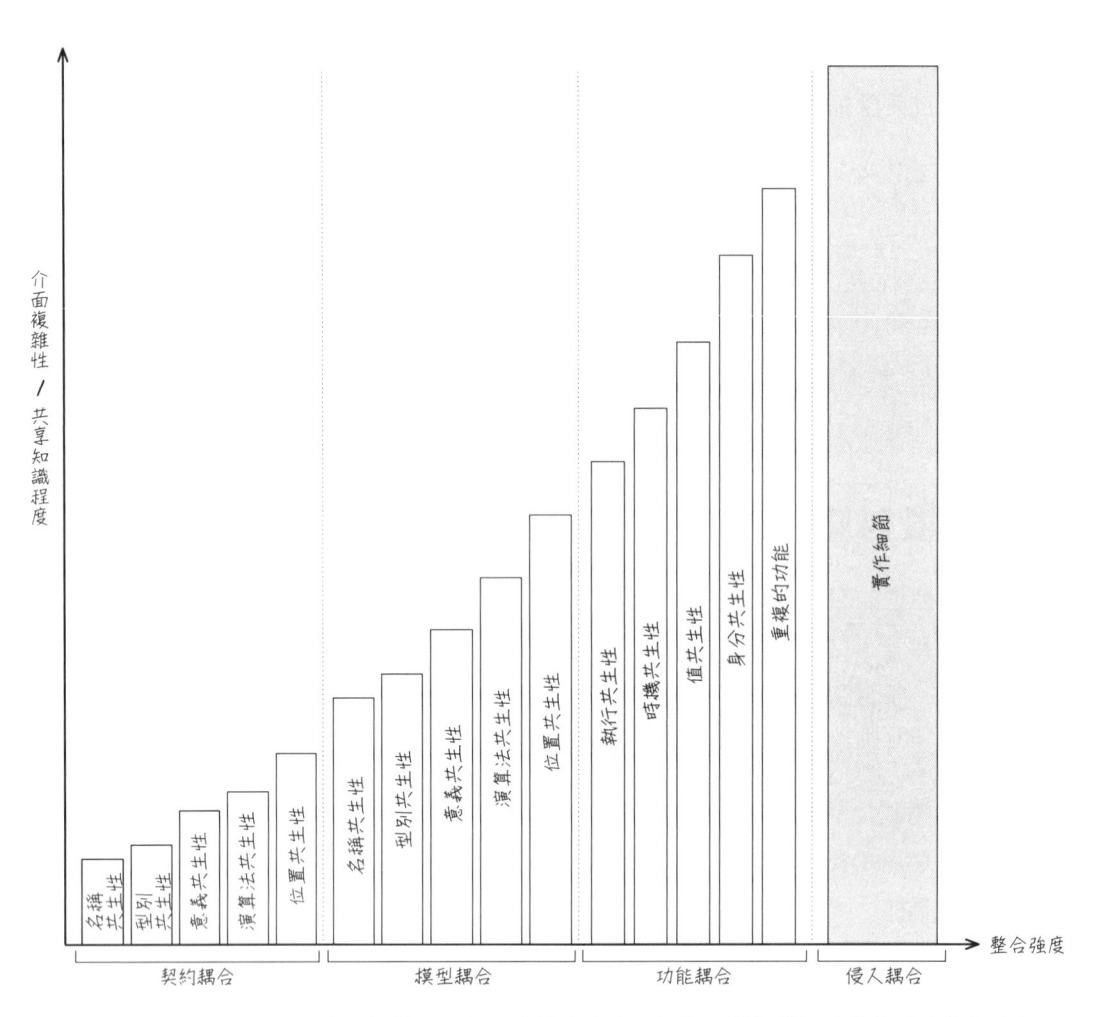

圖 7.14　模組共享的改變理由，基於介面類型（整合強度層級）及其複雜性（整合強度的程度）。

除了「侵入」耦合以外，整合強度模型的另外三個層級，又可以依其程度細分出額外的層級。雖然耦合**強度（strength）**定義了整合介面的類型，但整合強度的**程度（degree）**描述了透過該介面溝通的資訊有多複雜。因此，我們可以在此使用共生性模型：

- 跨元件邊界共享的功能知識，其複雜性可用動態共生性的四種層級來反映。此外，我們也需要一個額外的程度——「對稱功能」耦合——來表示不同模組實作了相同功能的案例。

- 至於共享的資料模型,其複雜性可用靜態共生性的五個層級來評估,而且這些層級可分別套用在「模型」耦合和「契約」耦合。但務必記得的是,一個模組應該要封裝其知識,並用這些知識來確保整合模型(契約)確實有整合上的價值。

我們來用幾個實際案例看看這些概念是如何運作的。

範例:分散式系統

請看圖 7.15 展示的系統。服務 A(1)執行使用者輸入的指令,而典型的操作會改變資料庫(2)的資料,並把對應訊息發佈到訊息匯流排(3)。

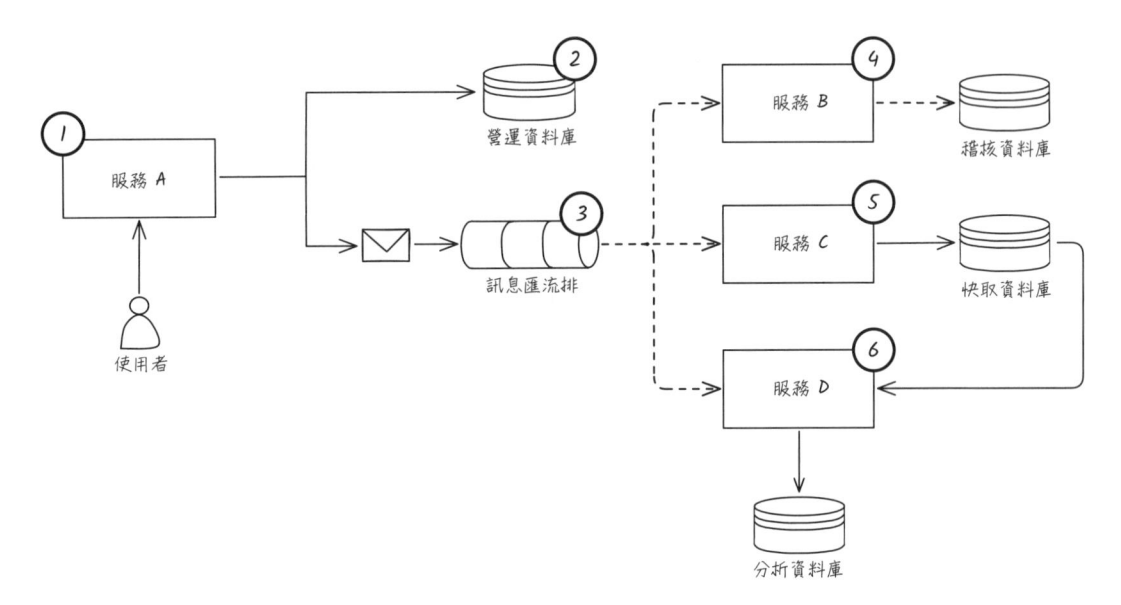

圖 7.15　分散式系統範例。

訊息會傳給三個訂閱者:

1. 服務 B(4)出於稽核目的,把訊息記錄在自己的資料庫。

2. 服務 C(5)用訊息提供的資訊更新自身狀態。

3. 服務 D(6)拿服務 C(5)產生的狀態擴充訊息內容,並把擴充的訊息寫入資料分析資料庫。為了確保服務 C 傳回的資料是最新的,訊息轉給服務 D 之前會加上 30 秒延遲時間。

你能看出哪些整合強度層級呢？先花點時間分析，再來對下面的答案：

1. 服務 A（1）中由使用者指令執行的行為，應該會同時更新營運資料庫和發佈事件到訊息匯流排。更新資料庫和發送訊息的行為，必須都要成功，不然就是都算失敗。因此營運資料庫（2）和訊息匯流排（3）這兩個元件之間存在「功能」耦合，程度落在「值」共生性。

2. 服務 C（5）使用服務 A（1）發佈的資料模型，而這模型恰好反映了服務 A 的商業領域模型。因此，服務 C 和服務 A 之間存在「模型」耦合。

3. 服務 D（6）得在特定時間後執行，好確保服務 C（5）有時間處理自己的訊息。因此服務 D 和服務 C 之間存在「功能」耦合，程度落在「時間」耦合（「時機」共生性）。

整合強度與非同步執行

以非同步方式溝通的元件，一般被認為其耦合程度會低於同步整合的元件。而你這時大概也有充足的理由問：「為什麼整合強度脈絡沒有討論到非同步整合（asynchronous integration）？」

我們來看圖 7.16 的例子，兩個元件會同步溝通，或者透過訊息匯流排非同步溝通。

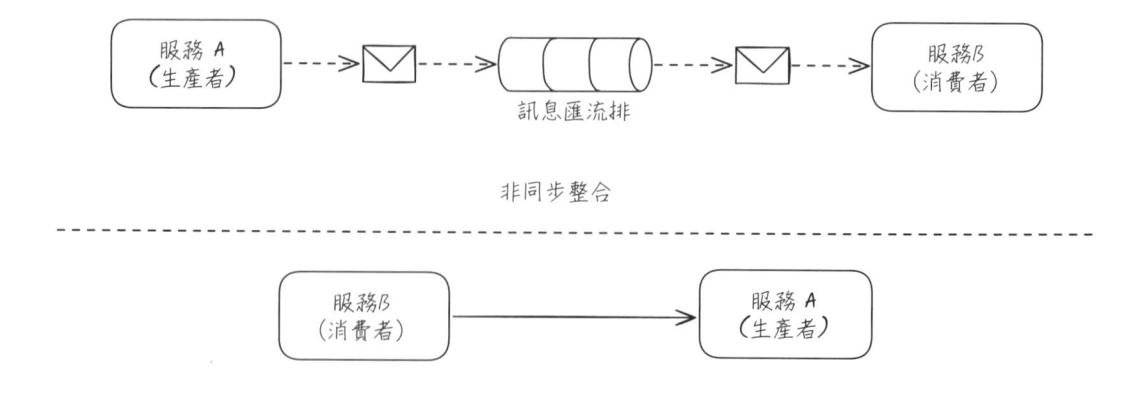

圖 7.16　以同步和非同步方式整合的元件。

單憑通訊機制，你能歸納非同步設計的耦合程度會比同步設計更低嗎？這是另一個陷阱題。圖 7.16 沒有提供足夠的資訊讓我們判斷兩個情境的整合強度。這就和兩個服務操作同一個資料庫的範例一樣，不同的額外細節就會帶來不同的結果：

- 如果服務透過訊息佇列交換整合專用的模型，那麼它們就存在「契約」耦合。
- 如果生產者服務單純把自己的商業領域模型資料推送出去，讓消費者服務得自己搞懂，那麼它們就存在「模型」耦合。
- 假設生產者服務發佈的訊息有延遲，也就是消費者服務得等一個指定的區間才被允許處理訊息。這種案例的一個例子是，訊息被拿來驗證某段時間的商業程序是否完成，有需要的話就回溯。在這種狀況下，服務之間存在「功能」耦合，程度則為「時機」共生性。
- 假設作業是由生產者服務起頭，消費者服務要嘛一起成功，不然就一起失敗。若消費者服務失敗，生產者就得執行補償措施。這使得服務間存在「功能」耦合，程度為「值」共生性。
- 最後，要是訊息匯流排是生產者服務的內部實作細節，本來就不打算用於整合呢？這就變成「侵入」耦合了。

各位能發現，模組之間究竟是同步還是非同步溝通，並不影響模組邊界共享的知識，因此也不會影響整合強度。但非同步整合倒是會帶來軟體設計的其他問題，這我們會在下一章討論。

重點提要

結構化設計的「模組耦合」模型，以及「共生性」模型，各自反映了跨模組邊界分享知識的不同面向。為了能全面分析跨元件關係，「整合強度」模型合併了以上兩者。

整合強度有四個基本層級，各自反映了模組間共享的不同知識類型，而其中三個層級也有額外的維度 —— 程度，反映共享知識的複雜性：

1. 「侵入」耦合：上游模組的實作細節並不是要提供下游使用者作為整合用途。

2. 「功能」耦合：模組實作了密切相關的功能，而共享知識的複雜性可透過動態共生性來評估，外加一個特例：重複功能（對稱功能耦合）。

3. 「模型」耦合：模組分享的是商業領域模型，而共享知識的範圍可透過靜態共生性來評估。

4. 「契約」耦合：上游模組跟下游模組共享一個整合專用模型 —— 契約 —— 作為溝通用途，而共享知識的程度可透過靜態共生性來評估。

有了整合強度模型在手，你不僅能評估元件共享的知識和共享知識的程度，更能檢視不同的抽象層級 —— 從物件方法到分散式系統中的服務 —— 當中的知識流動。

本章也討論了模型的概念，特別是模型的用意並非複製真實世界系統，而是提供剛好夠多的資訊來解決特定問題。因此，沒有任何模型是完備的，整合強度模型也不例外。還有其他因素會影響系統元件的耦合，以及決定設計會增加還是降低元件的共同變動理由。下面兩章就會來探討這兩個因素 —— 距離與變動性。

測驗

1. 哪些因素會影響整合強度？

    a. 整合介面類型

    b. 整合介面複雜性

    c. 整合介面明確度

    d. 模組共同改變的理由

    e. （a）與（b）正確

    f. （a）、（b）、（c）與（d）正確

2. 下列哪組的前後變化顯示整合強度的程度提高了？

   a. 「名稱」共生性至「位置」共生性

   b. 「名稱」共生性至「執行」共生性

   c. 「時機」共生性至「對稱功能」耦合

   d. 不同整合強度層級的程度是無法比較的

   e. （b）和（c）正確

3. 在評估整合強度時，哪種資訊是必要的？

   a. 模組的整合介面

   b. 模組的商業功能

   c. 整合牽涉到的儲存機制

   d. 使用了同步還是非同步溝通

   e. （a）和（b）正確

4. 整合強度層級會反映出哪種資訊？

   a. 整合介面的複雜性

   b. 耦合模組的共同改變理由

   c. 整合介面的明確性

   d. 以上皆是

5. 若一個元件依賴另一個元件的私有實作細節，這屬於哪種整合強度層級？

    a. 「侵入」耦合

    b. 「功能」耦合

    c. 「模型」耦合

    d. 「契約」耦合

6. 哪種整合類型描述了兩個模組實作出相同或密切相關的功能？

    a. 「侵入」耦合

    b. 「功能」耦合

    c. 「模型」耦合

    d. 「契約」耦合

7. 哪種整合強度層級會將跨模組邊界共享的知識降到最低？

    a. 「侵入」耦合

    b. 「功能」耦合

    c. 「模型」耦合

    d. 「契約」耦合

8. 整合強度的程度反映了什麼？

    a. 軟體元件的總數量

    b. 透過介面溝通的知識之複雜性

    c. 使用的程式語言

    d. 軟體採用的設計模式

9. 元件之間的非同步溝通真的代表它們會比同步溝通有更弱的耦合嗎？

    a. 是

    b. 否

10. 若透過訊息佇列交換整合專用的模型，這代表哪種耦合存在？

    a. 「侵入」耦合

    b. 「功能」耦合

    c. 「模型」耦合

    d. 「契約」耦合

NOTE

Chapter 8

距離

> 知識流動近或廣，
> 距離多寡成本扛。
> 程式碼外另有天，
> 社交因素不得忘。

第五章到第七章鑽研了為何有些元件會看似變成命運共同體，必須一起改變。各位也了解到兩個元件之間的整合強度越強，它們共享的知識就越多。而想當然，元件分享的知識越多，它們需要同步改變的可能性也就越高。但是第七章在總結時也提到，知識共享並不是唯一會在系統內引發連鎖變動的因素。

本章將探索耦合的另一個關鍵維度 —— **空間（space）** 維度。我會展示元件在程式碼中的實體位置（physical location）如何影響耦合，並檢視這種空間面向會怎麼影響到系統的連鎖變動跟複雜性。

距離與封裝邊界

你可以在完全不分割程式碼的情況下寫出軟體；直接把所有程式敘述組成一大串列表，再丟夠多的 goto 敘述進去。確實，在這個產業剛誕生時，軟體就是這樣寫的，而這樣的東西當然極為難讀、難以維護也缺乏彈性。而在那個早期歲月之後，人們提出新的程式設計典範，每個都帶來不同形式的封裝邊界：程序、函式、物件、命名空間／套件、函式庫、服務等等。如我們在第四章討論過的，這些封裝邊界其實都算是軟體模組，而它們彼此會構成階層結構。

前面許多章節研究了軟體設計的多重維度本質，但卻是從不同的角度來探討：

- 第一章討論系統的基本特質，而軟體系統為何是「系統的系統」。

- 第三章定義區域和全域複雜性，展示複雜性其實是有多重維度的，而「區域」和「全域」的定義取決於觀察者的角度。

- 第四章引用最初的「軟體模組」定義，並強調模組身為抽象化層，其實有著多重層級。

- 第七章介紹整合強度模型，設計來評估不同抽象層級下的模組之間共享的知識。

這表示知識可以跨過不同的實體距離來分享。請看圖 8.1 的範例，這描述了同一個物件（A）和兩個微服務（B）之間會共享何謂「理想消費者」的知識。儘管這兩個案例分享的是相同的知識（……這兩種設計其實都不理想），直覺會告訴我們圖 8.1A 會比圖 8.1B 更容易維護。我們來分析這是為什麼。

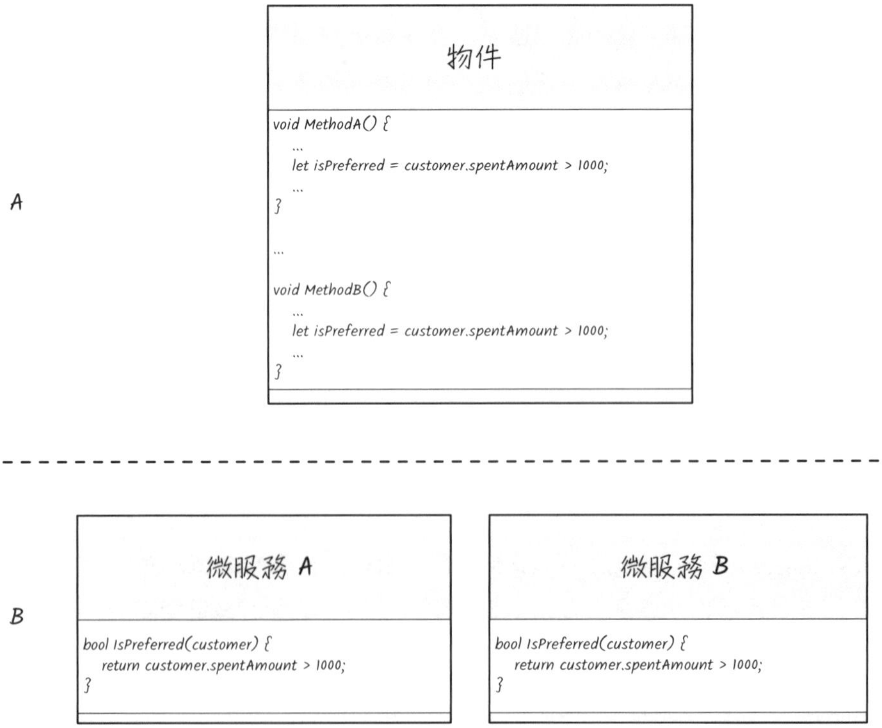

A

```
物件

void MethodA() {
  ...
  let isPreferred = customer.spentAmount > 1000;
  ...
}

...

void MethodB() {
  ...
  let isPreferred = customer.spentAmount > 1000;
  ...
}
```

B

```
微服務 A

bool IsPreferred(customer) {
  return customer.spentAmount > 1000;
}
```

```
微服務 B

bool IsPreferred(customer) {
  return customer.spentAmount > 1000;
}
```

圖 8.1　在不同封裝邊界共享同樣的知識：物件方法（A）以及分散式系統的微服務（B）。

距離成本

你能在各種模組之間觀察到耦合：物件方法、物件、命名空間、函式庫、（微）服務，甚至是整個系統。必須共同改變的元件，若彼此的距離越大，實作這種共同改變的成本就越高。這點展示在圖 8.2 內。

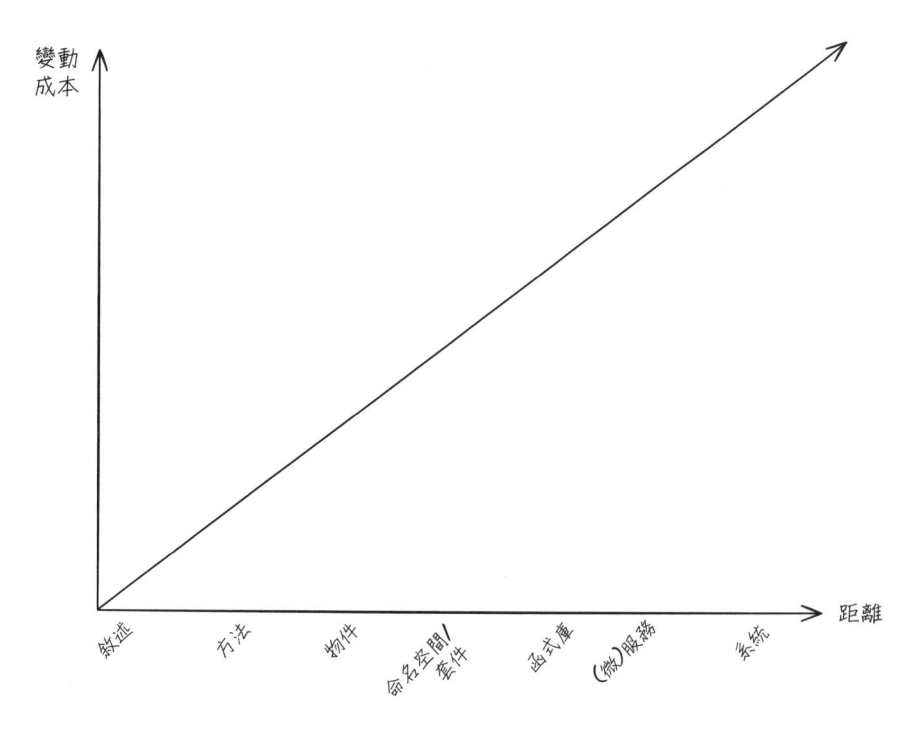

圖 8.2　取決於不同實體距離的耦合元件協同變動成本。

當你在程式庫中實作同步變更的成本提高時，就意味著耦合模組的作者之間要有更多溝通和有效的合作。而若要讓相隔很遠的模組共同演進，這也會提高維護者的認知負擔。模組之間的距離越遠，維護者就越可能忘記要更新其中一個元件，導致系統產生不一致的行為。

回到圖 8.1 展示的範例，假設「理想消費者」的定義改變了。比較圖中的兩個設計，哪一個會比較容易修改？

- 圖 8.1A 把重複的邏輯擺在同一個物件中，所以實作上只要修改一個物件，然後部署這個更新的模組即可。
- 圖 8.1B 的情境是重複的邏輯位在不同微服務中，這兩個微服務都得修改。要是 IsPreferred（消費者是否符合偏好條件）規則的實作不一致，將會導致系統行為不一致，這表示兩個微服務得同時重新部署。

以上例子顯示，**改變耦合元件的成本與元件間的距離成正比**。距離越大，帶入連鎖變更所需的力氣就越大。

然而，距離的有趣效應並不限於成本。

以生命週期耦合呈現的距離

一般軟體模組的生命週期會有幾個階段。它會從收集需求開始，該階段會找出並定義必要的功能。接著是設計階段，勾勒出模組的結構與介面。再來模組會被實作、測試[1]和部署。最後，上線的模組必須有人維護和支援，這牽涉到持續的監測、臭蟲修復和更新。

生命週期耦合（lifecycle coupling）會使模組的生命週期被綁在一起——比如，讓多重模組必須同時實作、測試和部署。如圖 8.3 所示，**生命週期耦合與元件間的距離成反比**。

---

1 如果你遵循測試驅動開發（TDD）或行為驅動開發（BDD），實作階段也會包含連續測試。

```
         生命週期
         耦合
                                                                          距離
           敘述   方法   物件  命名空間/  函式庫 (微)服務  系統
                            套件
```

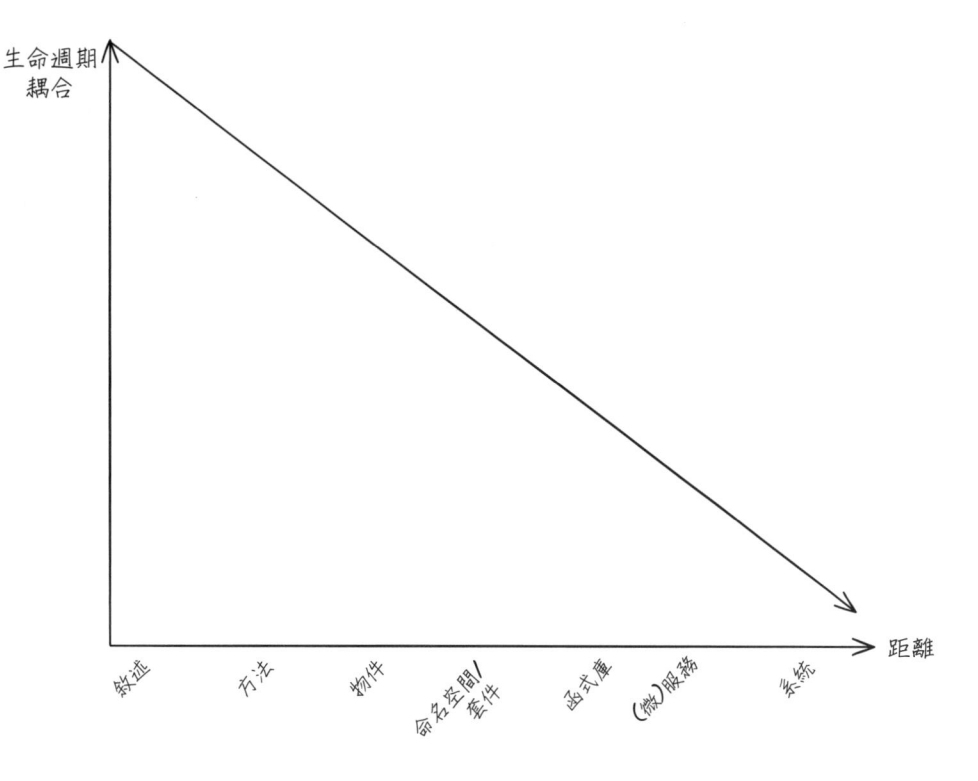

圖 8.3　取決於不同實體距離的耦合元件生命週期耦合。

　　生命週期耦合有個奇特的現象是，它能影響正常狀況下完全無關的模組。請看列表 8.1 中一個比較極端的範例：

列表 8.1：同一個物件實作的無關功能

```
01 public class SupportCase {
02     ...
03     public void CreateCase(...) { ... }
04     public void AssignAgent(...) { ... }
05     public void ResolveCase(...) { ... }
06     public void LogActivity(...) { ... }
07     public void ScheduleFollowUp(...) { ... }
08     ...
09     public void SendEmailNotification(...) { ... }
10     public void SendSMSNotification(...) { ... }
```

```
11      ...
12      public void ProcessPayment(...) { ... }
13      ...
14      public double ConvertMilesToKilometers(...) { ... }
15  }
```

這個 SupportCase 物件的本意是實作跟處理客服案件有關的功能，而前五個方法（03 至 07 行）就是為了這個目的。但後面也出現了無關的方法，用來寄電郵通知、簡訊和處理付款，最糟的是甚至有個方法用來把英哩轉換成公里。這個物件範例以最嚴重的方式違反了「單一職責原則」（Single Responsibility Principle）（Martin，2003），但我們姑且假設它這樣設計是有多重原因的。與其批判這種設計，我們先來專注在它導致的生命週期耦合上。

若把本來不相干的功能擺在同一個物件裡，就會使這些功能的生命週期產生耦合。客服案件、通知、付款甚至換算距離的邏輯，它們的變更現在都被綁在同一個生命週期內。例如，若客服案件的功能有任何變動，那其他功能也要做編譯、測試和部署才行。

生命週期耦合在實務上的暗示便是會帶來**附帶變動（collateral changes）**，亦即本來並不需要的變動。以列表 8.1 的 SupportCase 物件來說，當你對它的核心功能（管理客服案件）做出變更時，其他功能已經實作、但還沒準備好上線的變更就得回復。或者，這些變動有可能被套用在程式庫的不同分支（branch），這也不是理想之舉，畢竟修改多重分支的同一個檔案有可能會造成合併分支時的衝突。

如果把這些功能分割成四個物件，比如 SupportCase、Notification（通知）、Payment（付款）和 UnitConversion（單位換算），就能降低它們之間的生命週期耦合。就算這四個物件擺在同一個命名空間下（如 Java 的同一個套件，或 Python/JavaScript/Ruby 的同一個模組），它們各自的變動也不再需要都改到同一個檔案。而要是我們再將這四個物件的距離推到極致，比如擺在四個不同的微服務裡，那麼它們的生命週期耦合就會被降到最低了。

評估距離

耦合元件之間的距離，和我們在第四章討論的階層模組及抽象化階層概念息息相關。假設系統模組採用階層式設計，那麼兩個模組的距離可以用最靠近的共同父模組來表示。請看以下的 C# 型別名稱（type name）[2]：

1. WolfDesk.Routing.Agents.Competencies.Evaluation
2. WolfDesk.CaseManagement.SupportCase.Message
3. WolfDesk.CaseManagement.SupportCase.Attachment

型別 1、2 和 3 的共同父模組是最高層的 WolfDesk，也就是根命名空間。但型別 2 和 3 有更靠近的共同父模組：SupportCase。因此，型別 1 和 2 之間的距離大於型別 2 和 3 的距離。

影響距離的額外因素

圖 8.4 總結了耦合元件的距離會影響整體系統的兩種方式：變動成本及生命週期耦合。

---

[2] 完整的型別名稱包含命名空間和物件（型別）名稱。以第一個例子來說，命名空間是 WolfDesk.Routing.Agents.Competencies，而物件名稱是 Evaluation。

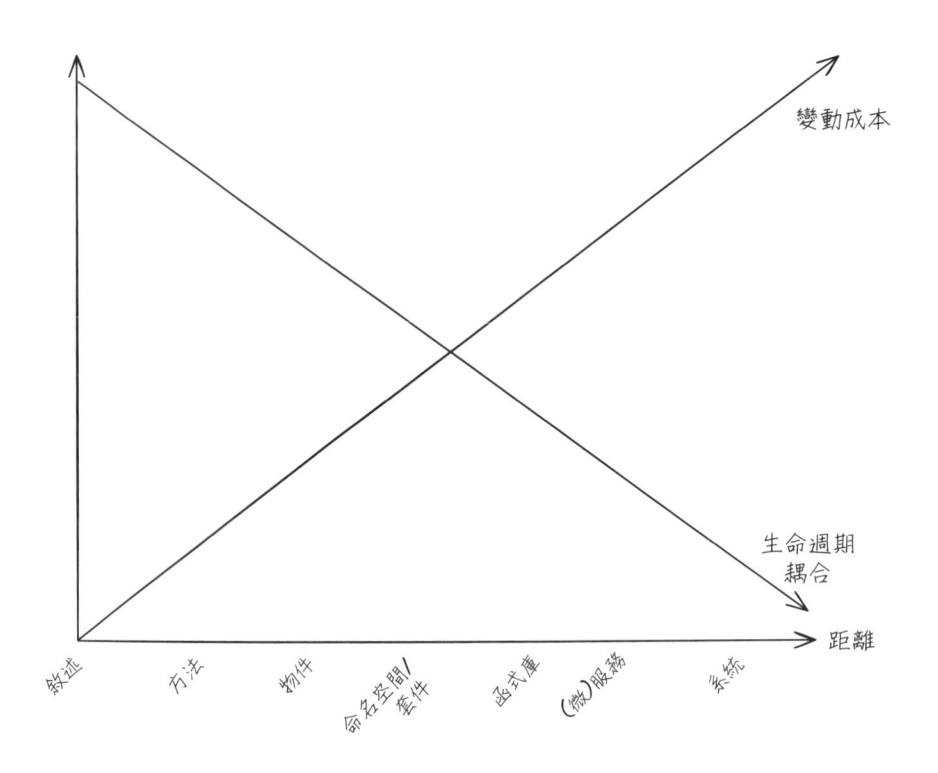

圖 8.4　耦合元件之間的距離帶來的影響。

到目前為止，我只討論了模組在（一個或多個）程式庫中的實體位置。但是，距離也能被人員組織結構和元件互動的方式影響。

距離與社會技術設計

在評估模組之間的距離時，它們在程式碼的實體位置並不能反映全貌，你也得考慮社會技術（socio-technical）層面。耦合模組的實作者有可能是同一個人、同一個團隊、不同團隊、同部門的不同團隊、不同部門，甚至來自不同組織。這還可能因開發人員的實際距離而進一步惡化，比如工程團隊的實際位置（在同一處工作或分散）與它們身處的時區等等。

模組的**所有權距離（ownership distance）**越遠，實作「會影響多重模組的變動」時所需的協調成本就越高。此外，所有權距離也會拉長你對於模組距離的主觀感受。

我們回頭看看圖 8.1 的範例，假設微服務（圖 8.1B）必須更新來反映新的「理想消費者」定義。在一般理想情況下，微服務不應該需要同時部署，但這種需求仍然有可能浮現。在這種情況下，若兩個微服務是由同一個團隊擁有，那部署過程就比較單純，因為所有必要的溝通和協調都發生在團隊內。

但反過來說，要是兩個微服務屬於不同團隊，那麼要同時部署就會需要更高程度的溝通和協調。於是，這種情境的有效距離就會變得更遠。

值得一提的是，所有權距離會反過來降低模組間的生命週期耦合。模組負責團隊之間的關聯越低，模組間的生命週期相依性就越少。回來看兩個微服務的例子，若它們是由同一個團隊建置，那開發和部署的時程很可能就會一樣。若它們屬於不同團隊，就不太可能會共享相同的時程了。

康威定律（Conway's Law）描述了人員組織結構對於封裝邊界以及其距離的影響：

> 任何設計系統（廣泛定義的系統）的組織都會產生一個設計，其結構複製了該組織的溝通結構。
>
> — Melvin E. Conway（1968）

康威定律暗示，軟體系統被開發和組織的方式，會呼應負責開發的團隊或組織內的社會與通訊模式。就算系統的最初設計和組織結構有出入，設計仍會隨時間慢慢演進，反映相關團隊之間的溝通跟合作程度。

比如，要是開發團隊是根據不同模組來劃分，每個團隊負責一個特定功能，那麼做出來的軟體系統就很可能會由分離的模組構成，彼此有清楚定義的邊界和介面。相反的，若團隊缺乏組織或缺少清楚的溝通管道，軟體系統成品可能就支離破碎、難以維護和容易發生溝通問題。換言之，隨著時間過去，所有權距離會對系統模組的封裝距離產生影響。

距離與執行階段耦合

執行階段耦合（runtime coupling）指的是一個模組對於另一個模組的「可用性」能帶來多大的影響。例如，參考圖 8.5 的兩個整合模式，它描繪了以下情境：

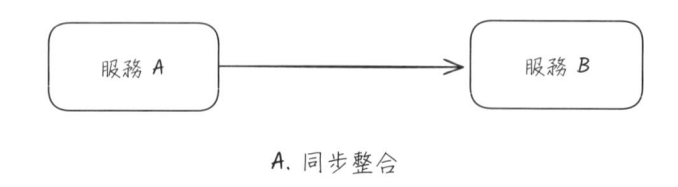

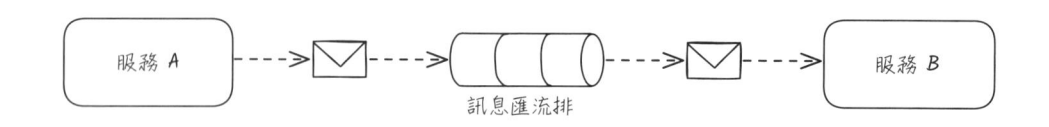

圖 8.5　服務間的同步與非同步整合。

A. 服務是同步整合：消費者（服務 B）對生產者（服務 A）提出同步式的請求。舉例來說，這請求可以用遠端程序呼叫（remote procedure call，RPC）來實作。

B. 服務是非同步整合：生產者（服務 A）發佈訊息，而消費者（服務 B）訂閱了這種訊息，並以非同步方式處理之。

在同步整合的案例中，消費者會期望能在近乎立即的時間內獲得生產者回應。如果生產者服務沒有上線，消費者服務的功能就會受到直接衝擊。反過來說，在非同步整合裡，只要消費者能從訊息匯流排取出訊息，那麼就算生產者服務未上線，消費者服務也能維持運作。

因此，同步整合的執行階段耦合比較高，因為兩個服務都必須上線，系統才能運作——相對的，非同步整合的執行階段耦合較低，因為消費者或生產者服務的其中之一掛掉了，也不會影響另一個服務的功能。這點則影響了元件的生命週期耦合；較高的執行階段耦合會導致系統故障擴散到耦合的元件，使得耦合元件的生命週期被綁在一起，拉近了模組的距離。

非同步溝通和變動成本

各位可能會好奇,既然非同步整合會降低生命週期耦合並拉開模組間的距離,這要怎麼解釋變動成本會隨著距離增加的關係。畢竟,非同步整合一般被認為是彈性高得多的設計選項。

為了闡明這點,請回頭看圖 8.5B 的兩個服務。假設這些服務存在「模型」耦合,也就是整合用的訊息會暴露生產者服務的內部模型。若該模型有變動,可能會需要修改發佈訊息的格式,以及調整消費者服務消化新訊息綱要的能力,而這種改變所需的協調可能會高於修改同步整合的服務(圖 8.5A):比如,你可能得部署一個過渡版本(intermediate version)的消費者服務,這樣才能處理新舊格式並存的訊息。

距離 vs. 鄰近度

現在各位了解系統耦合元件的距離會帶來何等效果,我想提一個密切相關的概念:鄰近度(proximity)。簡單的說,就是距離的相反。較遠的距離等於較低的鄰近度,而較近的距離等於較高的鄰近度。

雖然「鄰近度」一詞被用在軟體設計中,特別是跟共生性層級有關的地方,我出於以下理由仍偏好使用「距離」:

- 我發現「距離」比較好解釋,也較容易拿來理解軟體設計。「遠近」聽起來比「較不鄰近/較鄰近」更直覺。
- 距離對於變動成本的直接效果,清楚地展示了其影響。
- 「鄰近度」傳統上用來描述封裝邊界之間的「距離」,但我們也得考慮到社會技術設計跟執行階段耦合對於整體距離的效果。

切記,「距離」和「鄰近度」是一體兩面。兩個詞都描述了設計的同一個面向,只是觀看角度不同而已。

距離 vs. 整合強度

如前面各範例展示的，距離和整合強度代表了模組整合的不同面向。整合強度反映的是跨模組邊界共享的知識——耦合元件之間分享的知識越多，兩個模組需要共同改變的可能性就越大。而當這種連鎖變動發生時，這個實作得花上多少力氣，則由模組的距離來決定。

不過，業界有種普遍傾向，只專注在元件的距離方面來試圖「去耦合」，比如把單體系統拆解成微服務時，只注重封裝邊界（距離）。但若沒考慮到元件會產生的知識流動（整合強度），仍然會讓這類專案淪為一個分散式的「大泥球」。

這也是為何依賴非同步溝通的「事件驅動架構」（event-driven architecture，EDA）本身並不能保證帶來模組化設計。非同步訊息經常被視為萬靈丹，彷彿在老舊系統加入事件、在中間擺個訊息匯流排，就能自動生出一個「去耦合」的系統。然而，除非軟體設計把系統內的知識分享方式最佳化，非同步機制之間照樣會存在共享的改變理由，而當中有些可能會產生複雜互動、把系統推往模組化的相反方向。

所以，耦合的這兩個維度——距離和整合強度——是同等重要的。第十章「平衡耦合」將會把這些維度合併成一個有凝聚性的設計決策評估模型。但在我們走到那一步之前，耦合還有一個維度是我必須介紹的，也就是下一章的主題：變動性。

重點提要

在做設計決策時，不只得留意元件分享的知識，也要注意知識得傳遞的距離。評估距離的方式是辨認元件最近的共同父模組。此外，別忘了社會因素對距離也有影響，這連帶衝擊到在未來演進設計的成本。

最後，務必留意生命週期耦合的效果。位置鄰近的元件會影響彼此的生命週期，而元件就算沒有彼此整合，這類「附帶」影響仍有可能發生。換言之，元件就算沒有共享知識，依然有可能因生命週期耦合而必須一併演變。

測驗

1. 哪種封裝邊界內的元件會離彼此最近？

    a. 方法

    b. 物件

    c. 函式庫

    d. 服務

2. 哪種封裝邊界內的元件會離彼此最遠？

    a. 方法

    b. 物件

    c. 命名空間

    d. 服務

3. 下列哪個能影響模組之間的距離？

    a. 商業需求

    b. 模組的所有權團隊

    c. 整合強度

    d. （a）和（b）正確

4. 下列哪個或多個陳述對於非同步溝通的描述為真？

    a. 非同步溝通會增加耦合。

    b. 非同步溝通會減少元件的生命週期耦合。

    c. 非同步溝通會增加元件的生命週期耦合。

    d. （a）和（c）正確。

5. 圖 8.1 展示了哪種層級和程度的整合強度？

    a. 「對稱功能」耦合

    b. 「侵入」耦合

    c. 「模型」耦合、「名稱」共生性

    d. 「契約」耦合、「名稱」共生性

6. 下列哪個系統特質會影響耦合模組之間的距離？

    a. 模組的封裝邊界

    b. 模組的所有權團隊

    c. 模組的執行階段相依性

    d. 以上皆是

Chapter 9
變動性

氾濫知識遠距淹，
設計如此不禁驗。
但若規格萬年凍，
教人抓狂誰樂見？

　　想像有個強耦合系統，裡面所有的元件都會跨過邊界分享過多無關知識，甚至有「侵入」耦合存在。系統設計糟糕到只要對任何元件做任何改變，都必會引發連鎖效應，越過所有距離波及到所有模組。但思考一下：要是這系統的模組根本不預期會改變呢？你這樣仍能把它看成強耦合系統嗎？從技術觀點來看確實沒錯，但若元件永遠不會變動，那麼還需要擔心潛在的連鎖效應嗎？

　　本章將耦合的效果討論帶到一個不同的維度──時間（time）維度。更精確來說，它檢視了模組的變動性（volatility）──模組預期遭遇改變的頻率有多高。各位會藉此學到系統如何隨著時間演進、找出常見的演進驅動力，並了解到實用的策略，可用來評估模組預期的變動性層級。

改變與耦合

　　敏捷軟體開發的其中一條核心戒律是，你應該要把「回應變化」看得比「遵循計畫」來得重要。一方面，我們應該欣然迎接變化；變化反映了新的商業契機，表示我們對商業領域的理解有了進步，或者發現更有效率的辦法來實作軟體。變化是健康系統的跡象。

但另一方面，軟體開發者並不見得永遠喜歡變化，有時甚至避之唯恐不及。這是因為變化經常會搞得系統天翻地覆：

- 你有沒有設計過優雅的解決方案，結果被需求的一個小改變整個打亂？
- 你有沒有為了適應商業邏輯的一個改變，在整個程式庫裡加了一大堆 if...else 敘述？
- 更糟的是，你有沒有目睹過一個乾淨俐落的微服務系統，在功能不得不改變的那一刻起，馬上變成一大團分散式的「大泥球」？

這些情境都有個共通的元素：複雜互動。如各位在第三章學到的，系統內分享的知識越多，要改變它就越難。軟體越是需要頻繁修改，就越凸顯設計上存在缺點。**改變會令隱性複雜性變得明顯**。為什麼單單一個改變會在一個看似已經去耦合的系統引發連環爆？這是因為該變化把受影響的元件之間的隱性互動暴露出來了。

反過來說，若元件間存在不理想的耦合，但也不預期會被改變，這就不見得是嚴重的問題。因此，為了全面搞懂耦合對於系統的影響，我們就務必評估系統元件的預期變動頻率。

若要能夠評估系統元件的變動性，我們得先打點基礎，理解為什麼軟體變動會是系統最主要的變動驅動力。

為何軟體會有變動

軟體設計圍繞在兩個區域：問題空間以及解決方案空間。問題空間（problem space）包含所有需要用來定義商業問題的活動，而這些商業問題應該要由軟體系統解決。解決方案空間（solution space）則完全是關於軟體解決方案──它該如何設計、建構與實作。

我們就來看看這兩塊空間的共通變動因素。由於解決方案空間跟我們軟體工程師比較相關，我會先從這裡著眼。

解決方案的變動

軟體設計與其實作都是商業問題的解決方案。在「問題」維持不變的前提下,解決方案可以改變。例如,若你重構解決方案來實作另一種模式,實作(解決方案)就可以變化,但商業需求和系統的預期行為並不會改變。

會造成實作變動的原因,最明顯、大概也最常見的其中之一就是修復臭蟲。軟體錯誤可以是打錯字這種小事,但也可能是忽視了商業規則和需求。後者除了修復難度更高之外,更得跨過元件邊界做出修改,進而暴露出原有的隱性複雜性。這可能會因而改變封裝邊界,或者累積了技術債。技術債(technical debt)本身就是軟體重構的理由之一;技術債清償的時間越晚,受影響元件的隱性/公開互動就會索討越高的修復成本。

解決方案空間會改變的另一個常見成因,則是我們在前一章討論過的康威定律。這裡再重申一次:根據 Mel Conway 的說法,一個設計系統的組織會產生一個設計,其結構會模仿人員組織的溝通結構。因此,實作系統的組織在結構上有變化時,系統設計也會受影響、引發系統設計上的可能變動。

這種由組織驅動的軟體設計變化,有個簡單的例子:一間小公司成長成大公司。公司在初創時期的工程團隊很小,溝通良好,所有團隊成員也都在追求共同目標,彼此的工作可以臨時整合,沒有必要採用正式流程或寫文件。如果其中一個元件的公開介面得加入一個改變,要跟受影響的人溝通和協調並不是難事。大家有志一同 —— 不成功便成仁。

但新創小公司變成大型組織後,合作就困難多了。現在工作得跨多重團隊協調,各團隊就算都是同一間公司的一份子,它們可能仍有不同的目標。現在人們沒辦法在茶水間聊個天就講好要怎麼修改服務的公開介面了。突然間,大家需要正式的整合協定,而設計跟實作會影響到多重團隊時都得進行討論、規劃和協調。

根據康威定律,為了降低團隊彼此越界的機會,並把團隊間的衝突降到最低、鼓勵更順暢的合作,系統設計應該要配合組織的溝通結構。如我在第八章解釋過的,當團隊的距離拉開時,系統元件之間的距離也會增加,因為生命週期耦合降低了。一方面,元件距離的增加會促使元件更獨立,但另一方面,當有改變影響到這些遠處的元件時,需要的協調成本也會提高。

各位或許會主張，COVID-19 疫情期間轉向遠距工作的趨勢，證明了員工就算全部分散在不同地點，公司照樣能順利運作。這點確實沒錯，可是組織距離不見得是實體的。投入同一個專案的團隊成員會是命運共同體，身在同一條船上；組織的設計用意是促進團隊內部溝通，而非跨團隊溝通。以上因素使得在團隊內部合作比跨團隊合作來得有效率，而隨著組織成長，跨團隊溝通效果也會進一步變差（Hu 等人，2022）。能夠積極出席全體員工大會的人數是有限的。

那麼，這真的是個缺點，還是在說以遠距工作為主的公司不好？非也。這只是在指出，軟體的設計必須要考量到人員組織因素。

問題的變動

Edward V. Berard 的一句名言是，在水上行走還有照著規格開發軟體都可以很簡單，只要水跟規格都是凍結的就行了（Berard，1993）。要是軟體需求真的永遠靜止不變，我們的人生就會輕鬆太多，但很可惜不是。軟體需求的變動落在問題空間裡，也會以各種形式冒出來。你可能需要給系統加入新功能，或是現有行為需要調整。這些需求會源自新的商業見解、商業機會或客戶需求。

你在開發一個不小的專案時，可能會觀察到有些系統元件的變動頻率遠高於其他元件。看起來就像商業利害關係人把特定功能擺在優先，然後忽視了其他元件。為什麼會發生這種事，你又如何辨識出會最頻繁變動的元件？這就是下一小節要討論的主題。

評估變動率

若試圖預測系統元件未來會有什麼變動，這既會帶來好消息也會帶來壞消息。壞消息是：預測未來是很難的。好消息是：有工具能幫我們找出將來最可能有變動，或者最不可能變動的元件。

我會從我最喜歡的工具開始：領域驅動設計的領域分析（domain analysis）。

領域分析

根據領域驅動設計（DDD），我們必須先對商業問題有深刻理解，才能設計出軟體系統。一旦我們擁有商業領域的相關知識，我們方能挑選合適的軟體工程技巧。基於這個前提，我們先來定義什麼是商業領域。

商業領域

一個企業的商業領域（business domain）就是該企業的整體活動範圍，也就是公司對客戶提供的服務。例如，FedEx 的商業領域是快遞，而 Walmart 百貨則是零售。一間公司也能在多重領域經營，像是 Amazon 同時提供零售和隨選雲端運算。此外，商業領域也不是靜態的，企業隨著時間改變商業領域也時有所聞。比如，Nokia 就是從最初的橡膠製品生產轉到通訊產品和其他領域。

可想而知，同一個商業領域可以有許多公司一起競爭。這些公司都會有同樣的服務和對客戶提供同樣的解決方案嗎？當然不會。企業會有自己的方式跟產業對手競爭，而一間公司和競爭者的差異就在於其子領域。

商業子領域

子領域（subdomain）是商業活動的更細微領域，企業需要用它才能在其商業領域活動。子領域是讓企業得以成功的必備基礎。而若要找出企業的子領域，一個不錯的起點是檢視公司的部門或單位 —— 比如會計、行銷、業務等。

從更技術性的觀點來看，你能把子領域看成一組相關的使用案例，會使用密切相關的資料，並描述相關的功能，如圖 9.1 所示。

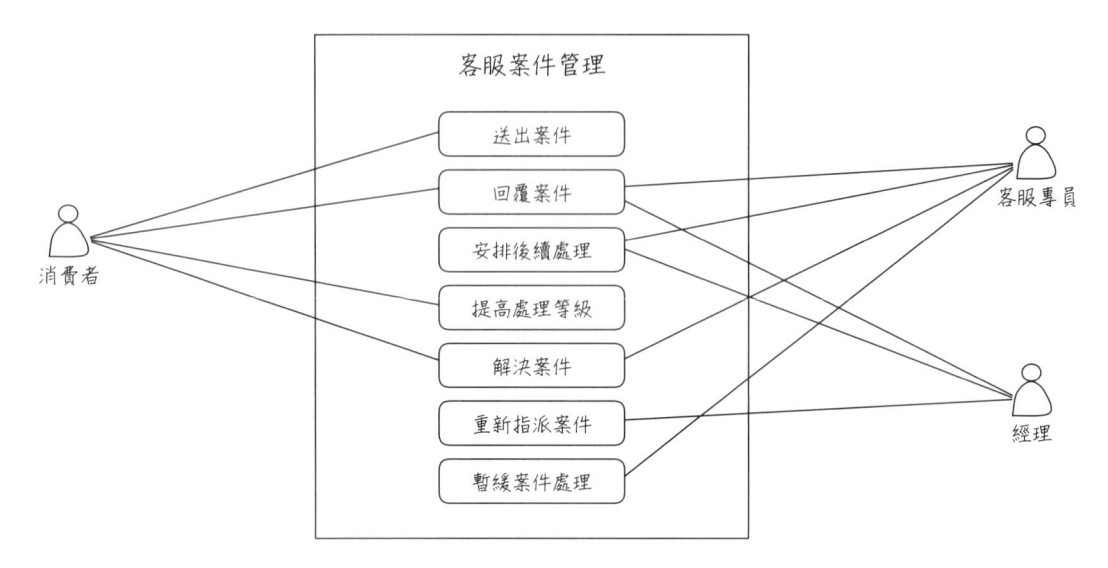

```
                          ┌─────────────────────────┐
                          │      客服案件管理        │
                          │      ┌─────────┐        │
                          │      │ 送出案件 │        │
                          │      └─────────┘        │
                          │      ┌─────────┐        │
                          │      │ 回覆案件 │        │
                          │      └─────────┘        │
         消費者           │    ┌───────────┐         │        客服專員
                          │    │ 安排後續處理│        │
                          │    └───────────┘         │
                          │    ┌───────────┐         │
                          │    │ 提高處理等級│        │
                          │    └───────────┘         │
                          │      ┌─────────┐        │
                          │      │ 解決案件 │        │         經理
                          │      └─────────┘        │
                          │    ┌───────────┐         │
                          │    │ 重新指派案件│        │
                          │    └───────────┘         │
                          │    ┌───────────┐         │
                          │    │ 暫緩案件處理│        │
                          │    └───────────┘         │
                          └─────────────────────────┘
```

圖 9.1　子領域可透過一組有相互關聯的使用案例來表示。

若回歸「整合強度」的詞彙，子領域是由具備「功能」耦合的使用案例構成：這些功能彼此可能存在時間／順序或交易上的關係。

我們來舉個例，分析「奧可」公司，其商業領域是消費者服務和客服軟體。該公司為了在這個領域競爭，需要以下的子領域：

- 辨識與存取：驗證與授權使用者

- 客服案件管理：描述和實作客服案件的生命週期

- 派件：將客服案件指派給可接案的客服專員

- 客服窗口管理：管理可用的客服辦公室、客服部門和可用的客服專員人力

- 知識庫：管理和提供可能有助於客服專員解決消費者問題的資訊

- 收費：清算和向「奧可」客戶收取費用

雖然這些子領域都是該公司在其商業領域成功的必備要件，它們並不是平起平坐的。從公司的策略角度來看，有些子領域比其他的重要。為了展示這種差異，領域驅動設計會辨認出三種子領域類型：「核心」、「通用」和「支援」。

核心子領域（core subdomain）

「核心」子領域[1]描述了能帶給公司競爭優勢的功能，包括新發明、以巧妙方式最佳化既有程序、獨特的知識或是其他智慧財產。核心子領域的主要目的是讓公司能夠與競爭者產生差異化，包括對客戶提供獨特的服務，或者提供跟競爭者一樣但效率更佳（不管是營運上還是成本效率）的服務。

核心子領域與生俱來就帶有複雜性。公司出於經營策略，會試圖讓自己的核心子領域維持高進入門檻，讓競爭者很難複製；要是對手有辦法仿效，你的公司就會喪失競爭優勢。換言之，核心子領域通常是用來應付錯綜複雜的問題，或者沒有直接了當解法的問題。

既然這不是簡單的商業問題，若要找出最佳解法，就需要一再試誤，包括實驗不同的解決方案和隨時間演進，直到找出最有效（或至少表現最好）的辦法。若參照第二章介紹的 Cynefin 框架，核心子領域會屬於該模型的「複雜」領域。還記得 Cynefin 所說的嗎？在複雜領域做決策需要先做實驗和觀察結果，再把發現的見解套用到下一輪實驗中。

此外，核心子領域天生具有高度變動性，這在開發早期階段尤其明顯。在這個階段中，不只是最佳解法尚未找到，公司想解決的問題甚至也可能尚未明確。但麻煩還不僅於此。

競爭者會竭盡所能仿效成功公司提供的解決方案，這表示若要永遠領先競爭者一步和維持競爭優勢，公司就得隨時間演進其核心子領域。這也是核心子領域的變動會如此大的另一個理由。

為了找出核心子領域，你得分析企業和競爭者的差異，好找出其獨特的價值主張，或者人們經常說的「獨家秘方」。如果你在開發棕地專案（擴展或延伸既有專案），你可以留意哪些領域最受企業重視，還有哪些地方的需求最常被修改。

---

1 如果各位是熟練的領域驅動設計實踐者，可能會好奇我為什麼會用「核心子領域」而不是「核心領域」。在 Eric Evans 的 2004 年著作《領域驅動設計》中，他兩個講法都有使用。我偏好「核心子領域」是因為這不至於暗示它跟其他子領域類型有階層關係，而且也比較符合子領域的特性，也就是一種子領域類型能夠變形成另一種。第十一章「重新平衡耦合」會更深入探討這點。

回到「奧可」的範例，以下可能會是該公司的核心領域：

- 客服案件管理：公司持續分析客服案件，並透過自動化回應和狀態移轉機制來試圖改進客服案件的處理方式。

- 派件：「奧可」使用演算法來考量案件細節、客服專員的專長及過往經驗，以便把案件配對給最合適的專員，希望能快速解決。

- 知識庫：「奧可」實作了私有知識管理系統，會替每個客服案件自動取得相關文件。

總結來說，核心子領域讓企業能夠產生差異化，並透過提供獨特和有效的解決方案來獲得競爭優勢。

通用子領域（generic subdomain）

「通用」子領域在光譜上的位置跟「核心」子領域正好相反。通用子領域不需要提供企業專有的解決方案，而是沿用經過實證的現有解決方案。你的企業採用的通用方案，競爭者可能也會用。因此，「通用」子領域不若「核心」子領域，你沒辦法從中獲得競爭優勢。

實作通用子領域的例子，包括購買現成市售產品或使用開源方案。通用子領域和核心子領域相反，其進入門檻低，同一個領域的企業都能存取同樣經過驗證的方案。

但兩者也有類似之處，就是通用子領域也會很複雜。這就是為何當初有人要花時間和力氣打造這些解決方案，以及為何你不值得在通用子領域研發自己的方案。你真的看過有人嘗試實作自己的加密演算法嗎？要開發出跟現存辦法一樣好的方案，這當中需要的時間力氣還不如用在核心子領域上，增加公司的競爭優勢。

既然現存方案已經獲得驗證，就不太可能會大幅改變。它們可能偶爾有變動——比如安全性修補——但頻率會比核心子領域少得多。

從 Cynefin 框架的角度看，通用子領域屬於「困難」領域。這領域有很強的因果關係，但你只要諮詢專家就能找出來。就子領域來說，專家就是通用解決方案的提供者。而在「奧可」的範例裡，「辨識與存取」及「收費」都屬於通用子領域。該公司在這兩個功能會使用市售產品來提供服務。

支援子領域（supporting subdomain）

「支援」子領域落在「核心」和「通用」子領域之間；它們和「核心」子領域一樣，代表企業得自行解決的問題，無法使用現成方案，但又像「通用」子領域一樣，並不能帶來競爭優勢。

支援子領域之所以缺乏競爭優勢，是因為其商業邏輯很單純，意味著進入門檻低。競爭者不僅能快速複製解法，實作了也不會影響你公司的競爭底線。策略上來說，公司或許還會希望有人能替支援子領域提供方案，把它變成「通用」子領域。這可以讓公司少花一點時間在實作對公司來說沒那麼必要的方案上。

但若支援子領域不能帶來競爭優勢，企業為何要實作它們？如其名稱暗示的，它們的存在是要支援一個以上的核心或通用子領域。例如，「奧可」的「客服窗口管理」就是其中一個支援子領域，其商業複雜性不高，多半只是資料輸入點。但既然這沒有現成方案，「奧可」只好自行開發。

以 Cynefin 框架的脈絡來說，支援子領域落在「清晰」領域，其因果關係強且明顯。因此，支援子領域需要的解決方案也是很容易找到的。既然支援子領域是針對簡單問題提出簡單解法，它們就算會改變，變動的程度也很少。企業沒有興趣把支援子領域的方案最佳化，因為這麼做反正也不會影響利潤。

子領域的變動性

總結而言，「核心」子領域會被預期是變動性最高的，「支援」和「通用」子領域則相反，變動性會低得多。表 9.1 展示了這三類子領域的關鍵差異。

表 9.1　三類子領域的關鍵差異

子領域	競爭優勢	複雜性	變動性	問題類型
核心	高	高	高	值得探究
通用	低	高	低	已解決
支援	低	低	低	明顯

各位可見，只要能找出對應到哪個子領域，你就能預估元件的預期變更頻率。你甚至能運用這個資訊來評估系統設計。

原始碼版本控制分析

在棕地專案中，模組的變動性程度可以用原始碼版本控制系統（source control system）來揭露。若要衡量變動性，有個簡單方式是看變更的次數，或者說對某個模組提交（commit）新版本的次數。變動性越大的程式碼，相關的提交次數就越多，代表它隨時間演進或修改的頻率更高。

這個方式相對於分析商業策略，對工程師來說比較友善，但很容易有不準確的結果。若透過原始碼變更次數來判斷模組變動性，你得考慮到以下可能產生的偽陽性和偽陰性結果。

偽陽性

不是所有變更都一樣重要。你必須區分矯正式變更（比如修復臭蟲），以及加入新功能或改變既有功能的重大變更。若後者比較常發生，這就有比較強的跡象顯示你在處理的是核心子領域。

偽陰性

表面上較低的變動性是可以人為或被迫的。比如，我有一次碰過一個模組，其修改次數很少，但其描述顯示它是核心子領域，實在是說不通。後來發現是因為原始碼實在太亂了，一修改就會引發系統大停擺，企業就先放棄發展其功能，改而專注在其他領域。當然，該企業的優先任務之一也是要重構該模組，好確保它在將來能繼續演進。

變動性和整合強度

請看圖 9.2 示範的兩個系統。你不需要費神找它們的差異：兩者有完全一樣數量的元件，元件之間的整合強度也相同。

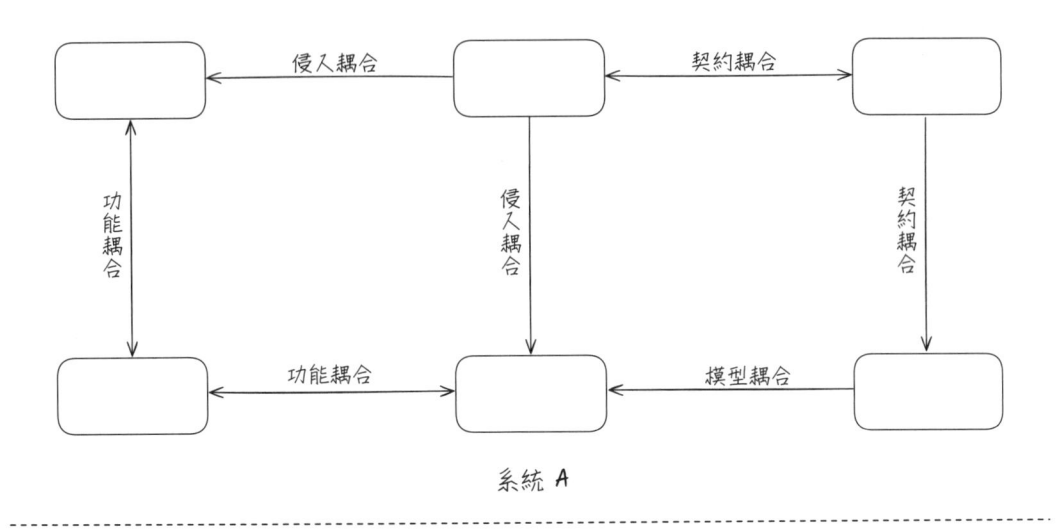

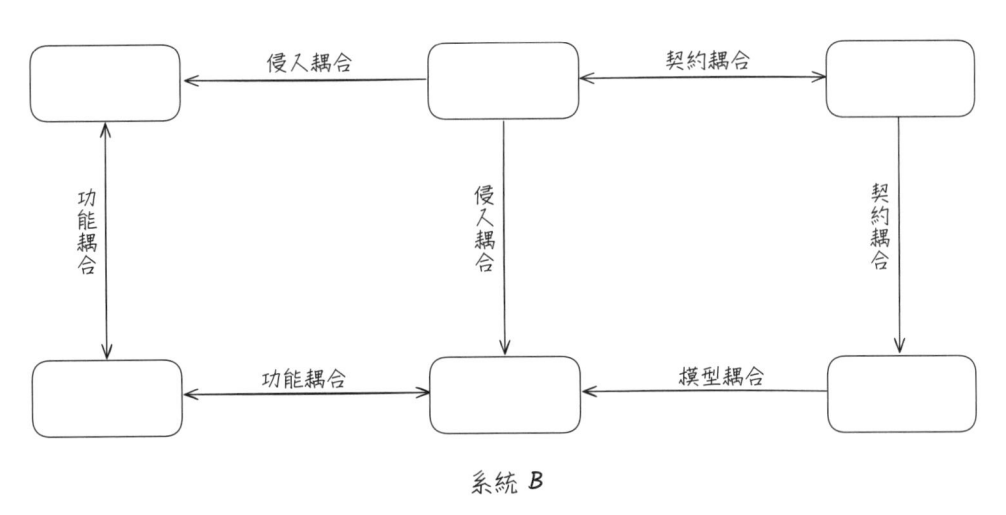

圖 9.2 兩套有相同數量元件和同樣整合強度關係的系統。

但這表示圖 9.2 中描繪的兩個系統在設計上相同嗎？為了回答這問題，我們先假設兩個系統的每個元件都剛好落在其中一個商業子領域上。圖 9.3 在範例中加入了子領域的類型。

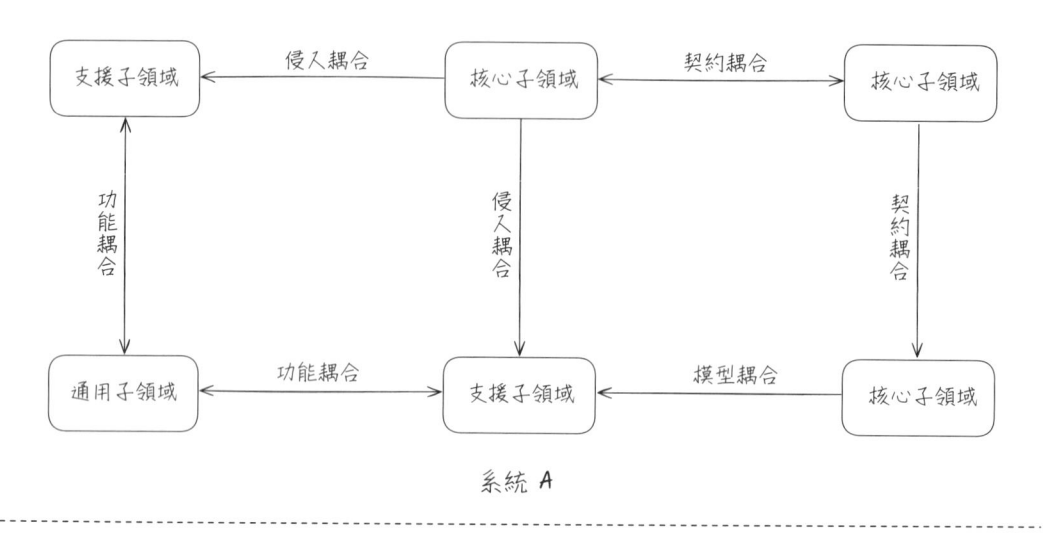

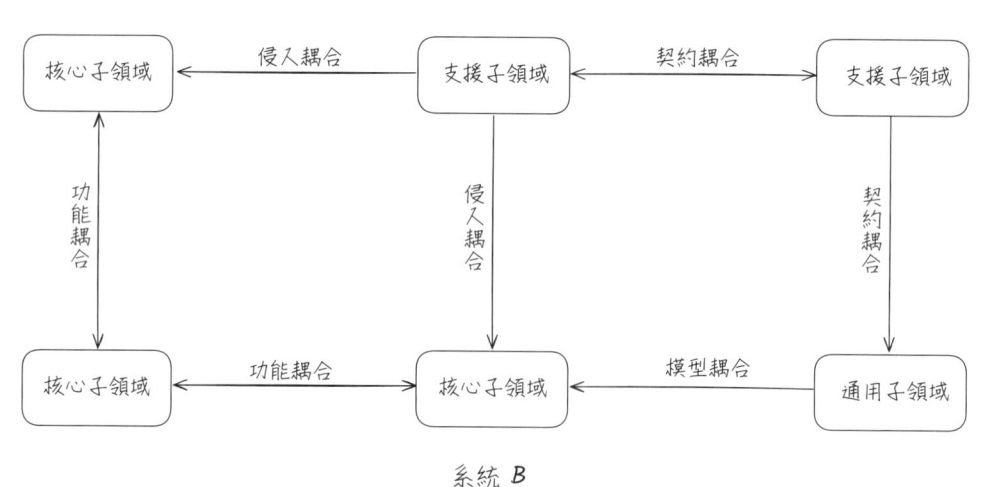

系統 A

系統 B

圖 9.3　兩套有相同數量元件和同樣整合強度關係、但元件實作之子領域有所不同的系統。

注意到系統中變動性最大的元件，也就是實作核心子領域的部分。圖 9.3A 的元件會對核心子領域元件使用「契約」耦合，可是在圖 9.3B 中，同樣的元件使用「侵入」耦合以及「功能」耦合跟核心子領域元件互動。考慮到核心子領域會經常變動，這些改變就無疑會毫不

留情地擴散、波及相依的子領域。這表示系統 A 的設計穩定多了 —— 它在真正需要分享知識的地方，也就是核心子領域的邊界，把知識分享行為降到了最低。

以上範例顯示，高度變動性碰上糟糕的整合決策時，有時會帶來災難，也有的時候能顯得十分寬容。下面我們來看變動性跟整合強度的另一種有趣交集。

推論的變動性

到目前為止，我描述了如何以子領域來預估元件的變動性。但如我們在本書第一部討論過的，你在評估系統設計時不能只靠檢視各別元件；元件的互動就算沒有比較重要，也堪稱平起平坐。這個見解同樣適用於變動性。

請看圖 9.4 強調的元件 A，你要怎麼歸納它的變動性？既然它實作了支援子領域，我們自然會假設其變動性很低。但真的是如此嗎？

圖 9.5 擴充此範例，加上額外資訊：該元件依賴[2]的子領域類型，以及元件間的整合強度。

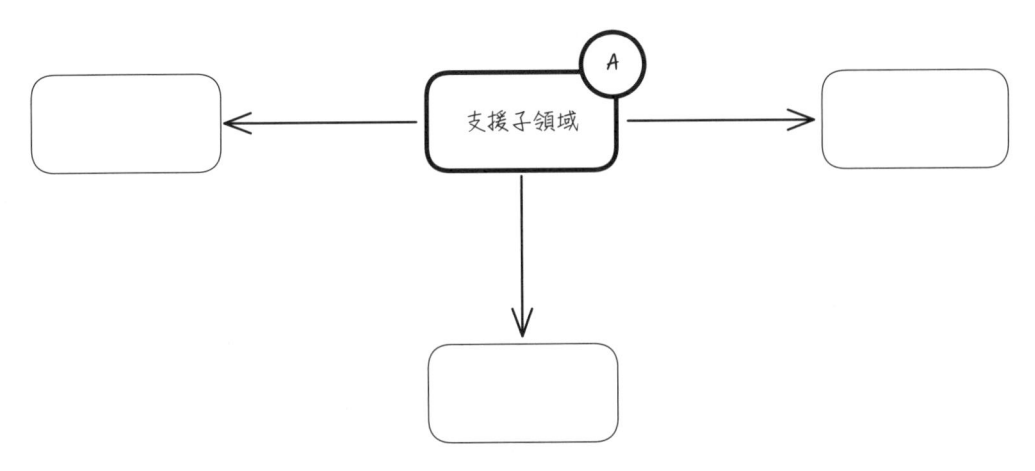

圖 9.4　一個實作支援子領域的元件，會被預期有多大的變動性？

2　記住：圖中箭頭代表依賴方向，但知識流動是反方向。

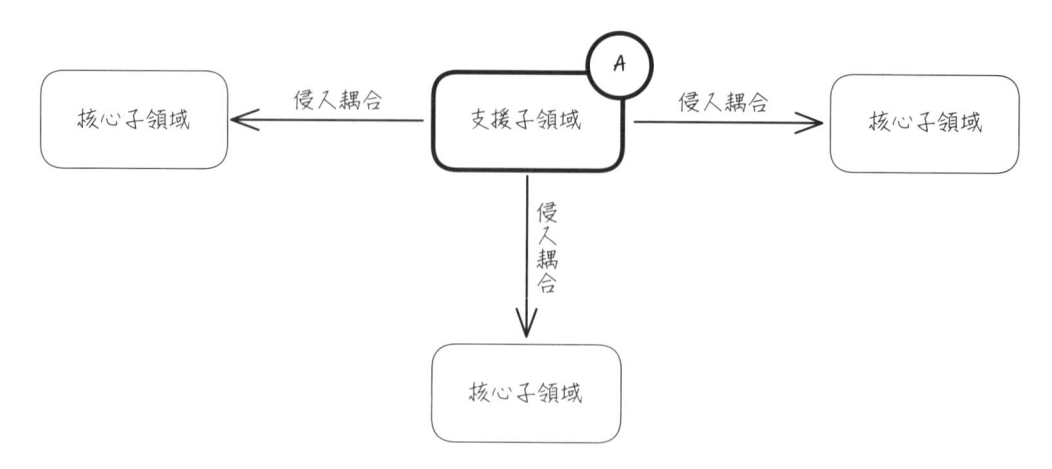

圖 9.5　跟高變動性元件之間存在高整合強度。

現在你能發現，元件 A 依賴的三個元件不僅都實作了核心子領域，而且都還是透過最高的整合強度層級來整合──「侵入」耦合。這使得任一上游元件的所有改變都可能會引發連鎖變動。因此，就算元件 A 實作的是支援子領域，而該領域被認為變動性低，它跟變動性高的元件有很強的整合強度，仍然連帶產生了高變動性。

我們對耦合維度的探索，也就是會導致變動在系統中擴散的三種力量，就到此告一段落。下一章將會討論如何平衡這三種耦合維度，以便真正實現模組化設計。

重點提要

本章擴充了第四章描述的概念，只不過是改從另一個角度來看。各位設計模組化系統的能力，會取決於對系統商業領域的了解。只要找出當中牽涉的子領域和類型，就能使你搞懂元件的變動性程度。從本質上來說，核心子領域的變動性是最大的。

變動性也可能源自技術考量，比如有需要改良系統設計或改變人員組織結構。最後，系統設計本身也能使元件的變動性變高，像是把變動性最高的元件包在夠強的整合強度裡。

現在各位對耦合的三種維度有了認識，也能夠評估其影響，下一章就會來把它們結合成一個評估和做出設計決策的框架。

測驗

1. 下列哪一個能觸發軟體系統的變更？

    a. 新商業需求

    b. 組織變動

    c. 改進軟體設計

    d. 以上皆是

2. 哪一個或哪些子領域被認為最常變動？

    a. 核心

    b. 通用

    c. 支援

    d. （a）和（b）皆是

3. 一個實作支援子領域的元件，其預期變動率會是如何？

    a. 高

    b. 低

    c. 取決於它整合的元件

    d. 取決於它跟其他元件的整合強度

    e. （c）和（d）正確

4. 耦合和變動性的關聯為何？

    a. 變動性可由耦合造成

    b. 變動性會使耦合更明確

    c. 變動性是不影響耦合的商業領域特質

    d. （a）和（b）正確

PART III

平衡

　　第二部研究了耦合元件如何透過三個維度相互影響：整合強度、空間（距離）以及時間（變動性）。第三部會結合第一和第二部的材料，把耦合轉變成設計工具。各位將會學到如何合併這三個耦合維度來設計模組化軟體。

　　第十章介紹平衡耦合的概念，這個模型可評估耦合的整體效果。各位會學到怎麼用耦合的各個維度來識別最終系統的複雜性、成本以及模組化程度。

　　第十一章透過系統演進的脈絡來延續平衡耦合的討論。它展示如何找出系統環境的關鍵變動，以及如何藉由重新平衡耦合力量來適應這些變化。

　　第十二章探討了軟體系統最常見、大概也是最危險的變動類型：系統成長。它示範如何使用平衡耦合模型來適應成長，同時從其他產業借用見解，揭露模組化軟體系統底下的碎形幾何特質。

　　最後，第十三章透過八個使用案例，展示如何將平衡耦合模型應用在實務中。這些真實世界的範例將示範此模型能如何用於各種不同程度的抽象層級。

Chapter 10
平衡耦合

> 變動餘音難駕馭，
> 軟體設計似賽局。
> 平衡之道何處落？
> 專家表示無定律！

各位在本書第一部中學到，耦合其實是任何系統的不可缺少部分，而系統元件互動的方式會讓系統更模組化，或者變得更複雜。第二部則透過以下三個維度研究了耦合存在的形式：

1. 整合強度：你學到若兩個以上的元件有連結關係，它們之間就會分享知識。共享的知識類型可以用「整合強度」模型來評估。元件分享的知識越多，連鎖變動在系統內擴散的機率就越大。

2. 空間：耦合元件在實體位置上的距離遠近，會影響對多重元件做出改變的成本。

3. 時間：修改元件對於成本的實際影響，最終取決於耦合元件的變動頻率或變動性。

這三個耦合維度都很重要，但你不能把任一者的優先程度置於其他維度之前。三者必須同時列入考量和管理，而這便是本章的目的 —— 在耦合的三個維度取得平衡。

本章銜接第一部和第二部的主題，探討耦合三維度（three dimensions of coupling）之間的互動，以及不同的維度組合會有何效果、這些組合究竟會提高模組化程度還是會帶來複雜性。最後，這些見解會被用來定義一個全面模型，能把耦合變成一個有助於設計模組化系統的工具。

合併耦合維度

傳統上，耦合總是被認為跟強度維度有關，不管是共生性還是結構化設計的模組耦合都一樣。但最低的耦合層級，比如說最低的共生性層級——「名稱」共生性——真的是值得追逐的目標嗎？這種目標根本不實際，而且如第七章暗示的，在真實世界的系統裡也不可能做到。要是商業需求會帶來「順序」或「交易」耦合，那麼花再多力氣重構也無法降低整合強度。

就算你有辦法以重構把整合強度降到最低，這當中需要的力氣也可能多到不切實際。如同《領域驅動設計》的作者 Eric Evans 所說，不是所有大型系統都會有良好設計。有些元件在商業上比其他的重要，比如我們在第九章討論過的核心子領域相對於支援子領域，因此需要更先進的軟體工具和實踐經驗——元件若要發揮功效，就需要健全的實用主義。

有了這種見解，我們在設計跨元件的目的就並非把耦合強度最小化，而是設計*模組化的系統*；或者說，設計一個實作、演化和維護上都很容易的系統。而只有你考量到耦合的全部三個維度，才能實現這種結果。

由於本章內容大量仰賴每個耦合維度的細節，我想簡短回顧本書前幾章的重點概念。

首先，記得知識是如何在耦合元件之間分享的嗎？知識流動方向與依賴方向相反。舉個例，圖 10.1 的模組 A 會與模組 B 溝通，因此依賴於模組 B。這種動態關係使模組 B 成為上游模組，模組 A 則是下游模組。「上游」和「下游」描述了系統內的知識流動方向。上游模組會公開特定知識，比如透過 API 或整合契約，使下游使用者能夠與其整合。

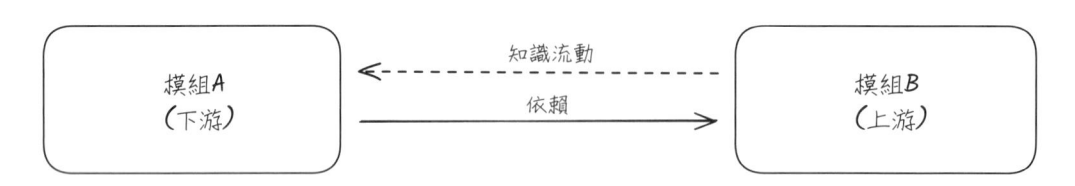

圖 10.1　知識流動方向與依賴方向相反。

其次，用於整合的介面會反映共享知識的類型，這可分為以下四種：

1. 「侵入」耦合假設上游模組所有的實作細節知識都與其使用者分享。

2. 「功能」耦合來自多個模組實作了密切相關的功能，因此它們會共享商業領域或商業需求的知識。

3. 「模型」耦合源自元件跨過邊界分享其商業領域模型。

4. 「契約」耦合藉由公開特別設計的整合契約，其用意是盡可能減少共享知識，好把上游元件的大部分知識封裝起來。

知識可以越過不同距離來分享，小至物件方法，大至分散式系統裡的服務。分享的知識越多，耦合模組需要一併改變的可能性就越大；而模組之間的距離越長，實作連鎖變動的成本就越高。至於變動的發生範圍，則取決於接觸到這些知識的模組本身具有多大的變動性。

但我們還有一個尚未討論到但至關重要的主題，對於同時管理耦合三維度來說非常重要：如何用同樣的度量衡量它們。

度量單位

整合強度、距離和變動性衡量了設計的不同面向，可是我們要怎麼讓它們相互比較呢？整合強度本身就有多重層級，大部分層級還有細分不同程度，但我們要如何量化「知識」這種抽象概念？甚至，我們要怎麼計算這些知識在系統中「傳遞」的距離？而且若要用數值來代表變動性，似乎是更加令人困惑的任務。

在這個階段，為了簡化起見，我會用簡單的二元量表：高和低。「高」用 1 表示，「低」則是 0。這個方式讓我們能討論不同維度之間的互動，並用二元邏輯來把重要的組合表示成數學等式。下面是幾個範例：

- **變動性 AND 強度**：變動性高，強度也高。

- **NOT 強度 OR NOT 距離**：強度低，且／或距離近。

- **變動性 XOR 距離**：變動性或距離其中一個高，另一個低（兩者互斥）。

我稍後在本章會回來討論這個主題，並談到上面討論的概念能如何改以範圍 1 至 10 的數值量表（a numerical scale）來應用。我們先來探討各維度如何互動，第一個來看變動性和強度的關係。

穩定性：變動性和強度

耦合元件的整合強度，代表上游元件的變動有多大的可能性會擴散到下游使用者。相對的，變動性反映了上游元件的變動頻率。因此，這兩個因素的組合反映了元件關係的穩定性（stability）。

如果變動性或整合強度其中之一很低，那麼連鎖變動的可能性就會降到最低，因為上游元件比較不可能改變（低變動性），或者低整合強度會把上游元件的變動限制在其邊界內。當然，若兩個因素都很低，結果也是一樣的。這些情境都描述了元件之間存在穩定的耦合關係。

反過來說，若變動性和整合強度都很高，那麼兩個元件的關係就可被視為不穩定，因為上游元件被預期會經常改變（高變動性），而且變動很可能會因高整合強度而波及下游模組。

因此，我們能用以下數學式表示穩定性：

$$穩定性 = NOT(變動性\ AND\ 強度)$$

表 10.1 展示了變動性與強度的組合。

表 10.1　將穩定性視為整合強度和變動性的組合

	整合強度低	整合強度高
變動性低	穩定	靠著低變動性避開了連鎖變動
變動性高	靠著低整合強度限制了高變動性	不穩定

實際變動成本：變動性與距離

耦合元件的實體距離，反映了若要實作上游模組的變動，上下游元件會需要花多大的力氣溝通和協作；這種變動若傳播出去，便會影響到下游元件，而元件間的距離越長，需要付出的力氣就越多。而若把距離跟上游元件的變動性結合，這兩個維度就反映了上游模組的變動傳播到下游模組時所帶來的實際成本。

就和變動性跟整合強度的關係一樣，若距離和變動性都大，實際變動成本就高。相對地，若上游元件變動性低且／或與下游元件的距離近，那麼連鎖變動的實際成本也會降低。這可用以下數學式來表達：

$$變動成本 = 變動性 \text{ AND } 距離$$

表 10.2 示範了連鎖變動成本（cost of a cascading change）的組合。

表 10.2 將連鎖變動實際成本視為距離與變動性的組合

	距離近	距離遠
變動性低	成本低	變動性低故成本低
變動性高	距離近故成本低	成本高

接下來，我們來看看或許是最有趣的耦合力量組合：距離與整合強度。

模組化程度和複雜性：整合強度與距離

上游模組跨過其邊界分享的知識，加上知識的傳播距離，就彰顯了耦合關係的本質——它會使系統變得更模組化或者更複雜。我們來檢視四種可能的組合：

1. 遠距離的高整合強度，會使遠方的下游模組得經常改變，而這些變更需要更多力氣來協調跟實作。此外，遠距離的相依性也會增加認知負擔，容易產生複雜互動——你會很容易忘記更新遠方的下游元件，甚至不曉得有元件需要修改。所以高強度與遠距離的組合會導致全域複雜性（global complexity）。

2. 遠距離的低整合強度會減少連鎖變動發生的機會，因此減輕了遠距離的效應。這種關係通常就是我們口中的鬆散耦合（loose couple）── 不被預期得同時改變的分離模組的關係。

3. 近距離的高整合強度和前一點相反，會導致連鎖變動經常發生，但由於耦合元件的距離近，實作變更的成本會降低。這種關係代表了第四章定義的高內聚性（high cohesion）── 模組因為鄰近彼此，因此被預期得一併改變。

4. 近距離的低整合強度則是個奇特的組合。雖然低整合強度會降低連鎖變動，近距離卻意味著不相關的元件被擺在一起，導致維護上層模組的工程師得承受更高的認知負擔 ── 當有東西需要改變時，工程師就得在無關的元件中翻找，才能找到真正需要修改的對象。根據第三章的詞彙，這種組合會產生區域複雜性（local complexity）。最後，除了增加認知負擔，這種關係更會提高上層模組的變動性：它包含的元件越多，其內容的變更機會就可能越大。

表 10.3 總結了整合強度與距離的四種組合。

表 10.3　整合強度與距離遠／近的四種組合

	距離近	距離遠
整合強度低	區域複雜性	鬆散耦合
整合強度高	高內聚性	全域複雜性

當兩股力量同時很高或很低時，設計就會變複雜。反之，一高一低會表示更平衡的關係，遠離複雜性並趨向模組化。因此我們能如下表示：

- 模組化程度 = 整合強度 XOR 距離

- 複雜性 = NOT 模組化程度 = NOT (整合強度 XOR 距離)

- 區域複雜性 = NOT 整合強度 AND NOT 距離

- 全域複雜性 = 整合強度 AND 距離

既然複雜性可以表示成「NOT 模組化程度」，這進一步展示了我們在第一部討論的概念：跨元件互動的設計會把設計推向模組化或複雜性。

現在,就來看看合併了這三個維度後,我們能從中得到什麼見解。

合併整合強度、距離與變動性

前面的小節討論了透過兩兩合併耦合維度,能讓我們評估最終設計的以下特質:穩定性、變動成本、模組化程度和複雜性(全域/區域)。

維護難度:整合強度、距離加變動性

要是我們把三者都合併,可以用來辨識什麼跡象?首先,我們能找出維護難度(maintenance effort),也就是為了維護兩個元件的相依性而預期得付出的力氣。我們能把三個維度的值[1]相乘來估計維護難度:

$$維護難度 = 整合強度 \times 距離 \times 變動性$$

換個方式說,這個指標代表了維護兩個元件的整合關係的「痛苦」程度。若元件之間整合強度高、距離長、元件又具備高度變動性,那麼從維護角度來看就極為痛苦:這顯示上游元件不僅會經常變動,大部分變動還會擴散到位於系統遠處的下游使用者。

可想而知,我們會想把這種痛苦降到最低,而為了達到這個目的,你只需把等式的任一個值最小化。若其中一個維度歸零,其餘維度的高程度值也會被抵銷。我們來看三種可能的組合:

1. 低整合強度、遠距離和高變動性:如前面小節討論的,遠距離下的低整合強度就是鬆散耦合。上游元件的高變動性並不會妨礙系統提高模組化程度,因為其頻繁變動仍會被低整合強度限制範圍,**產生較低的維護難度**:

$$維護難度 = 整合強度 (0) \times 距離 (1) \times 變動性 (1) = 0$$

---

[1] 記住,我仍然採用二元量表,每個維度的值分為高(1)或低(0)。

2. **高整合強度、近距離和高變動性**：高強度和高變動性表示整合不穩定，容易遭遇連鎖變動。然而，近距離降低了實作這些連鎖變動所需的力氣，因此抵銷了其負面影響。如同前一個例子，這種關係仍能提高系統的模組化程度，**產生較低的維護難度**：

$$維護難度 = 整合強度\,(1) \times 距離\,(0) \times 變動性\,(1) = 0$$

3. **高整合強度、遠距離和低變動性**：遠距離的高整合強度會帶來全域複雜性，但這被低變動性抵銷了。這種穩定關係（高強度和低變動性）會降低維護難度，因為上游模組會被預期很少改變。因此這種情況同樣會**產生較低的維護難度**：

$$維護難度 = 整合強度\,(1) \times 距離\,(1) \times 變動性\,(0) = 0$$

第三點的耦合力量組合，有個常見案例是你需要跟老舊系統（legacy system）整合的時候：假設該系統不提供比較弱的整合介面，整合強度必然很高，比如你別無選擇必須從其私有介面（像是其資料庫）抓資料。但既然老舊系統不會繼續演進，因此不會被預期改變，高整合強度跟低變動性的組合反而能令整合保持穩定，並將維護難度降到最低。

表 10.4 總結了耦合力量的組合和結果。不過，這也顯示了一個我們尚未討論、其效果也難以判斷的組合：低整合強度、近距離和高變動性。

表 10.4　取決於整合強度、距離及變動性的維護難度

整合強度	距離	變動性	維護難度
高	高	高	高
低	高	高	低
高	低	高	低
高	高	低	低
低	低	高	?

維護難度公式聚焦在接受評估的耦合元件身上，但它仍有更高一層的盲點——它沒考慮到近距離下的低整合強度仍然能帶來複雜性。

從維護角度來說，這在相關元件的脈絡下並不是問題，但這對它們的上層模組來說就事情大條了。就算低整合強度加上高變動性被認為是穩定關係，近距離下的低強度所帶來的

區域複雜性仍會破壞穩定，因為上游模組很容易變動。該模組每次改變時，實作變更的人就得在不相關且緊密排列的模組裡尋找修改源頭，而且還得搞懂它們到底為何彼此相關。因此為了平衡耦合，我們也務必考量到這個情境。

耦合平衡度：整合強度、距離及變動性

在前一小節，我們最不想要的兩種耦合力量組合 —— 會帶來複雜性的組合 —— 都跟高變動性有關：

- 高整合強度、遠距離和高變動性 = 全域複雜性 + 高變動性
- 低整合強度、近距離和高變動性 = 區域複雜性 + 高變動性

這些能用以下數學式來納入考量：

$$\begin{aligned}平衡度 &= \text{NOT}(複雜性 \text{ AND } 變動性) \\ &= 模組化程度 \text{ OR NOT } 變動性 \\ &= (整合強度 \text{ XOR } 距離) \text{ OR NOT } 變動性\end{aligned}$$ [2]

高平衡（high balance）代表系統具備模組化特質，低平衡（low balance）則顯示有複雜性存在。如表 10.5 所示，除了其中兩個複雜性跟高變動性結合的情境以外，其他組合的結果都是 1，代表是平衡的耦合設計。

表 10.5　取決於整合強度、距離與變動性的耦合平衡度

整合強度	距離	變動性	平衡度
低	高	高	高
高	低	高	高
高	高	低	高
高	高	低	高
低	高	低	高

2　【譯者註】如果讀者習慣看程式，這在 Java/C# 裡相當於：
　　平衡度 = (整合強度 ^ 距離) || (! 變動性)

整合強度	距離	變動性	平衡度
高	高	低	高
低	低	低	高
低	低	高	低
高	高	高	低

只要使用二元量表來描述不同維度的值,我們就能輕易描述想要和不想要的耦合力量組合。不過,我們下面來談談怎麼實際量化不同維度的程度。

以數值量表平衡耦合

在這一小節開始之前,我有義務加上一行大大的免責聲明。想像一下這句話不只是用粗體字寫,還跟 1990 年代的網站橫幅一樣閃個不停[3]:

!!!免責聲明:這不是精確科學!!!

請容我解釋。

首先,我們得把三個不同的現象 —— 整合強度、距離和變動性 —— 擺在同樣的數值量表上,而這已經存在一些難處:我們究竟要如何量化這三個值,更別提把它們擺在同樣的量表上?

其次,這些數值應該要是客觀的,但耦合維度在定義上是主觀的。例如:

- 複雜性會改變其形態。全域複雜性若從更高的抽象層級觀察,就會變成區域複雜性。同樣的,若把觀察角度轉到更低的抽象層級,區域複雜性會變成全域複雜性。
- 模組是有階層關係的,因此模組化的評估結果在不同抽象層級可能有所不同。
- 整合強度模型也能套用在不同的抽象層級,並在各層級產生不同的結果。

---

3 如果你錯過了這個美妙的網站設計時代,可以參考以下範例:cyber.dabamos.de/88x31/index.html。

我希望將來會有工具能分析程式庫和自動計算整合強度、距離跟變動性程度的數值。但目前而言，我們仍得靠自己的直覺了。

量表

我打算使用一個我任意決定的量表，以 1（最低）到 10（最高）來反映三個維度：

- **整合強度**

    1 = 契約耦合

    3 = 模型耦合

    8 = 功能耦合

    9 = 對稱功能耦合

    10 = 侵入耦合

- **距離**

    1 = 同一物件的方法

    2 = 同一命名空間／套件的物件

    3 ~ 7 = 不同命名空間／套件的物件

    9 = 分散式系統的服務

    10 = 不同廠商實作的系統

- **變動性**

    1 = 不再會演進的老舊系統

    3 = 支援或通用子領域

    10 = 核心子領域，或透過核心子領域推論的變動性

我們來看這個（隨意的）量表如何能用於評估耦合平衡。

耦合平衡度等式

在耦合平衡等式中,我們需要評估模組化程度,且若我們能找到更低的變動性數值來抵銷設計的複雜性(模組化程度低),就改變其結果。

評估模組化程度

我在前一小節使用的二元數學等式,會拿整合強度與距離的值來比較,好判斷設計會偏向模組化還是趨向複雜性。在這種體系下,強度和距離的值若相反即代表模組化,而相同的值則指向複雜性。

但若要表示整合強度和距離的實際差異有多大,我們可以單純讓它們相減,取絕對值然後加 1 來讓結果保持在同樣的數值範圍(1～10):

$$模組化程度 = | 整合強度 - 距離 | + 1$$

舉個例,若在由不同廠商實作的系統(10)之間使用侵入耦合(10),模組化程度就會是最低值,也就是 1:

$$模組化程度 = | 整合強度 (10) - 距離 (10) | + 1 = 1$$

反過來說,如果不同廠商的系統之間只使用契約耦合,則會得到最高的模組化分數(10):

$$模組化程度 = | 整合強度 (1) - 距離 (10) | + 1 = 10$$

如果是落在以上兩個極端之間的案例,模組化分數也會隨之調整。例如,下面是在同一個命名空間內的兩個物件(2)間存在「功能」耦合(8):

$$模組化程度 = | 整合強度 (8) - 距離 (2) | + 1 = 7$$

平衡複雜性與變動性

下一步是要考量設計上偏向複雜，但上游模組變動性也低的狀況。在這種情況下，平衡度可用以下等式表示：

$$平衡度 = \max(模組化程度, (1 + 10 - 變動性))$$

在此的平衡度是從兩個值──模組化程度和變動性的補數──當中取最大值。補數值（complementary value）是某個值跟該值上限的差距，透過「(最小值 + 最大值) - 值」的方式計算。例如在範圍 1 到 10 中，數值 2 的補數是 9。

於是到最後，兩個等式可以合併為一：

$$模組化程度 = |整合強度 - 距離| + 1$$

$$\begin{aligned}平衡度 &= \max(模組化程度, (10 - 變動性 + 1)) \\ &= \max(|整合強度 - 距離| + 1, (10 - 變動性 + 1)) \\ &= \max(|整合強度 - 距離|, 10 - 變動性) + 1\end{aligned}$$

平衡耦合範例

我們來把以上等式套用在幾個範例情境中。

範例 1

我們假設「奧可」公司的「派件」模組會使用機器學習（machine learning，ML）演算法來把客服案件指派給客服專員，而這演算法會在雲端供應商管理的服務上跑。機器學習演算法若要能正確配對案件給專員，必須把「奧可」的「客服案件管理」模組營運資料庫的所有內容通通餵給它訓練。這會在耦合三維度產生以下的值：

- 整合強度：既然資料是從營運資料庫複製，它就和客服案件管理模組共用同樣的資料模型。因此，整合強度屬於「模型」耦合（3）。

- 距離：「奧可」客服案件管理模組和執行機器學習模型的雲端代管服務，是兩間不同的公司實作的不同系統，因此兩者的距離為 10。

- 變動性：上游模組，也就是分享知識的元件，是客服案件管理模組。既然它屬於「奧可」的核心子領域，變動性就很高（10）。

這個整合情境產生的耦合平衡分數如下：

$$平衡度 = \max (| 整合強度 - 距離 |, (10 - 變動性)) + 1$$
$$= \max (| 整合強度 (3) - 距離 (10) |, (10 - 變動性 (10))) + 1 = 8$$

最終分數顯示有相當平衡的關係，畢竟「模型」耦合共享的知識遠比「功能」耦合和「侵入」耦合少多了。

但要是元件間分享的不是資料模型而是整合契約，那麼結果就會變成：

$$平衡度 = \max (| 整合強度 (1) - 距離 (10) |, (10 - 變動性 (10))) + 1 = 10$$

範例 2

在同一個「客服案件管理」模組中有兩個物件：「客服案件」及「訊息」。這兩者存在很強的功能關係：若有收到訊息，「客服案件」對應的實例物件中的某些商業規則會隨之改變，因此兩者必須在同一個交易（transaction）[4] 內更新。這會在三個維度產生下列的值：

- 整合強度：由於兩個物件必須在同一個交易中更新，它們存在「功能」耦合（8）（程度為「身分」共生性）。
- 距離：兩個物件是在同一個命名空間內實作，因此距離為 2。
- 變動性：在「功能」耦合層級中，兩個模組都公開了商業功能的知識，因此兩邊都被視為是上游模組。既然它們都屬於同一個模組「客服案件管理」，也是「奧可」的核心子領域之一，其變動性即為 10。

這個整合情境產生的耦合平衡分數如下：

$$平衡度 = \max (| 整合強度 (8) - 距離 (2) |, (10 - 變動性 (10))) + 1 = 7$$

---

[4] 在領域驅動設計（DDD）中，這兩個個體屬於同一個聚合體（aggregate）。

範例 3

當「奧可」的工程師聽說什麼是微服務時，他們便開始把單體程式庫（monolithic codebase）的一些功能拉出來轉成微服務。這使得原本用來定義客服案件是否能提高優先等級的商業邏輯，會在「客服案件管理」跟「派件」模組重複使用。這導致了以下維度的值：

- 整合強度：由於同樣的商業演算法被重複使用、必須同時修改，這屬於「對稱功能」耦合（9）。
- 距離：由於這是分散式系統內的兩個服務，距離為 9。
- 變動性：兩個服務都屬於核心子領域，變動性便很高（10）。

這個整合情境產生的耦合平衡分數如下：

$$平衡度 = \max(\,|\,整合強度(9) - 距離(9)\,|, (10 - 變動性(10))\,) + 1 = 1$$

平衡分數是最低的 1，這反映了設計者的選擇，也就是把高變動性、對企業很重要的功能複製到生命週期耦合很低的模組（服務）內。

範例 4

沿用前面範例的同一個單體式系統，這回它在某個時間被宣告為老舊系統，團隊決定改用現代化方案打造全新功能，並將老舊系統的功能逐漸遷移出來。

由於這種遷移是漸進式的，有些商業功能仍會由老舊系統實作。而團隊也決定「抄捷徑」，讓新微服務透過「非傳統」式的介面從單體系統取得資料——也就是直接使用其基礎設施元件、資料庫和訊息匯流排。這會導致以下結果：

- 整合強度：由於整合是透過私有介面，這屬於「侵入」耦合（10）。
- 距離：由於兩套系統仍然由同一間公司實作，距離為 9。
- 變動性：由於上游元件（老舊系統）已經不再開發和演進，因此變動性很低（1）。

這個整合情境產生的耦合平衡分數如下：

$$平衡度 = \max(\,|\,整合強度\,(10) - 距離\,(9)\,|,\,(10 - 變動性\,(1))\,) + 1 = 10$$

各位可以發現，遠距離下的「侵入」耦合所造成的低模組化程度，靠著低變動性而抵銷了。

耦合平衡度的討論

在我結束這一章之前，我想重申這小節展示的數值計算法並不是準確的科學。我挑的數值範圍對我來說剛好，但各位可能會需要不同的範圍。比如，我給不同廠商實作的不同系統指派最大的距離值（10），但這種情境可能跟你沒有關係，你會面對的最大距離或許是分散式系統的不同服務，甚至是一個單體程式庫內的各個模組。

而就我所見，這當中更重要的啟示，是你得了解三個耦合維度會如何結合跟彼此抵消。它們的二元數學式就已經有力地展示了這點：

$$平衡度 = 模組化程度\ \text{OR NOT}\ 變動性$$
$$= (\,整合強度\ \text{XOR}\ 距離\,)\ \text{OR NOT}\ 變動性$$

重點提要

各位在本章學到如何運用耦合各維度來評估軟體設計決策。當整合強度、變動性其中之一或兩者皆低時，整合就是穩定的：

$$穩定性 = \text{NOT}\,(\,變動性\ \text{AND}\ 強度\,)$$

若變動性和距離皆大，實作變更的整體成本就高：

$$變動成本 = 變動性\ \text{AND}\ 距離$$

若整合強度和距離一強一弱，設計就會提高系統模組化程度，而兩者皆高或皆低都會產生複雜性：

$$模組化程度 = 整合強度 \text{ XOR } 距離$$
$$複雜性 = \text{NOT } 模組化程度 = \text{NOT } (整合強度 \text{ XOR } 距離)$$

整合強度和距離皆高時表示有全域複雜性，皆低則為區域複雜性：

$$全域複雜性 = 整合強度 \text{ AND } 距離$$
$$區域複雜性 = \text{NOT } 整合強度 \text{ AND NOT } 距離$$

以上見解則可合併來評估耦合平衡度：

$$平衡度 = (整合強度 \text{ XOR } 距離) \text{ OR NOT } 變動性$$

最後，我們也能如下用數值量表代表平衡度，「最小值」和「最大值」為數值範圍的上下限：

$$平衡度 = \max (| 整合強度 - 距離 |, (最大值 - 變動性)) + 最小值$$

平衡耦合等式可用來評估耦合設計究竟會提高模組化（高平衡）還是增加複雜性（低平衡）。實現高度模組化是很重要的，但更重要的是隨著時間保護這種模組化程度。而這即是下一章的主題。

測驗

1. 下列哪個或哪些組合會提高系統複雜性？

    a. 高變動性、高整合強度

    b. 低整合強度、近距離

    c. 低變動性、低整合強度

    d. 高整合強度、遠距離

    e. （b）和（d）正確

2. 下列哪個組合會產生不穩定耦合？

    a. 遠距離、高變動性

    b. 高整合強度、高變動性

    c. 低整合強度、低變動性

    d. 高整合強度、近距離

3. 下列哪個組合會將連鎖變動的實作成本最大化？

    a. 遠距離、高變動性

    b. 高整合強度、遠距離

    c. 低整合強度、低變動性

    d. 高整合強度、近距離

4. 下列哪個或哪些耦合力量組合反映了平衡的耦合關係？

    a. 高整合強度、近距離、高變動性

    b. 低整合強度、近距離、高變動性

    c. 低整合強度、遠距離、高變動性

    d. （a）和（c）正確

Chapter 11
重新平衡耦合

> 系統變化如大千，
> 偏離常軌常難免。
> 平衡耦合為後盾，
> 複雜大敵敗陣先。

在理想世界中，軟體會存在於靜止不動的完美狀態，第一次版本釋出就能滿足所有的商業目標，並完美解決使用者現在與未來的一切需求。倘若稍後真的需要修改，它的現存設計也能無縫適應。所有調整都能完美納入，好似把遺失的拼圖歸位那樣。

很可惜，我們身處的現實並不是如此。軟體系統就像活的生命體，會在變動環境中演化和適應來維持生存。不改變就等於過時；提供商業價值的系統不只得適應變化，也經常需要這麼做。有些改變會挑戰過去的領域知識，使舊有的假設不再成立，並動搖現存設計決策的基礎。

第九章以各別模組的脈絡討論了軟體變動，而本章會從更高層的角度延續這個討論，探索能將耦合力量重新洗牌的系統層級變化。各位會學到這種變動背後的基本原因，以及如何使用平衡耦合模型來回應之。

韌性設計

軟體本來就應該會改變,這便是它為何叫做**軟體**。第四章探討了若要設計出能抵抗變化的系統,會有哪些挑戰。系統若缺乏模組化特質,就無法適應變動。相反的,若系統試圖應付所有合理跟不合理的變動,就會導致系統不穩定。所以若要實現模組化,就必須平衡這兩種極端,而此舉牽涉到對系統的未來做預測——也就是說,對未來下賭注。我們有時會賭錯邊。

雖然過往的系統架構決策能適應某些改變,但同樣的設計也會抵抗其他改變。後者會推翻過往的假設,也就是認定系統內能發生哪些變化。

當這種事發生時,你自然會質疑過往設計決策的完整性。我們之前哪裡做錯了呢?我們將來要怎麼避免重蹈覆轍?很不幸,除非你能未卜先知,未來總會有意料之外的變動,以及不可能預料到的新需求。當這些始料未及的變動發生時,我們務必善用它們提供的新資訊。為了強化系統韌性,關鍵便在於重新平衡系統耦合。

軟體變動向量

軟體變動的原因,可以分成戰術(tactical)和戰略(strategic)兩種,其定義有本質上的差異。基本上,戰略是指「什麼」,而戰術則是關於「如何」。戰術變動會影響問題如何解決,戰略變動則會重新定義問題本身。

戰術變動

戰術變動會改變系統或其元件對商業目標的支援方式,而這種變動是能事先預測的。它們會依循你當下對軟體目標和其商業領域的理解。因此,一個充足的軟體設計就應該要能適應任何戰術變動。

在軟體開發中,戰術變動的常見例子是修復臭蟲和其他實作上的改良。這類變動包括調整既有程式碼來解決邏輯問題,或用更有效率的辦法滿足同樣的商業需求。此外,若變動**無須重新調整元件的既有邊界或改變元件關係**,這也會被視為戰術變動;這包括在依循既

有商業規則和假設的前提下，加入符合當前商業需求的新功能。這種新功能的例子像是在電子商務平台加入新的付款方式，在應用程式建置使用者偏好設定，或把新的回報功能整合到現存系統中。這些新功能會增強系統，但不至於挑戰其基本設計結構。

戰略變動

戰略變動是大規模變動，會改變「什麼」應該實作、「什麼」問題得由系統解決，或「什麼」組織或結構得執行這種變動。

我們來看看戰略變動的實際成因。

功能需求變動

最常見的戰略變動是擴張系統功能。新的功能會加入新知識，而新知識可能會影響一個以上的模組，甚至改寫整個系統的面貌。它會帶進新元件，而且可能出現在各種抽象層級，從加入新的物件方法到建立新服務都包含在內。而既然有新元件，跨元件互動也會隨之擴張。到了某個程度時，這些新互動便有可能大幅提高認知負擔，最終放大系統的複雜性，如圖 11.1 所示。

除了加入新功能，策略上的改變也可能引發商業、組織和環境的變動。甚至，企業的商業策略若有改變，帶來的衝擊經常會比軟體設計變動更大。

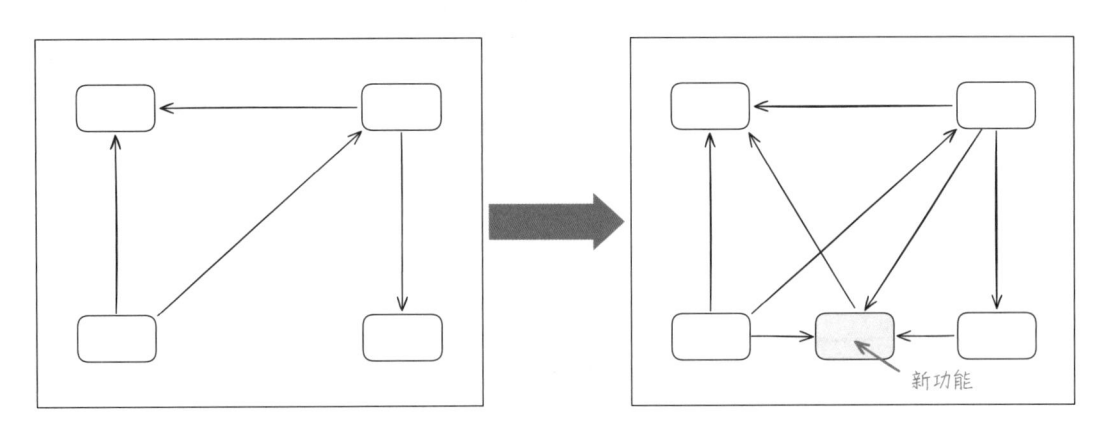

圖 11.1　加入元件會帶來更多互動，並有可能提高全域複雜性。

商業策略變動

第九章介紹了領域驅動設計的子領域概念，各位學到企業的不同部分會有不同的策略價值。「核心」子領域是公司表現最突出的地方，公司正是靠這些辦法提供價值給客戶，並取得競爭優勢。因此，企業至高無上的目的就是改進「核心」子領域的效率。至於「支援」和「通用」子領域，雖然也不可或缺，但對企業的競爭優勢就沒有那麼大的影響，於是變動頻率也比較低。

企業經常會重新評估和調整商業策略，這過程可能牽涉到找出和評估新的獲利機會（有可能帶來核心子領域），或者乾脆改變整個商業領域。就拿 Nokia 為例，該公司如今被視為通訊設備生產商，但它一開始是著重在生產橡膠製品。這類商業策略的改變有機會改寫公司的子領域結構。它可能會加入新的子領域，或者現存子領域可能會變成另一類。請看以下例子：

- 若企業在「通用」子領域中，能找到一個比競爭者可用方案更有成本效益的新方案，那麼「通用」子領域就有可能變成該公司的「核心」子領域。
- 「支援」子領域有可能會被發現具備潛在競爭優勢，因而變成「核心」子領域。
- 如果企業的期望在某個「核心」子領域沒有被滿足，它或許會決定降低其策略重要性，重新分類為「支援」子領域，或甚至採用開源方案而轉為「通用」子領域。
- 當其他公司開始提供相同的解決方案，不管是服務還是現成商品，一個「核心」子領域就可能變成「通用」子領域。

如我們在第九章討論的，子領域類型會影響其實作模組的變動性，而當你在設計該模組與系統其他元件的互動時，這也應該列入考量。子領域的本質若有改變，設計中就該做出對應的修正，好保護原有的平衡。

組織變動

正常狀況下，公司會隨著時間演進和調整人員組織。這種改變有可能會對公司開發的軟體之設計帶來巨大影響。

常見的組織變動原因之一是組織成長。新創小公司經常發跡於車庫或公寓，然後成長為大企業、擁有跨國研發中心。在新創公司早年很有效的溝通與合作模式，到了中型組織就通常效果不彰，更別提是跨國公司了。

組織結構的重新調整也可能打亂工程團隊的內部動態。比如，若把實作一個功能的責任切割給多重團隊，可能會增加溝通跟合作成本。同樣的，若把已經建立良好合作流程的數個團隊拆散到不同組織部門，甚至換到不同時區，他們有效合作的能力就會打折扣。

環境變動

系統執行環境的變動，也可能影響軟體設計。比如，若把系統遷移到雲端基礎設施，就必須採用新的架構方向。「重新託管」（lift-and-shift）策略，也就是把系統從本地資料中心直接搬到雲端，通常成功效果有限，因為這種方式倚賴的假設源自在自家伺服器上跑系統的經驗，卻沒有善用雲端運算的優勢，於是就破壞了整個遷移行為的財務說服力。

監管上的改變是另一個能大幅影響軟體設計的環境變動。監管措施如沙賓法案（Sarbanes-Oxley Act，SOX）、健康保險便利和責任法案（Health Insurance Portability and Accountability Act，HIPAA）、一般資料保護規則（General Data Protection Regulation，GDPR）等，都對特定軟體系統產生了巨大衝擊。以 GDPR 為例，這是一個全面資料保護法案，不僅影響歐盟居民的個人資料會被如何處理，也對軟體系統帶來了嚴格要求。這使得軟體設計師得併入這些監管原則，如資料最小化（data minimization）、隱私納入設計（privacy by design）及設計由隱私出發（privacy by default），外加確保系統設計有納入資料對象的權利，如有權抹除個人資料，好確保系統遵從法規。這些監管需求經常需要大幅修改系統的結構和功能，以便確保它們迎合法律標準。

重新平衡耦合

軟體設計理論上應該要能適應戰略變動，但戰略變動有可能同時打亂軟體設計和它根據的假設。因此，你必須重新平衡耦合的三個維度 —— 整合強度、距離與變動性 —— 來確保系統能長期維持模組化。

在某些狀況下，戰略變動的後果會像座冰山，只有頂端一小部分是看得見和很明顯的。一個乍看無辜且無關的變動，也有可能對軟體系統設計帶來災難性後果。例如，為了解決一個新的極端案例，而加入一些看似無害的「if...else」判斷條件，說不定會帶來快速累積的技術債；因為在現實世界中，這並不只是極端情況，而是商業領域模型真的需要做出大幅改變，而這種變動在本質上很容易影響元件耦合的其中一個維度。

如各位在前一章學到的，任一耦合維度的變化都有可能會破壞平衡：

$$平衡度 = (整合強度 \text{ XOR } 距離) \text{ OR NOT } 變動性$$

我們就來看看如何解決這三個維度對軟體設計造成的破壞型變動。

整合強度變動

元件之間整合強度的改變，主要源自系統功能被延伸的時候。如圖 11.1 已經展示過的，擴大系統功能會讓元件之間產生新關聯和整合，有可能增加系統複雜性。我們來看幾個案例研究。

案例：隱藏的整合強度

「奧可」系統在早期實作階段時，團隊設計了一個「服務台」微服務，包含以下功能：

- 設定可用的服務台辦公室及其組織單位
- 指定服務台的工作時段
- 管理客服專員的值班時程，包括專員不在場時（如個人休假、病假、國定假日等）

當值班時程改變時，「服務台」微服務會發出一個事件描述這個變動，以及是哪位專員受影響。「派件」微服務則訂閱這些事件，根據其資訊和確保只把新的客服案件指派給正在工作時段內的專員。事件本身設計成只包含「派件」需要的資訊（圖 11.2）。

```
┌──────────┐   時程變動   ┌──────────┐            ┌──────────┐
│ 服務台微服務 │-----------→ │ 訊息匯流排 │----------→ │ 派件微服務 │
└──────────┘              └──────────┘            └──────────┘
```

圖 11.2 「奧可」的「派件」服務使用「服務台」的事件，來把客服案件只指派給在工作時段內的客服專員。

過了一段時間後，客服專員詢問，若他們覺得手上的工作忙不過來，是否能暫停指派新案件。團隊的決議是讓專員按一個「暫停指派」鈕，可以暫停指派新案件一小時，而每個專員每天最多可暫停三次。可想而知，這個新功能被實作在「服務台」微服務；當專員暫停派件時，不派件的時間範圍會存在營運資料庫中，也會以事件形式發佈。

這個新功能發佈不久後，有些專員抱怨他們就算按下暫停指派，還是會收到新的客服案件。原因出在競爭條件：兩個微服務是以非同步方式整合，時程的變動同步到「派件」元件之前仍會剛好有新客服案件發下來。

但客服專員和管理人員的期望是一按下「暫停指派」就會生效。以整合強度的用詞來說，這種期待描述了「交易」耦合；人們預期「派件」微服務獲得的資訊會保持高度一致，因此它幾乎是「功能」耦合中強度最高的。

既然「派件」邏輯屬於「奧可」的核心子領域之一（高度變動性），團隊就得拉近服務的距離，好平衡高整合強度。團隊於是評估以下的不同設計：

- 把客服專員的時程以 REST API 公開：這能幫忙降低「派件」資訊過時的問題，因為這樣能讓它以同步方式查詢「服務台」API 和從其營運資料庫抓資料。但這種設計無法完全避免「派件」仍有可能用到舊的資料。就算它在每次派件之前查詢 API，API 底下的資料仍有可能在 API 回應之後和指派案件之前改變。甚至，這會讓兩個元件之間產生更強的「執行階段」耦合 ── 若「服務台」未上線，「派件」就會無法運作。

- 把兩個元件合併為單一服務：這雖然能讓「派件」使用更一致的資料，卻會讓合併的服務產生高度區域複雜性，因為源自原始服務的大部分功能彼此毫無關聯（近距離下的低整合強度）。

最後，團隊決定把「暫停指派」功能從「服務台」拿出來，改而擺進「派件」微服務，如圖 11.3 所示。

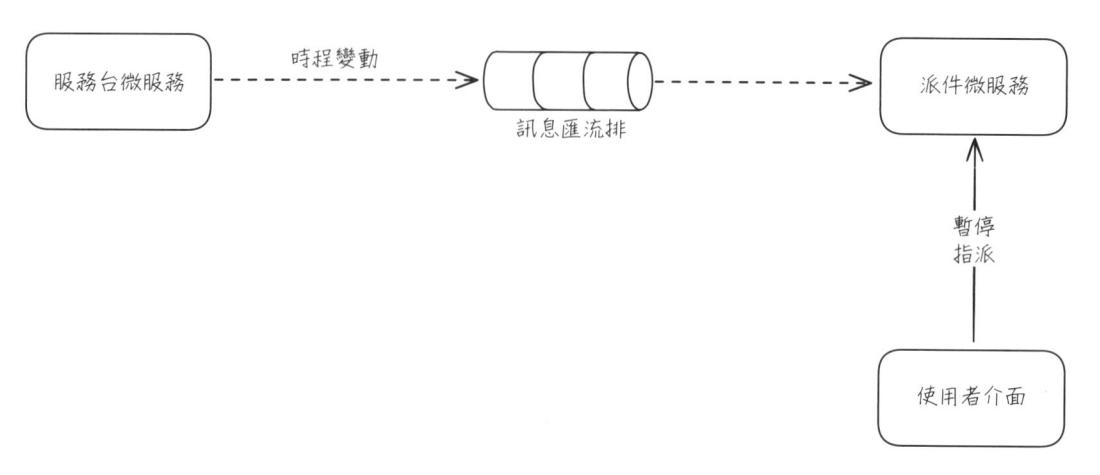

圖 11.3　將暫停指派功能挪到「派件」微服務，好平衡高整合強度與高變動性的組合。

這麼一來，「派件」邏輯可用的資訊就能保持高度一致。此外，從平衡耦合的角度來看，既然暫停指派功能和「派件」邏輯的距離被壓到最小，兩者間的高整合強度和高變動性就被抵銷了。

案例：從無整合強度到功能耦合

「奧可」系統中每次建立新的客服案件時，管理元件就會發出一個事件來描述這個新案件。有兩個訂閱者會聆聽這些事件（圖 11.4）：

- 「派件」微服務會聆聽新客服案件的通知，並在可用的客服專員中挑選最合適的來處理各個案件。被指派的專員會透過專門的事件回頭跟「客服案件管理」元件溝通。

- 「奧可」的「即時分析」子系統使用新客服案件的通知來監測新案件處理量，分析其趨勢，並監看服務台的整體成效。

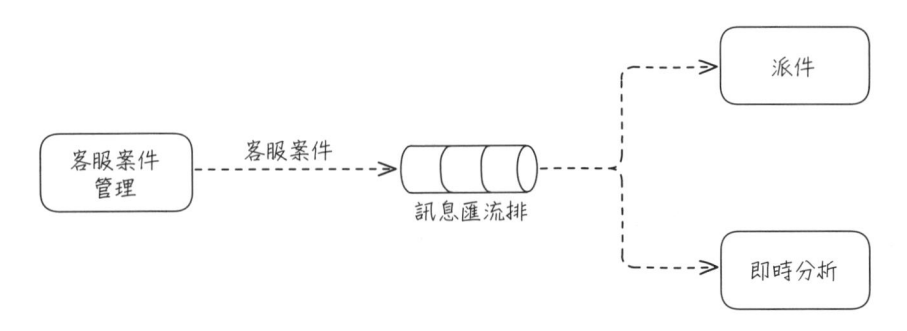

圖 11.4　「奧可」的「客服案件管理」服務會發佈事件，將新案件通知給其他元件。

負責「派件」元件的團隊注意到，系統在尖峰時間因為可用的客服專員人數不足，沒辦法消化所有進來的新案件。為了減輕這種問題，團隊決定根據以下條件來決定如何優先處理客服案件：（a）有高急迫性的客服案件、（b）被消費者標為「策略性」的客服案件，以及（c）最近有將其他案件提高處理等級的消費者的客服案件。這種急迫性評估邏輯（criticality assessment logic）被加入「派件」服務，如圖 11.5 所示。

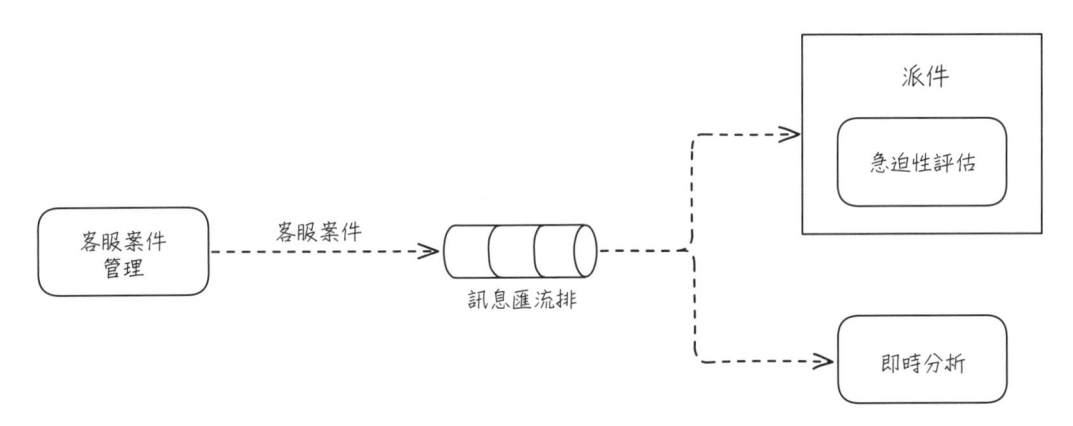

圖 11.5　急迫性評估邏輯被加到「派件」元件。

隨著時間過去，「即時分析」也出現需求要反映客服案件的急迫性。既然「派件」和「即時分析」元件沒有直接整合，團隊決定用同樣的邏輯來計算急迫性，並擴充傳入「即時分析」的事件（圖 11.6）。

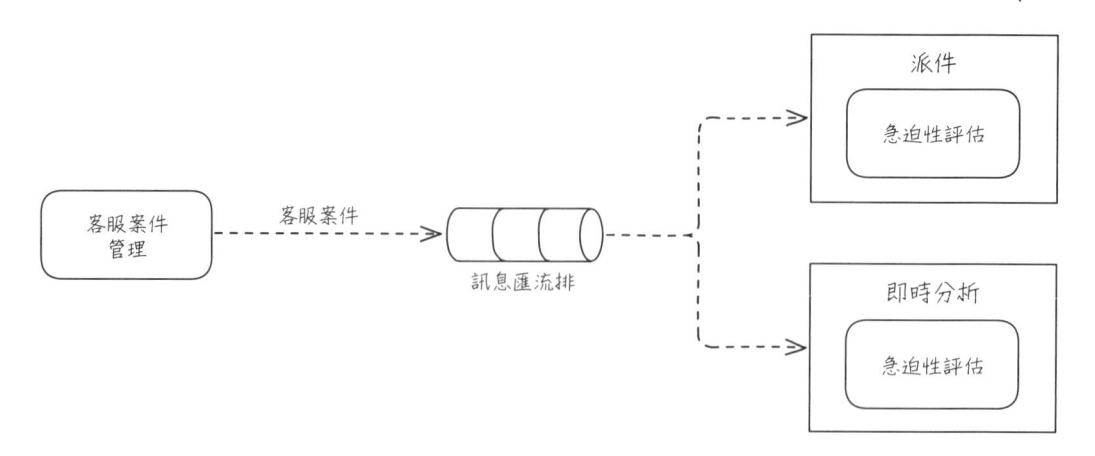

圖 11.6 「派件」與「即時分析」元件存在重複的急迫性評估邏輯。

　　由於急迫性評估邏輯被重複建立，原本沒有任何整合關係（也就是沒有整合強度存在）的元件，現在就產生了「功能」耦合。甚至，由於兩個元件之間的距離遠，這個新功能會提高系統的全域複雜性。但既然這種重複邏輯相對簡單、被預期不會改變，團隊決定留著它們不動 —— 低變動性抵銷了遠距離下的高整合強度。

變動性變動

　　當上游元件變動性低的時候，平衡耦合公式就能容忍複雜性的存在。但是，商業策略的改變有可能會把「支援」或「通用」子領域變成「核心」子領域，使之產生高度變動性。我們來分析以下兩個例子。

案例：從支援子領域轉為核心子領域

　　回顧前面由圖 11.6 示範的案例：「奧可」工程師決定在兩個距離相隔很遠的元件裡重複使用急迫性評估邏輯。這個功能很簡單，也不被認為會改變，因此被視為「支援」子領域。

　　但隨著時間過去，這種賦予某些客服案件優先權的做法證實很有效，讓公司能在尖峰時間客服專員人數不足時，仍然能處理所有請求。為了更上一層，「奧可」的分析部門決定實驗一些其他方案來找出急迫的客服案件。他們的目標是找出一種方法，能把客戶滿意度最大化，並在尖峰時間將客服專員人數最佳化。

企業策略的改變，使得原本被認為是「支援」子領域的元件變成了「核心」子領域。這下「即時分析」和「派件」微服務之間的耦合就不再平衡了——高整合強度、遠距離和高度變動性。而分析部門為了解決這種不均衡，決定「消除」兩個服務之間的距離：與其把重複功能擺在兩個元件內，它現在被移到「客服案件管理」服務，如圖 11.7 所示。

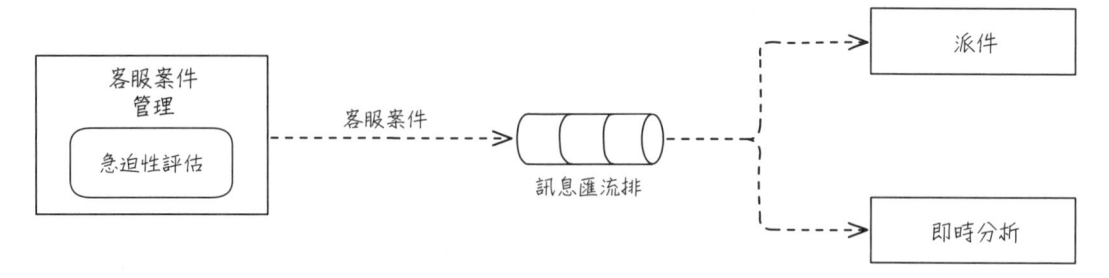

圖 11.7　將重複功能抽出來，移到「客服案件管理」元件，以便消除耦合距離。

案例：從通用子領域轉為核心子領域

在「奧可」系統的早期實作中，系統使用簡單的開源版內容管理系統（content management system，CMS）來管理其知識庫。CMS 讓「奧可」能維護文章、問答文件和其他能支援客服專員的有用資訊。

雖然知識庫管理功能被認為是「通用」子領域（低變動性），負責「客服案件管理」的團隊會直接拿案件內容擴充 CMS 的資料庫，這等於是在兩個子領域之間建立「侵入」耦合，如圖 11.8 所示。

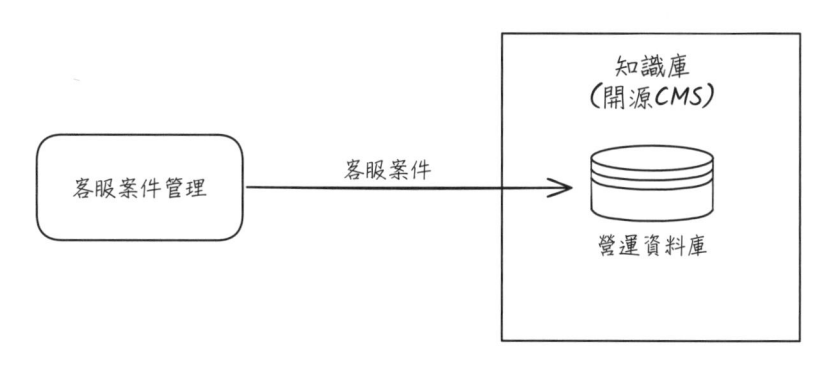

圖 11.8　對「通用」子領域產生「侵入」耦合。

當「奧可」系統持續成長時，公司發現它對知識管理的需求已經超越了現有 CMS 能做到的程度。因此，管理階層決定開發一套自家的知識管理系統，針對「奧可」獨特的需求量身打造。這個決策使得知識管理從「通用」子領域轉成了「核心」子領域。

這種子領域的轉變大幅提高了變動性，因此原本在「客服案件管理」跟「知識庫」之間存在的「侵入」耦合就不再適合。高變動性和遠距離的組合顯示有必要降低整合強度。於是，新「知識庫」服務的設計會強調其邊界，只允許別人透過其 API 提交資訊；這等於是利用了整合專用的資料模型，也就是「契約」耦合。

距離變動

元件之間的距離，是以它們在程式庫和組織結構中的實體位置來定義。這些因素的變化會增加或減少距離，因而破壞原有的整合平衡。我們來分析兩個能示範這種改變的案例。

案例：元件的實體位置與所屬組織改變

「奧可」系統最初的版本是實作成單體解決方案，「客服案件管理」、「派件」、「服務台」和其他模組都被包在同一個單體程式庫裡。

公司獲得成功和開始成長，於是更多研發團隊加進來。為了讓多重團隊的工作更順暢，「奧可」的主架構師決定把原本的單體程式庫拆成多重服務。這使得每個團隊都能管理一個以上屬於自己的服務。

本來模組在單體架構中彼此靠得很近，這讓模組邊界能快速調整，而要是模組需要更有效的介面，重構起來也相當容易。但一把程式庫拆成分離的服務後，模組之間的距離就增加了。這於是降低了它們的生命週期耦合，所以若有變動需要實作在多重模組身上，這也會增加溝通上的成本。

為了避免發生連鎖變動，團隊只得「鎖緊」模組邊界，包括減少跨過模組分享的知識量，或者更確切來說，在某些整合的服務之間降低整合強度，把「模型」耦合降低到「契約」耦合。

重新平衡複雜性

以上案例示範了功能、商業或組織成長能如何影響系統設計。然而，不是所有成長都能靠著重新平衡耦合力量就能應付。比如，在某些情境中，調整模組距離只會把區域複雜性轉為全域複雜性，或者把全域複雜性變成區域複雜性。那麼，我們要如何管理這種複雜性呢？下一章將會更深入鑽研系統成長及演進的本質，好解答這個問題。

重點提要

本章分析了軟體系統發生變動的原因，以及這些改變如何影響系統設計。軟體上的變動可分成兩類：戰術變動以及戰略變動。

戰術變動影響的是系統**如何**實作其功能 —— 包括現有設計決策能納入的新功能，或者改良系統現有的功能實作。

戰略變動則能打亂元件的平衡關係，使原有的模組化設計失效：

- 整合強度能隨著時間變強，例如有新功能被加入系統的時候。
- 整合元件的距離會因為元件重構或組織變動而拉遠。
- 變動性會因商業領域的變動而改變。

這類變動會對系統帶來深遠影響，你也得調整耦合的其他維度，才能恢復平衡耦合和解決這些問題。若未能注意到變動所致的不平衡，或者忘了做出反應、調整其他維度，最終就會釀成技術債和系統整體的意外複雜性。

測驗

1. 商業子領域的類型變化會帶來哪類變動？

    a. 戰術

    b. 戰略

    c. 戰術與戰略

    d. 不是戰術也不是戰略

2. 元件的整合強度增加時，我們該如何應對？

    a. 降低變動性

    b. 降低距離

    c. 若可行的話將整合強度重構到原始程度

    d. （b）與（c）皆對

3. 上游元件的變動性增加時，我們該如何應對？

    a. 降低距離

    b. 降低整合強度

    c. 在某些狀況下（a）與（b）皆對

    d. 以上皆非

4. 哪種變動會增加整合元件之間的距離？

    a. 組織變動

    b. 元件重構

    c. （a）與（b）皆對

    d. 以上皆非

Chapter 12
軟體設計的碎形幾何

耦合平衡達目的，
有如系統強心劑。
碎形法則催新生，
重塑知識架構體。

前一章在總結時，指出重新平衡耦合力量並不能解決所有複雜性；在某些情境中，這只會把區域複雜性轉成全域複雜性，或者反過來把全域複雜性變成區域複雜性。這種複雜性叫做「成長複雜性」，也是本章的討論重點。

我首先會開始探討系統如何成長。各位會學到為何成長對多數系統有利，理解有哪些原因會限制系統成長空間，以及如何延伸成長極限。對此請做好準備，因為我們會有如搭雲霄飛車穿過一個接一個不同學科。本章會深入各種系統核心的共通定律，橫跨物理、生物與社會科學。我們甚至會向現代科學之父伽利略・伽利萊（Galileo Galilei）尋求指引。最後，這些主題都會用來展示軟體設計的碎形幾何（fractal geometry）本質。

成長

成長（growth）是健康系統生命週期與生俱來的一環。軟體通常都會從小規模開始，可能只有幾個功能，然後在其商業可行性獲得證明後隨著時間擴張。這可能包括加入新模組、與其他系統整合，或是擴大規模來支援更多使用者。這種成長對軟體系統來說並沒有什麼特別；很多系統，從生命體、企業到城市，都是從小規模開始長大。

但更有趣的地方在於，歸類在「網路系統」的個體也具備同樣的成長動態。只要理解什麼是網路系統，還有它們如何對成長做出反應，就能幫助我們在延伸軟體系統的功能時應付必然存在的挑戰。

網路系統

Geoffrey West 教授花了多年研究複雜系統的成長動態。他的研究顯示，種類廣泛的系統在成長時都會受到同樣的物理定律支配，特別是以網路為基礎的系統（network-based systems）。West 在 2018 年提出定義，一個系統若具備以下三種特質，就屬於網路系統：

1. 空間填充（space filling）：系統的維生方式是在階層式分支網路裡傳遞能量，確保能量能送達系統的每個角落。

2. 最終單元不變性（invariant terminal units）：不論系統整體大小為何，對於能量送達的最終單元，在大小和特性上都會保持一致。

3. 最適化（optimization）：系統持續演化，好將能量浪費最小化，並將可用能量最大化。

基本來說，網路系統就是一個能量供應網路，將特定的能量輸送給所有元件。不論系統大小，在系統邊界接收到能量的最終單元都會是同樣大小。最後，用來傳遞能量的網路可以最佳化，好將系統效率提升到最大。

網路系統無所不在。我們自己的身體，或者任何生命體，就是網路系統的主要例子。循環系統的血管會傳送氧氣和養分給細胞（圖 12.1），也就是血管會服務身體裡的所有細胞。更重要的是，生命體不是靜態的——它們會持續改變，包括生命體在生命週期內成長的短期變化，以及透過種族演化來適應環境的長期變化。

城市是另一個網路系統的範例。城市將能量（水、電力、道路、通訊線路等等）傳遞給居民（圖 12.1）；城市基礎設施的用意是將能量帶給所有居民。而如同生命體，城市不是靜態的，而是會持續演進和適應。

網路系統的其他例子包括企業、社會結構、網際網路等。那麼，本書的主題——軟體設計——也是一種網路系統嗎？當然是。

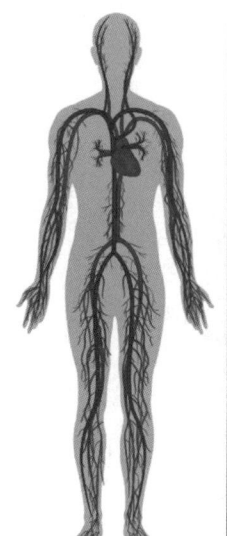

圖 12.1　循環系統跟城市都是網路系統的例子。
（影像來源：左，Matthew Cole/Shutterstock；右，watchara/Shutterstock）

以網路系統看待軟體設計

軟體系統內供應的能量是什麼？如第一章定義過、在後續章節也討論的，這能量就是**知識（knowledge）**。知識在軟體系統中流經的「管線」，則是模組本身的設計——更重要地，是模組之間的互動。

以平衡耦合的脈絡來說，在系統內流動的知識量是由「整合強度」來描述，而「距離」反映了知識在系統內穿越的路線。回到網路系統的三個特質，這三點在軟體設計中都明顯存在：

1. 空間填充：知識雖然能改變形體，它最終會抵達系統的所有元件，從高階模組一路往下到在系統最低層級執行的機器碼。

2. 最終單元不變性：到頭來，所有在系統模組之間溝通的知識都會被轉譯成機器碼指令。不論系統大小，機器碼和執行它的硬體都會維持相同。

3. 最適化：用來傳遞知識的網路——以元件邊界的設計來表示——是能最佳化的。最佳化過程代表改良系統設計和演進其功能。

現在我們確立了軟體系統是一種網路系統，接著就來看我們能使用 West 的研究獲得哪些見解。首先，我們來討論系統到底為什麼會成長。

為何系統會成長？

網路系統的所有面向不見得都會以相同的速率成長。有些成長得較快，有些則較慢。請看以下範例：如果一座城市變成兩倍大，它會需要兩倍的加油站來替加倍的居民供應汽油嗎？很有趣的是答案是否。研究顯示，若城市變成兩倍大，加油站數量只需要增加85%（Kuhnert 等人，2006）。

類似的經濟規模也能在生命體身上觀察到。舉例來說，如果一隻狗是另一隻的兩倍大，它會需要兩倍的食物嗎？平均來說，小獵犬的體重是巴哥犬的兩倍，但小獵犬每天需要的熱量只比巴哥犬多 75%[1]。

這些是次線性（sublinear）縮放的例子：就算系統大小加倍，它所需能量的增加幅度也低於相同比例。如圖 12.2 所示，線條（a）是線性縮放，（c）則是次線性縮放──成長得比線性函數慢。系統的其他方面則能以超線性（superlinear）成長──成長幅度高於線性函數，如圖 12.2 內的線條（b）。例如，若一座城市是另一座的兩倍，那麼它需要的社交互動跟機會就不只是兩倍（West，2018）。

1　Kleiber, M，1947：「身體大小與代謝速率」（Body size and metabolic rate）。《Physiological Reviews》27, no. 4: 511-41。doi.org/10.1152/physrev.1947.27.4.511。

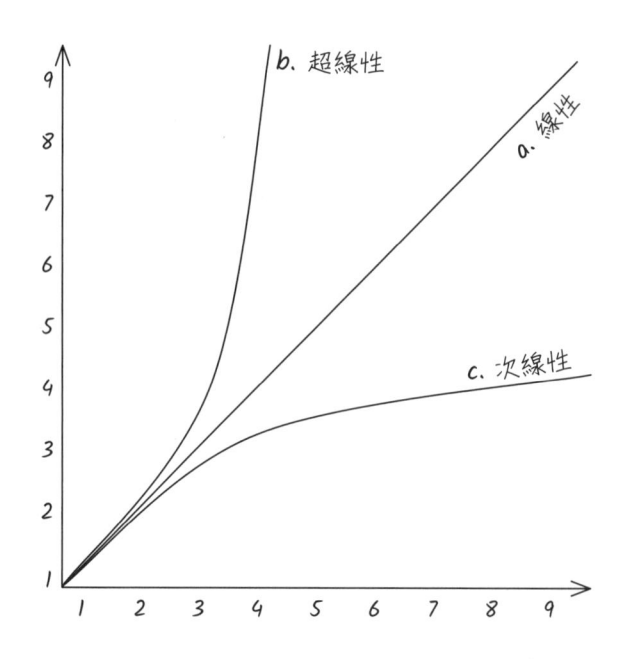

圖 12.2　成長動態：線性（a）、超線性（b）、次線性（c）。

不同的成長速率，使得系統縮放時能得到極大的好處 —— 系統擴大時會變得更有效率。以下是一些例子：

- 較大型動物在每單位體重所需消耗的熱量低於較小型動物。
- 較大型的船在每單位貨物分攤的阻力會小於較小型的船，因此比小型船有更好的效率。
- 城市人口成長時，其生產力和創新能力通常會以更快的速率成長。

話雖如此，要是更大的系統會比較小的系統更有效率，那麼系統為什麼不能無限成長呢？

成長極限

系統長大時會變得更有效率，但系統不想要的部分也會同樣提升效率。例如，城市擴張時，生活成本、犯罪率、疾病傳染和其他壞方面都會**超線性**成長。

伽利略‧伽利萊在他 1638 年的書《兩種新科學的論述與數學驗證》（*Discourses and Mathematical Demonstrations Relating to Two New Sciences*）中討論了這種現象的另一個有趣例子。他在書中解釋為何生命體無法成長到超過特定大小。他請讀者思考一根木樑：若它各邊長都放大到兩倍大，其重量會隨著三維空間增加 —— 變成兩倍高、兩倍寬和兩倍長，整體重量於是變成八倍。

然而，木樑的抗斷裂能力取決於其橫切面，而這只會用兩個維度（寬和高）定義，如圖 12.3 所示。

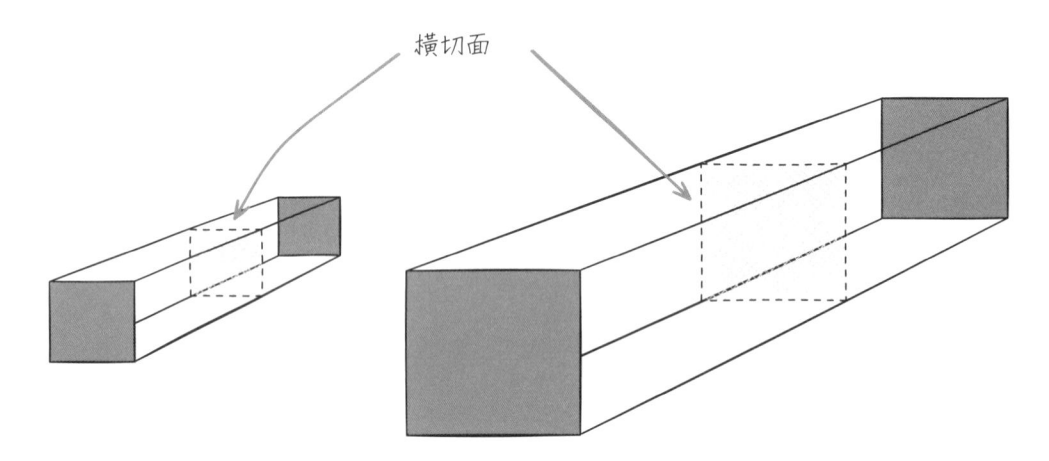

圖 12.3　將木樑各邊放大至兩倍，其重量將增為八倍，但抗斷裂能力只會增為四倍。

因此，木樑按比例放大時，它的重量增加速度會快過抗斷裂能力的成長速度。伽利略用這個論點解釋，這就是為何沒有馬兒或貓咪長得跟天際一樣高 —— 牠們的骨骼會被自己的體重壓垮：

> 你能發現，不論在藝術或自然中，都不可能將結構大小增加到龐大的維度 ...... 也不可能建構出人類、馬匹或其他動物的骨骼，使之能保持完整和實現正常功能 ...... 因為若一個人的身高以異常方式增加，他將會倒下和被自己的體重壓垮。
>
> —— 伽利略‧伽利萊

系統不同元素會有不同的成長速率，這也解釋了為何網路系統有著與生俱來的成長極限。系統可以增長和變得更有效率，直到負面效果超過正面效果，使系統「被自己的體重壓垮」。

那麼，成長極限會以什麼形式出現在軟體中呢？

軟體設計的成長動態

假設你剛剛完成「奧可」系統的第一個版本，它有基本的客服案件生命週期管理和使用者管理／授權功能，也提供了基本的使用介面給客服專員使用。下一版系統應該要有兩倍的功能[2]，公司需要能用更複雜的方式管理客服案件，並將目前需要手動進行的工作自動化（比如指派案件給專員）。

然而，系統功能加倍需要實作兩倍的知識嗎？除非新功能得實作在全新、完全不相干的系統內，這些功能至少有一部分能建立在既有的知識上。比如，處理客服案件的基本功能仍然是有用的，新功能不過是延伸它而已。

換句話說，把系統功能加倍並不需要讓知識加倍。如圖 12.4 展示的，系統功能**線性成長**時，知識則是**次線性成長**。這就是為何人們會很想在系統中加入多更多功能 —— 你能把它們建立在既有的知識上。

2　在單一一個版本把功能加倍，表示這很可能是用瀑布模型來開發。因此這是純屬假設的例子。

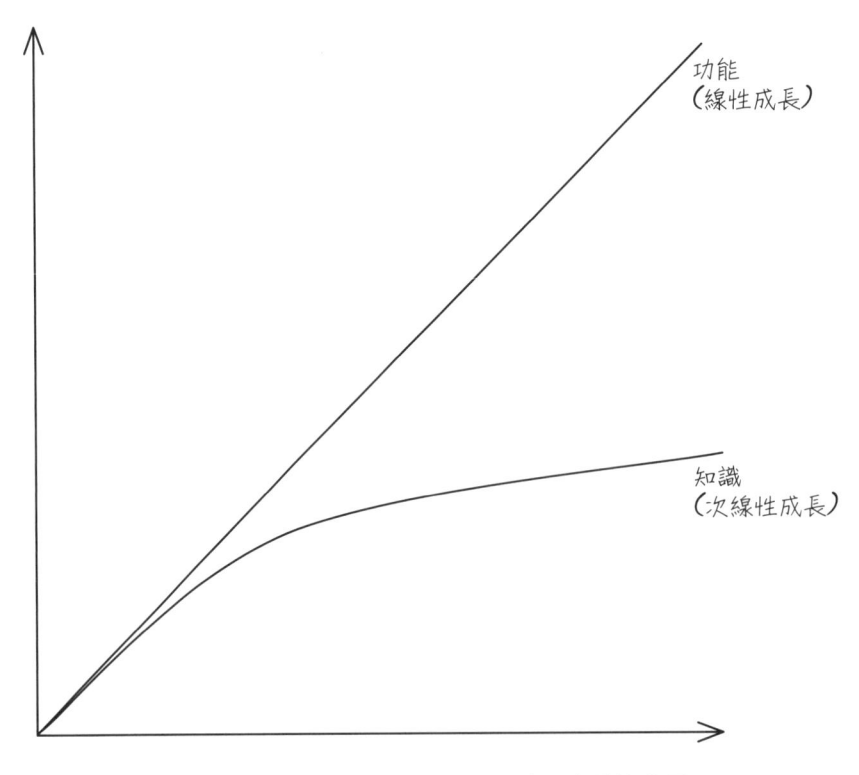

圖 12.4　延伸系統功能時，其知識會呈次線性成長。

　　話雖如此，為了延伸系統功能，你得如第十一章所討論的在系統中加入越來越多元件。不管元件是服務、物件還是方法，這都是納入新功能的必要辦法。但加入系統的東西不是只有元件而已；元件之間的互動是讓系統得以運作的關鍵。既然一個元件有可能跟不只一個其他元件互動，系統的整體互動量便會**超線性成長**。

　　為了簡化起見，我們假設系統每個元件都會跟其他每一個元件互動。圖 12.5 展示了系統在不同元件數量下可能有的互動[3]。

3　這個理由和例子也能用來描述，為何團隊成長到超過某個大小後就會效率不彰。

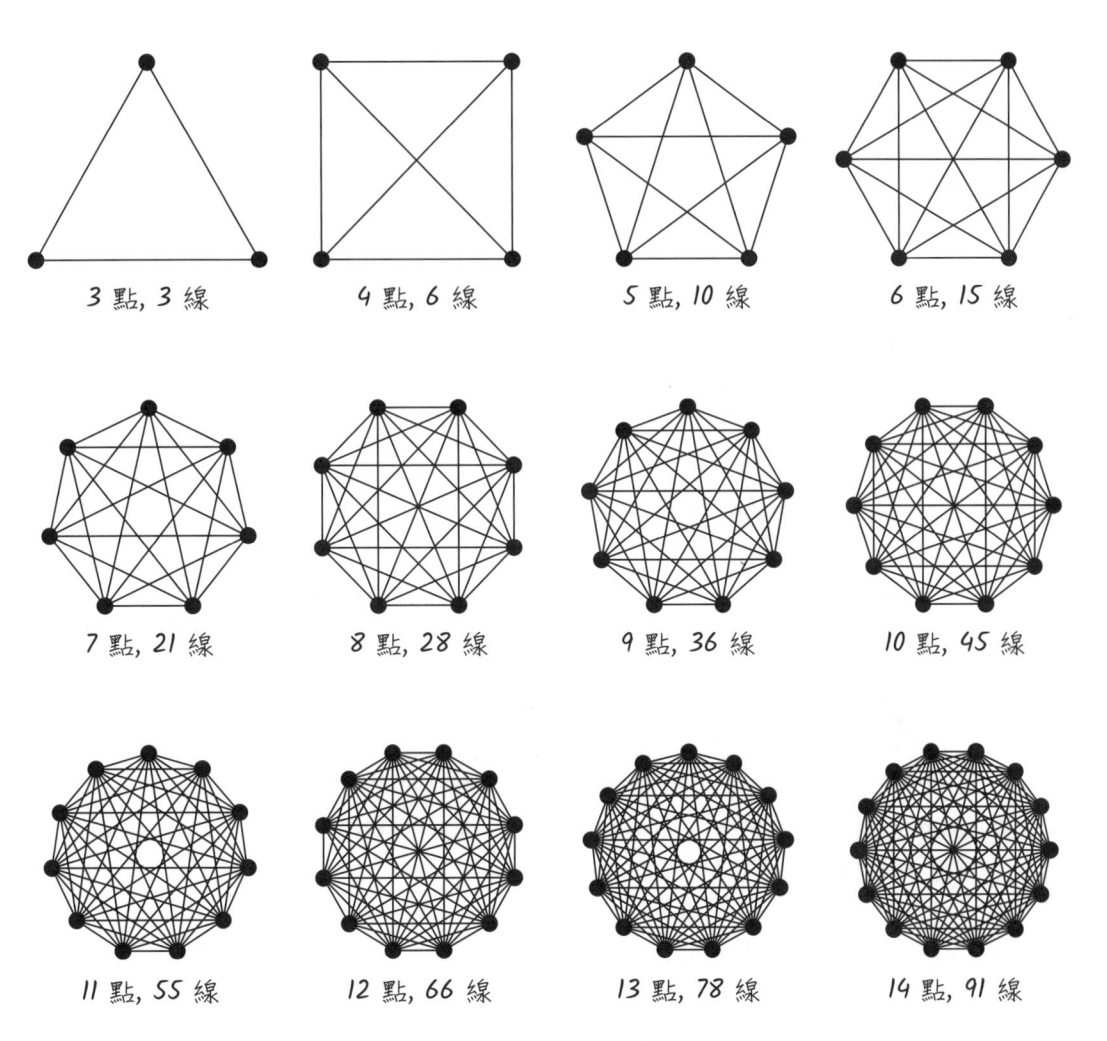

3 點, 3 線　　4 點, 6 線　　5 點, 10 線　　6 點, 15 線

7 點, 21 線　　8 點, 28 線　　9 點, 36 線　　10 點, 45 線

11 點, 55 線　　12 點, 66 線　　13 點, 78 線　　14 點, 91 線

圖 12.5　個體數量增加時，互動數量會隨之超線性成長。

　　系統中的跨元件互動數量越多，一個人要搞懂系統如何運作或者試著修改它的認知負擔，就會越高。很可惜的是，我們的認知能力幾乎是靜態的，沒辦法跟上超線性的可能互動增長。因此到了某個階段後，認知負擔就超出了我們的認知能力，而系統從這個階段開始便會變得複雜（圖 12.6）。

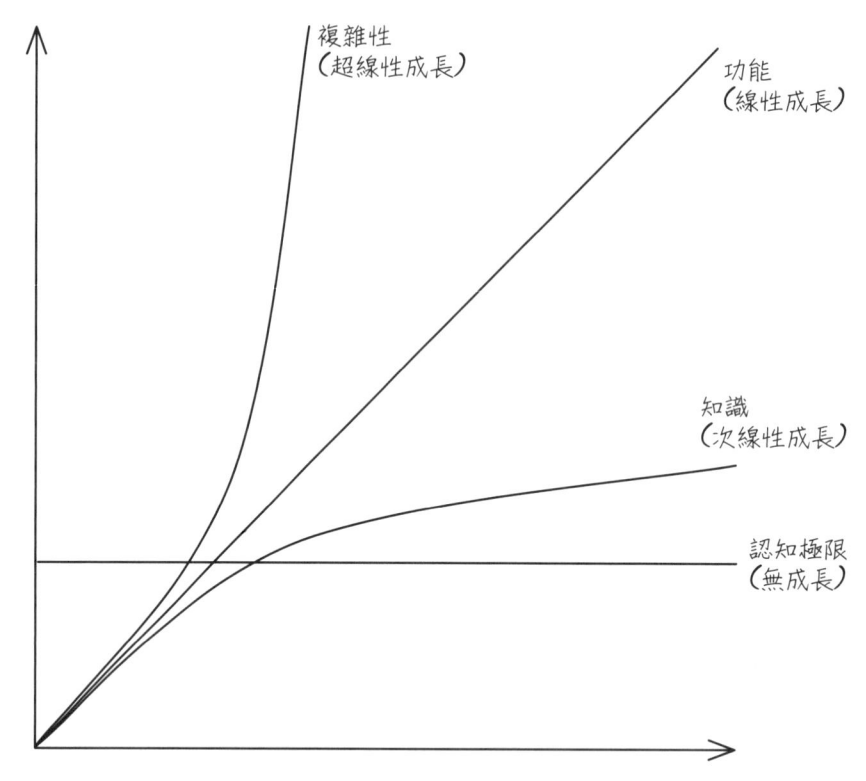

圖 12.6　軟體系統的成長動態 —— 功能（線性成長）、知識（次線性成長）、複雜性（超線性成長）、我們的認知極限（無成長）。

那麼，這是否意味著系統超過某個大小後就沒辦法加入新功能了？非也。我們回來看看網路系統，好了解成長極限能如何被延伸。

創新

伽利略不只定義和解釋了成長極限，也描述了如何克服它們：

> ... 增加身高的唯一方式是**採用比普通材質更堅硬、更強韌之物，或加大骨骼尺寸**，進而改變了動物的形狀，使其體型和外表宛如巨大怪物。
>
> —— 伽利略・伽利萊（強調處為另外加上）

為了克服成長極限，伽利略提出兩種解法：一是改用更強韌的材質，例如若一匹馬的骨骼是由鋼鐵構成，那牠當然能長到更大。其次是改變生物的體型和比例，讓牠能承受增加的體重。各位在圖 12.7 可看到伽利略的草圖，示範骨骼要怎麼改變才能承受增加為三倍的體型。

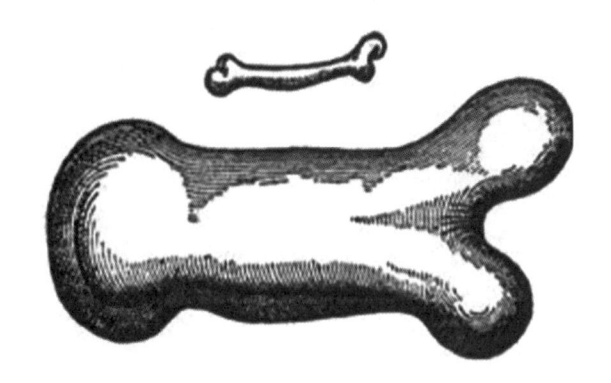

圖 12.7　伽利略的草圖，展示生物體型變成三倍時骨骼要如何改變方能適應。

這兩種解決辦法都需要創新：用更強韌的材質，或設計能承受額外體重的新體型。無論如何，創新就是得以繼續成長的關鍵。

我們回來看一個網路系統的例子。一座過度擁擠的城市會對其居民帶來諸多挑戰，包括更高的呼吸道傳染病、不足的基礎建設和高犯罪率，這設下了城市成長的限制。但這種限制是怎麼決定的，哪樣的城市會被認為過度擁擠呢？同樣的限制在中世紀城市和現代城市都適用嗎？

歷史資料顯示大約五千年前，人類最大的聚落有大約五萬人，而到了兩千年前，這數字增加到一百萬人，一百年前則是六百五十萬人。如今（2024 年）已經是三千七百萬人了。這段期間到底發生了什麼事？建築技術的革新使得能在同一塊區域舒適生活的人數急遽增加，比如鋼骨摩天大樓以垂直成長方式大幅提升城市居住空間。此外，交通與通訊的革新讓我們能把成長極限進一步往後推，讓人們能住在離工作地點更遠的地方。換言之，創新改變了城市在歷史上的「材質」與「結構」，使它們能超越過去的成長限制。

此外，按照伽利略的第二種解法，能促成成長的創新不見得必須是在技術方面。生命體就透過演化「形體」來支撐更大的身軀 —— 骨骼能變得更密、更寬或兩者皆有。想想看獅

子和家貓，獅子為了支撐更大的身形，其骨骼演變得更強健、更厚和更密，反之家貓則更小和更輕，骨骼結構沒那麼密，但足以支撐其體重。但雖然有這些差異，獅子和家貓的基本骨骼設計相似得出奇，這顯示大自然如何能在既有框架下帶來創新，好適應不同的身體尺寸和需求。

最後，商業管理專家 Eliyahu Goldratt 有力地表達了同樣的原則，指出科技若要帶來益處，唯一前提就是它能降低至少一種限制（Goldratt，2005）。這概念進一步證實了創新在克服潛在成長阻礙時扮演的重要角色，不管在任何領域──管他是生物學或商業管理──皆然。

軟體設計內的創新

軟體系統的成長極限，就在它變成「大泥球」的那一刻（Foote 與 Yoder，1997）：

> 「大泥球」是一個結構雜亂、四處蔓生、鬆散、草率組合、一團亂的程式碼叢林。這種系統表現出錯認不了的跡象，**其成長絲毫未受管控**，且一再地以權宜之計修補。
>
> ── Brian Foote 與 Joseph Yoder（強調處為另外加上）

軟體的功能增加時，它的壞方面──系統元件之間非預期的互動──也跟著增長。這些非預期互動會以臭蟲的形式出現，或是被綁在一起而被迫共同演進的模組。無論是哪個情況，這些互動都會提高系統的複雜性：當前架構無法承受系統中以程式碼表達的知識成長。

依循伽利略的論證，我們有兩種方式來對付成長帶來的複雜性：使用不同的材質，或改變系統形狀。第一種選項，使用不同的材質，唯一可行方式就是把我們自己換成人工智慧，以便比人類更能應付複雜性。我們（幸好暫時）還沒走到那一步。這於是留給我們第二個選項，改變系統形狀，而這在當前也跟軟體系統更相關。

若用網路系統的觀點來看，軟體設計其實就是以網路結構組成的模組，而網路中傳遞的東西即為知識。若要改變系統形狀來對抗複雜性，這代表你得將知識分享的方式最佳化。那麼，我們在本書第一部討論過的哪些概念能夠做到這件事呢？

以抽象化作為創新

軟體模組會構成知識在系統中流動的管道。當這些元件之間的互動跟相依性變得太複雜時，就表示知識流動需要最佳化了。

第十一章討論過系統的戰略變動，以及某些變動如何能藉由重新平衡耦合來解決：調整整合強度或距離，好因應其他整合維度的變化。然而，我在此重申該章的引子：重新平衡不見得永遠足夠。在某些狀況下，你會需要更全面的架構變動。

第四章則討論了軟體模組的抽象化意義。抽象化的用意是創造新的語義層級，讓我們能在當中追求絕對的精確（Dijkstra，1972）。效率不彰的抽象層會透露無關的知識，或者移除必要的知識（或兩者皆有）。因此，在系統成長的某個階段，或許有必要「在設計上創新」──換言之，引進新的抽象層，以便更有能力應付系統增加的功能。下面我們來看個範例。

請看圖 12.8 展示的「奧可」系統第一版。既然這是最初版本，其功能有限，全部十個物件也都擺在同樣的命名空間下。

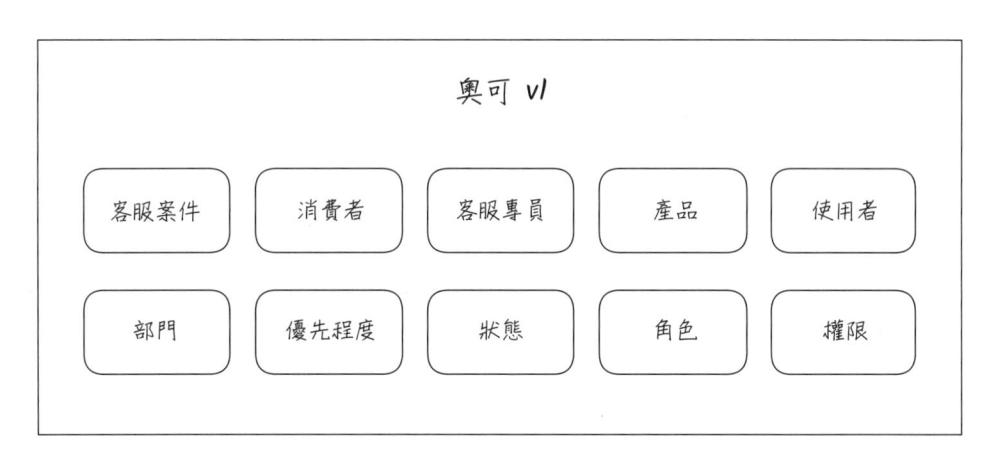

奧可 v1

客服案件　消費者　客服專員　產品　使用者

部門　優先程度　狀態　角色　權限

圖 12.8 　「奧可」第一版實作的物件。

如我在前面「軟體設計的成長動態」小節中討論的例子，「奧可」的第二版必須要把功能加倍，而實現方式是將原本的人工流程自動化：指派客服案件給專員以及收費。若把這些功能實作在同一個邊界內，就會導致不相關的物件（低整合強度）彼此鄰近（近距離），

使得「奧可」系統產生區域複雜性。於是，團隊決定加入更高一層的模組——「案件管理」、「身分與存取」、「派件」以及「收費」，如圖 12.9 所示。

奧可 V2 (抽象化前)

客服專員	指派	計費週期	急迫性	消費者	部門	發票
訊息	權限	計費級距	優先程度	產品	佇列	角色
時程	狀態	訂閱方案	客服案件	用量指標	使用者	

⬇

奧可 V2 (抽象化後)

客服案件管理
- 客服案件、優先程度、消費者、客服專員
- 狀態、產品、訊息

身分與存取
- 使用者、角色
- 權限、部門

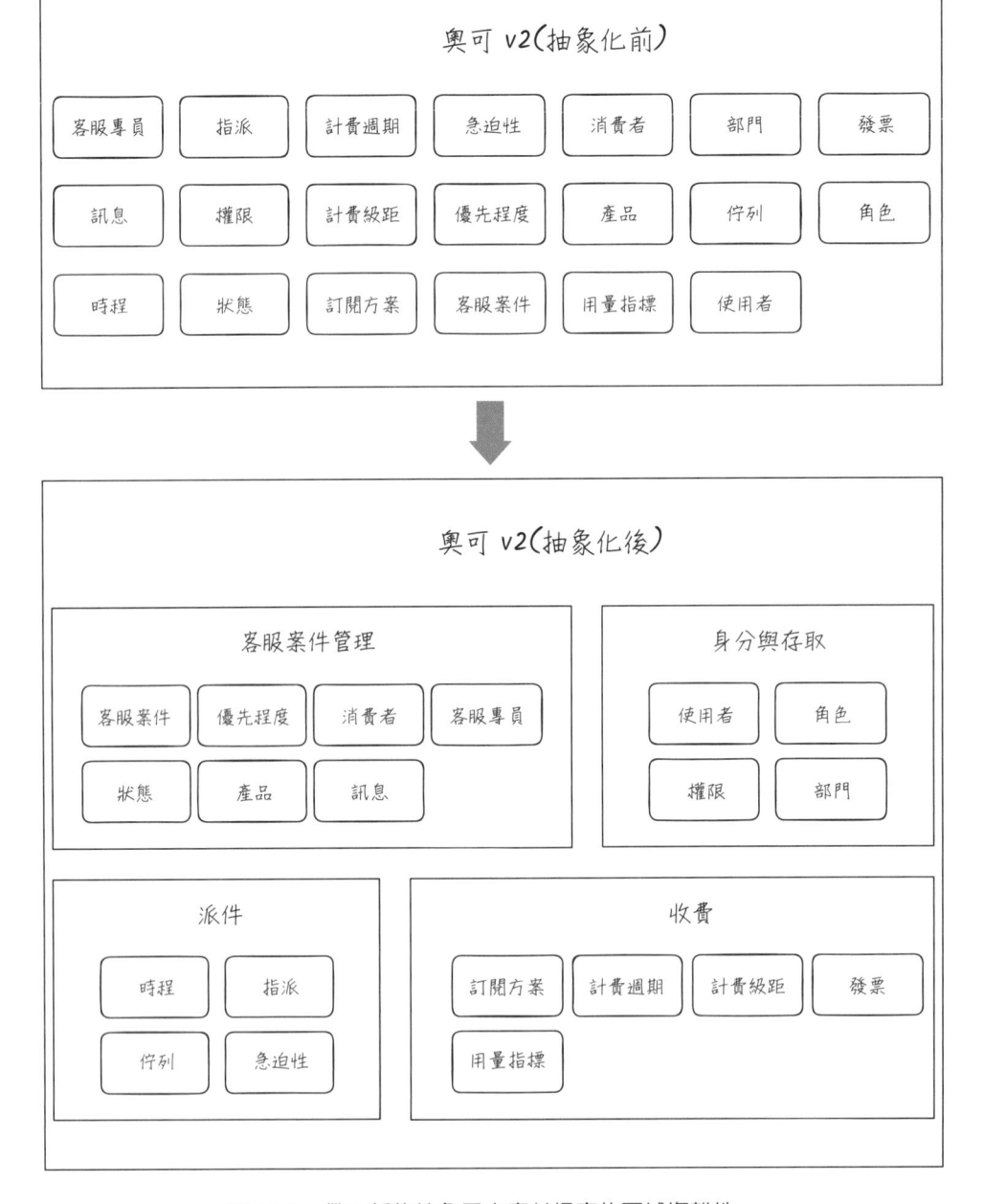

派件
- 時程、指派
- 佇列、急迫性

收費
- 訂閱方案、計費週期、計費級距、發票
- 用量指標

圖 12.9　帶入新的抽象層來應付提高的區域複雜性。

從微觀角度來說，我們在一個軟體模組內管理元件時也會運用類似的技巧，不管互動是來自命名空間、類別還是類別內的方法。而從巨觀角度來說，這方式也能套用在公司人員組織上──每個組織單位都代表它提供的一個以上的服務，它們會以抽象化將內部作業隱藏起來。當公司擴張時，一個部門或許會拆成兩個不同單位，各自繼承原部門的一部分職責。在某些時候，公司甚至能切割成幾個獨立個體，各自擁有不重疊的責任。我們可以把David L. Parnas 的話（1971）換個方式說：一切的重構最終都可歸納為責任指派。

軟體系統的碎形本質──前面各章也一再呼應到這個主題，討論到系統的系統、碎形複雜性和階層式模組──並非巧合。碎形幾何是大自然減輕複雜性的辦法，但它究竟是什麼呢？

碎形幾何

> 高度複雜、能自我維持的結構，不管是細胞、生命體、生態系、城市或企業，都需要讓它們極為大量的組成單位密切整合，以便在所有規模有效率地提供服務。**在活體系統中，這已經透過演化出類似碎形、以階層方式分裂的網路系統來實現。**
>
> ── Geoffrey West（2018）（強調處為另外加上）

碎形（fractal）是一種幾何形，能夠不斷分裂，新產生的部位都是整體幾何形的縮小版形式。換言之，這是個會在不同規模自我重複的模式；這種特質稱為**自相似（self-similarity）**。

說到碎形，通常會聯想到數學模型產生的魔幻圖案，比如曼德博集合（Mandelbrot set）、朱利亞集合（Julia set）、謝爾賓斯基三角形（Sierpinski triangle）或科赫雪花（Koch snowflake）（圖 12.10）。這些錯綜複雜又令人著迷的圖形是透過簡單數學定律或公式來一再重複，產生出在不同規模重現的類似結構。

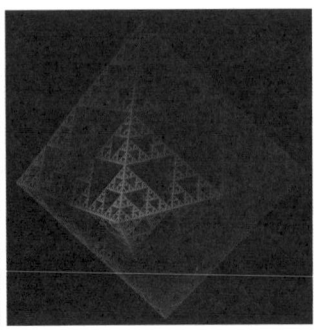

圖 12.10 數學模型產生的碎形模式。（影像來源：左，Florin Capilnean/Shutterstock；中，Albisoima/Shutterstock；右，Reinhold Leitner/Shutterstock）

數學碎形雖然迷人，但自相似的概念並不僅於此。大自然在各種現象中廣泛使用碎形作為藍圖，其規模從無窮小到極為巨大都有（圖 12.11）。我們能在樹枝、葉脈網路和雲朵的結構中看到碎形。即使從宇宙規模來看，散佈在宇宙中的銀河系也呈現了碎形特質。某方面來說，碎形是大自然最愛用來平衡混亂與秩序的配方。

回想一下次線性和超線性的成長速率，這些都能讓網路系統在成長時變得更有效率。事實上，這種效率提升，正是直接拜這些能量供應網路中固有的碎形幾何特質之賜[4]。

---

4 West, G.B.、J.H. Brown 與 B.J. Enquist，1999：「生命的第四維度：碎形幾何與生命體的異速生長縮放比例」（The fourth dimension of life: Fractal geometry and allometric scaling of organisms）。《科學》（Science）284, no. 5420: 1677–79。doi.org/10.1126/ science.284.5420.1677。

圖 12.11 大自然的碎形模式。（影像來源：左上，vvoennyy/123RF；右上，Morgenstjerne/Shutterstock；左下，dimitris_k/Shutterstock；右下，Unsplash (Courtesy of NASA)）

碎形模組化

　　由於前面幾節確立了軟體設計是網路系統，我們便可借鏡大自然，把碎形幾何套用在知識散佈的最佳化這方面。為了做到這點，我們得定義一個自相似原則，能夠應用在各種規模層級。而第十章其實就已經定義了這種自相似原則：平衡耦合。

整合強度模型定義了四種知識：實作細節（侵入性）、功能、模型和整合專用的契約，而這四種知識是相對性的。某個層級的整合契約對更高的層級來說，就可能會被視為實作細節。例如，某個物件的公開介面對另一個微服務來說是實作細節，除非這物件被越過微服務的邊界來分享。同樣的，一個微服務的整合契約從完全分離的系統來看，也會被看成實作細節。

距離也是相對性的，一個語言標準函式庫的不同物件型別，或許會被認為彼此距離很遠。但當你從更高的抽象層級（比如服務層級）檢視系統時，這種規模下的「距離」就改變了。

因此，平衡耦合模型（balanced coupling model）能被應用在所有抽象層級 —— 系統的不同碎形層級 —— 以便評估元件互動的設計。下一章將會講解如何將這些原則套用在實務中。

重點提要

我們探討軟體設計的塑造力量的旅程，於本章正式完結。各位學到什麼是網路系統，以及軟體設計為何是一種能量供應網路：系統設計會透過其元件的介面「輸送」能量（知識）。

網路系統的各種面向的成長速度不見得跟系統本身一樣。有些成長得比系統慢（次線性），有些則比系統快（超線性）。這些成長差異使得越大的系統會越有效率；在延伸系統知識時，你可以拿已經建置的知識當成基礎。但隨著系統增長，不好的部分也會變得更有效率。以軟體系統來說，當它的功能增加時，複雜性也會呈超線性成長。

透過成長提高的複雜性，會限制軟體系統的成長潛力。但如同大自然，軟體系統的複雜性能透過碎形模組化（fractal modularity）來應付：你應該讓所有高低抽象層級的元件互動都取得平衡。這表示平衡耦合模型也是一種自相似原則，可用於引導模組化系統的設計。

測驗

1. 為什麼系統無法無限制成長？

    a. 你需要極大的工程成本來實作所有系統功能

    b. 有執行效能上的限制

    c. 系統的壞面向會超線性成長，增加系統複雜性

    d. 以上皆是

2. 若把軟體視為以網路為基礎的系統，它的「血管」內流動的能量是什麼？

    a. 資料

    b. 商業領域知識

    c. 系統設計知識

    d. （b）與（c）正確

3. 哪一種成長動態的成長速度最慢？

    a. 次線性成長

    b. 線性成長

    c. 超線性成長

    d. 以上三者速度相同

4. 哪一種創新能讓系統成長到超過成長極限？

    a. 改變其形狀

    b. 引入更有效率的材質

    c. 不可能成長到超越成長極限

    d. （a）與（b）正確

5. 哪種創新能讓軟體系統維持成長？

    a. 重新設計元件互動來平衡耦合力量

    b. 引入必要的抽象層來封裝增加的複雜性

    c. 更快的資料庫

    d. （a）與（b）正確

Chapter 13
平衡耦合實務

> 開發學習如海深，
> 模式原則本同根。
> 系統設計高或低，
> 耦合平衡必達陣。

第十二章探討了網路系統中的成長動態，並解釋為何創新是維持其成長的關鍵。各位也學到複雜網路理論如何能套用在軟體設計。本章則會將理論付諸實務，提出八個案例來示範前面討論的概念能怎麼應用在不同的抽象層級。每個個案都分析了團隊做出的設計決策，還有你如何能套用平衡耦合模型來改善狀況。

微服務

在設計「奧可」系統的高階架構時，所有團隊選擇走微服務路線。這個決策是基於微服務具有高度彈性和模組化特質，讓系統元件能獨立部署、開發和調整規模。我們來看看這些團隊會面臨哪些難題。

案例 1：事件分享了不相關知識

「客服案件管理」微服務用來管理客服案件的生命週期。由於這屬於「核心」子領域，團隊決定採用事件溯源（event sourcing）模式：客服案件狀態的所有變動都會包裝成事件（列表 13.1）。

列表 13.1：使用事件代表客服案件狀態轉移的範例

```
[
    {
        "eventId": 200452,
        "eventType": "CaseCreated",
        "timestamp": "2023-07-04T09:00:00Z",
        "caseId": "CASE2101",
        "customerId": "CUST52",
        "description": "消費者回報產品問題。"
    },
    {
        "eventId": 200453,
        "eventType": "CaseAssigned",
        "timestamp": "2023-07-04T10:30:00Z",
        "caseId": "CASE2101",
        "assignedTo": "AGNT007"
    },
    {
        "eventId": 200454,
        "eventType": "CaseUpdated",
        "timestamp": "2023-07-04T14:15:00Z",
        "caseId": "CASE2101",
        "message": "..."
    },
    {
        "eventId": 200455,
        "eventType": "CaseEscalated",
        "timestamp": "2023-07-05T16:45:00Z",
        "caseId": "CASE2101",
        "escalationLevel": "Level 2",
```

```
        "message": "..."
    },
    {
        "eventId": 200456,
        "eventType": "CaseSolutionProvided",
        "timestamp": "2023-07-08T11:30:00Z",
        "caseId": "CASE2101",
        "message": "..."
    },
    {
        "eventId": 200457,
        "eventType": "CaseResolved",
        "timestamp": "2023-07-09T13:45:00Z",
        "caseId": "CASE2101",
        "message": "..."
    },
    {
        "eventId": 200458,
        "eventType": "CaseReopened",
        "timestamp": "2023-07-11T09:15:00Z",
        "caseId": "CASE2101",
        "reason": "..."
    },
    {
        "eventId": 200459,
        "eventType": "CaseAssigned",
        "timestamp": "2023-07-11T10:30:00Z",
        "caseId": "CASE2101",
        "assignedTo": "AGNT009"
    },
    {
        "eventId": 200460,
        "eventType": "CaseUpdated",
        "timestamp": "2023-07-12T14:45:00Z",
        "caseId": "CASE2101",
        "message": "..."
    },
```

```
    {
        "eventId": 200461,
        "eventType": "CaseResolved",
        "timestamp": "2023-07-13T16:00:00Z",
        "caseId": "CASE2101",
        "message": "..."
    }
]
```

這種事件溯源模型讓「奧可」系統能分析所有系統決策,並用這些見解來最佳化企業流程。這也能讓「奧可」產生客服案件的多重表示方式,比如事件能用來產生營運決策、分析之類用途的模型。

負責「客服案件管理」元件的團隊決定把其所有內部事件對外發佈,讓其他微服務訂閱它們。其中一個訂閱者是「客服自動導航」微服務,如圖 13.1 所示。「客服自動導航」團隊能存取客服案件的所有資訊,並用它們來訓練一個機器學習模型。這模型稍後會用來替新的客服案件自動產生解決方案。

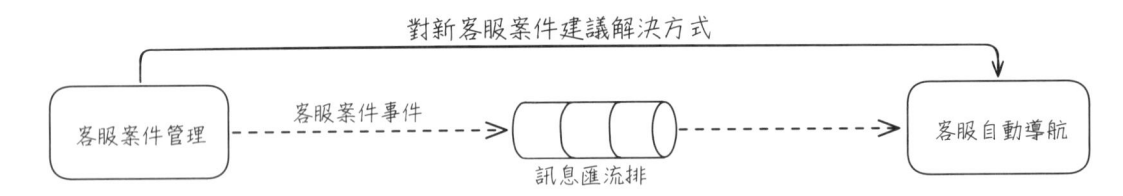

圖 13.1 「客服自動導航」服務訂閱了「客服案件管理」元件發佈的所有事件。

起初這個設計被認為很成功,但隨著時間過去,兩個團隊之間開始起了磨擦:當「客服案件管理」的事件溯源模型有所演進,比如加入新事件或修改既有事件時,這些變動必須跟負責「客服自動導航」的團隊溝通和協調。這因此經常引發整合問題,或者拖延演進模型所需的時間。為什麼會發生這種事呢?我們來從平衡耦合的角度分析這種設計。

「客服案件管理」是「核心」子領域,因此其變動性高。兩個元件之間的距離也很遠;它們是不同團隊實作的不同微服務。然後來看「客服案件管理」用來反映客服案件狀態轉

移的模型，當這些事件跨過服務邊界分享時，就產生了「模型」耦合——下游元件（「客服自動導航」）現在知道「客服案件管理」的內部模型長什麼樣子。

儘管「模型耦合」在整合強度模型中算比較低的層級，它仍會共享大量知識。高變動性、遠距離進一步加劇了其效果，導致團隊之間出現摩擦。

甚至，一個設計合宜的微服務應該是個「限界上下文」（bounded context）。「限界上下文」的定義是一個邊界，讓模型可在其內部使用。這暗示了模型應該封裝在其「限界上下文」（微服務）[1] 之內。因此，將內部模型公開出去，結果招致團隊之間的整合困難，也就不足為奇了。

為了解決這問題，「客服案件管理」團隊決定把微服務公開的知識減到最低。該團隊和「客服自動導航」的團隊開會，問他們究竟需要哪些資訊，而接收資訊最方便的格式又是什麼。兩個團隊針對「客服自動導航」最理想的事件綱要（event schema）達成共識——與其得處理大量類型的事件，所有事件綱要會合併成單一一個事件，只包含必要的資訊。

整合事件對於每個客服案件，應該包括以下資訊：案件建立時間、最後修改時間、相關消費者的身分、所有相關的訊息、案件狀態、是否重啟或提高處理等級的旗標、目前指派的客服專員，以及處理過此案件的所有專員。這個整合事件綱要如列表 13.2 所示。

列表 13.2：整合專用事件範例

```
{
    "caseId": "CASE2101",
    "caseVersion": 10,
    "createdOn": "2023-07-04T09:00:00Z",
    "lastModifiedOn": "2023-07-13T16:00:00Z",
    "customerId": "CUST52",
    "messages": [...],
    "status": "RESOLVED
```

---

1 反過來說，限界上下文不見得一定是個微服務。參閱我的書《領域驅動設計學習手冊：保持軟體架構與業務戰略的一致》（*Learning Domain-Driven Design: Aligning Software Architecture and Business Strategy*）第十四章（歐萊禮出版，2021）。

```
    "wasReopened": true,
    "isEscalated": true,
    "agent": "AGNT009",
    "prevAgents": ["AGNT007"]
}
```

這個重構等於是將「客服案件管理」的事件切成兩組：

1. **私有事件**：用來捕捉客服案件的生命週期，由服務內部使用。

2. **公開事件**：當作整合專用模型，只揭露最低限度的必要知識，供其他系統元件整合之用。

在「客服案件管理」服務內部，私有事件會被轉換為公開事件，作為跟外部服務的整合契約（圖 13.2）。於是，「客服案件管理」和「客服自動導航」服務之間的整合強度就從「模型」耦合降低為「契約」耦合，有效平衡了高變動性和遠距離。

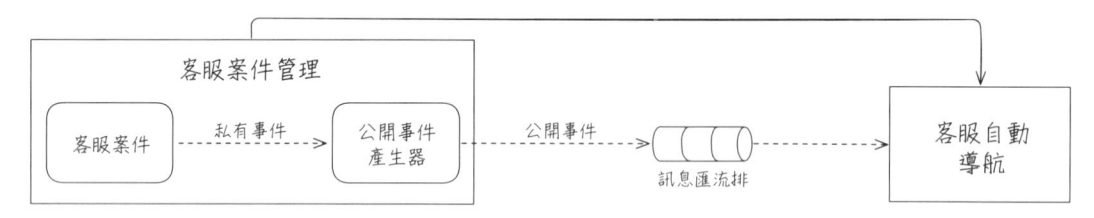

圖 13.2 「客服案件管理」的新設計，藉由公開跟其他微服務整合專用的公開事件，將對外分享的知識降到最低。

案例 2：堪用的整合

「服務台」微服務用來管理「奧可」的服務台、服務台所屬的組織單位，以及不同地理位置的客服專員值班時程。這個功能不會替公司帶來競爭優勢，所以能歸類在「支援」子領域。

「派件」微服務負責指派專員來處理客服案件，它會訂閱「服務台」發佈的時程變動事件。這些事件的結構反映了該服務內部使用的模型，因此「服務台」服務修改內部模型時，

都不可避免會改變服務發送的事件。這樣一來，這兩個微服務之間的整合強度屬於「模型」耦合（圖 13.3）。

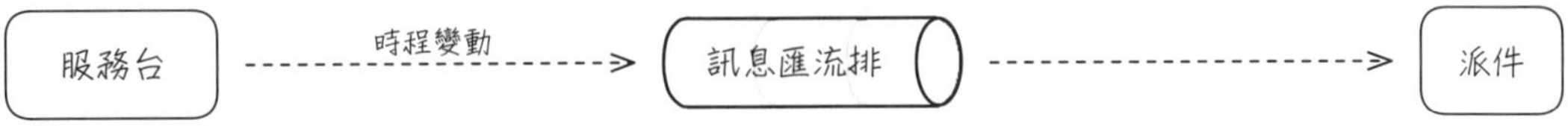

```
┌────────┐    時程變動    ╭─────────╮                    ┌────────┐
│ 服務台 │ - - - - - - -> │訊息匯流排│ - - - - - - - - -> │  派件  │
└────────┘                ╰─────────╯                    └────────┘
```

圖 13.3　客服專員的時程變動會以事件發佈。

雖然這兩個微服務之間的整合強度和距離跟前一個案例相同，這個設計卻沒有引發問題。關鍵差異在於變動頻率；「服務台」身為支援子領域，其變動性較低，因而抵銷了跨過其邊界分享的內部模型知識。

架構模式

架構模式（architectural pattern）定義了高階的組織原則，用來協調一個服務內的元件如何合作：商業邏輯、API、使用者介面、持久化資料儲存機制以及其他基礎設施元件。我們來看看「奧可」團隊在選擇架構模式時，會面臨哪些挑戰與考慮因素。

本章前面的案例都著重在「客服案件管理」服務的內部運作，而該服務負責實作跟客服案件生命週期有關的所有使用案例。有些使用案例會成為「奧可」主要服務台系統不可或缺的部分，其他則會透過微前端模式（Mezzalira，2021）整合在「消費者」和「專員」入口頁面。這顯示「客服案件管理」是個相當「廣」的微服務，但考慮到系統實作仍然在早期階段，團隊決定先合併相關功能，並計畫在將來有需要時再拆開。

> **NOTE**
> 「客服案件管理」是核心子領域，故我們假設它所有的內部元件都具有高變動性。

案例 3：降低複雜性

在最初設計階段裡，團隊決定使用分層架構模式（layered architecture pattern）來組織和編排「客服案件管理」內部元件。這種模式根據元件的技術職責來分層，而其典型的實作會依以下邏輯層來劃分（圖 13.4）：

- 表現層（presentation layer）包括所有需要用來對使用者提供資訊的元件，如使用者介面、API、CLI 等。

- 應用層（application layer）擔任使用者介面和商業邏輯之間的橋樑，負責從使用者的視角定義應用程式的整體功能，也就是系統使用情境。

- 商業邏輯層（business logic layer）描述跟商業功能有關的規則和流程，包括商業物件與程序、資料驗證、演算法以及其他與商業相關的功能。

- 資料存取層（data access layer）實作需要用來儲存和取出資料的低階功能。這包括與資料庫的整合、訊息匯流排，以及其他外部資訊供應者，例如其他微服務。

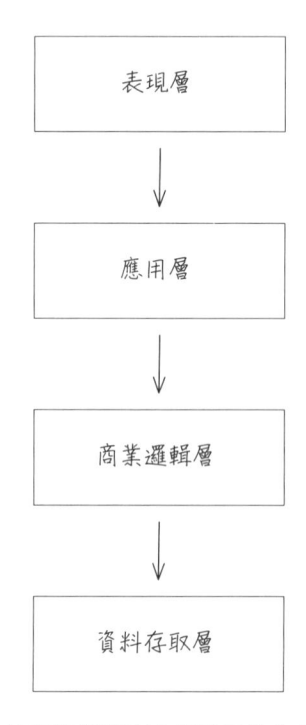

圖 13.4　依據技術職責來組織元件的分層架構。

一般來說，每一層會實作成不同的函式庫或模組，而它們之間的相依性是朝下：表現層依賴於應用層，應用層依賴於商業邏輯層，而商業邏輯層則知曉資料存取層的存在。

雖然每一層的職責都定義得很清楚，「客服案件管理」團隊在這種路線上卻遭遇了一些問題。首先，也是最重要的部分，幾乎所有功能的實作都需要修改全部四層才行。從整合強度的觀點來看，這顯示了各層之間存在「功能」耦合。

其次，團隊注意到每一層的元件彼此關係不大，比如資料存取層裡面有不同的程式碼來儲存不同的商業個體。這些物件擺在彼此附近，但又很少需要同時改變（見圖13.5）。

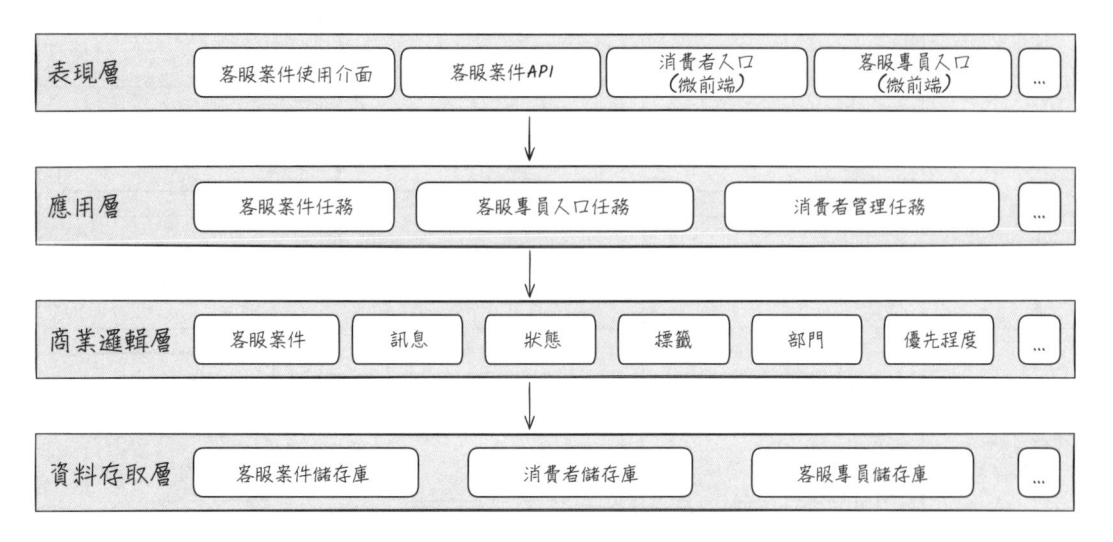

圖 13.5　專注在技術職責的架構容易帶來複雜性。

或者以平衡耦合的方式來形容：

- 以單一服務的角度來看，各層之間整合強度高、相隔距離遠 —— 全域複雜性。
- 各層內的元件之間整合強度低、相隔距離近 —— 區域複雜性。

為了平衡耦合力量，團隊決定改採不同的路線：垂直劃分架構（vertical slice architecture）（Bogard，2018）。這種架構把組織原則的焦點從技術轉到功能上。首先，服務內部被垂直分割，每一條垂直區塊代表特定的商業功能。其次，每個垂直區塊內的元件會水平分層，如圖13.6所示。

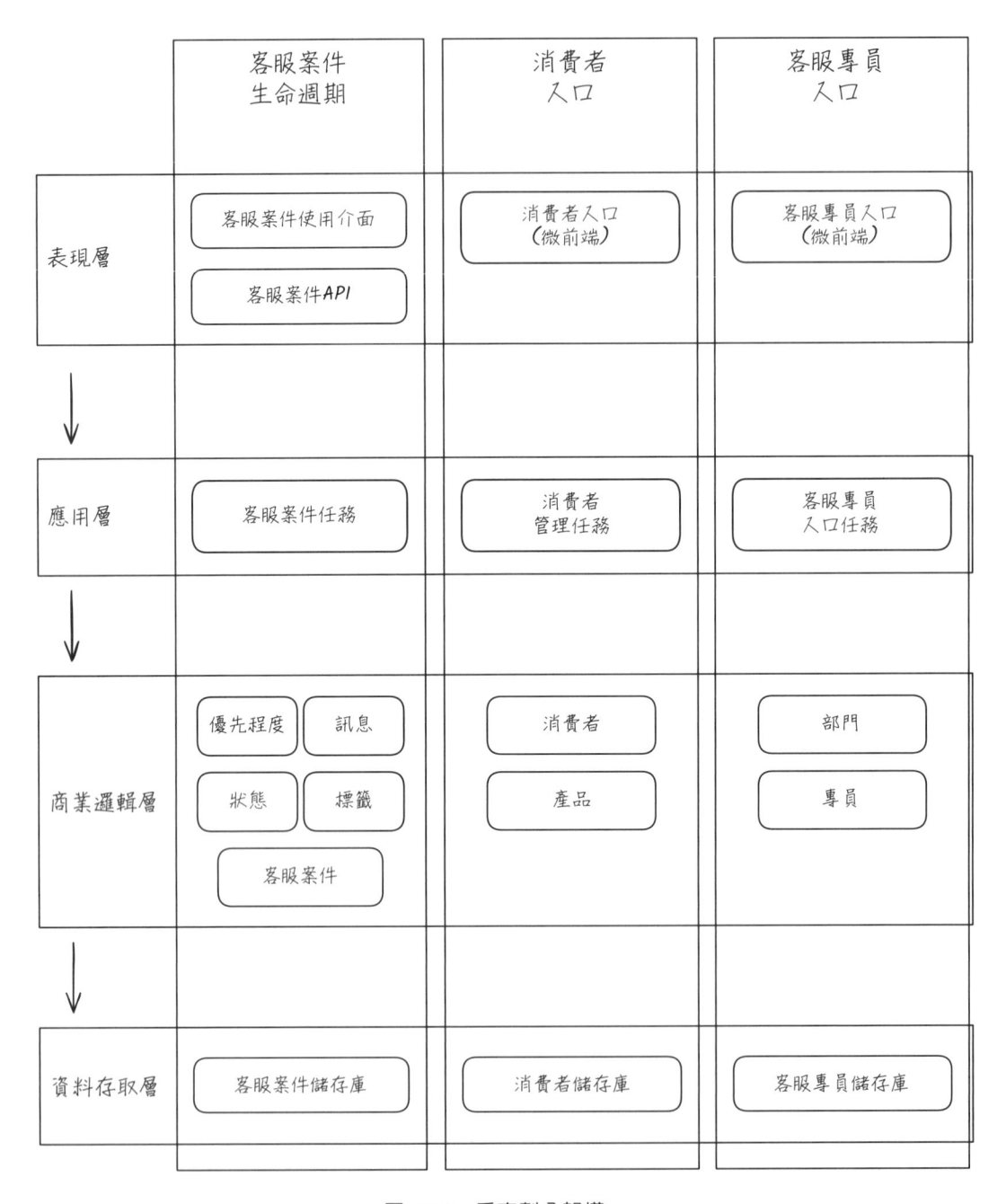

	客服案件 生命週期	消費者 入口	客服專員 入口
表現層	客服案件使用介面 客服案件API	消費者入口 （微前端）	客服專員入口 （微前端）
應用層	客服案件任務	消費者 管理任務	客服專員 入口任務
商業邏輯層	優先程度　訊息 狀態　標籤 客服案件	消費者 產品	部門 專員
資料存取層	客服案件儲存庫	消費者儲存庫	客服專員儲存庫

圖 13.6　垂直劃分架構。

於是,「客服案件管理」服務內的模組若落在不同的垂直區塊,其距離就拉遠了,整合強度則同樣維持很低。反過來說,每個垂直區塊內的元件之間的整合強度仍然很高(「功能」耦合),但距離也拉近了。

此外,回到將模組當成抽象層級的討論,垂直劃分架構就是一個能降低複雜性的「創新」例子。基本上來說,垂直劃分區塊就是新的抽象層級,它也因此創造出新的語義層級:讓我們能依元件實作的功能來理解系統元件。

案例 4:分層、轉接埠與轉接器

雖然服務已經切割成垂直區塊和水平分層,團隊仍然遭遇困難,特別是在「客服案件生命週期」這個垂直區塊發生改變的時候。我們來分析原因。

如前一段提過的,分層模式的相依性是由上往下,這暗示了商業邏輯層會依賴資料存取層。由於同一個功能變動會同時影響這兩個層,它們之間的整合強度就很大 ——「功能」耦合。最後,由於知識的流動方向和依賴方向相反,商業邏輯層就會察覺到在資料存取層中發生的設計決策。

以「核心」子領域(客服案件管理)的角度來說,商業邏輯通常是很複雜和有實作難度的。若把它跟資料存取知識混在一起,哪怕是只有一小部分,也會讓建置與測試服務變得更加困難。為了解決這種問題,轉接埠與轉接器架構(ports and adapters architecture)(Cockburn,2005)—— 又稱六角架構(hexagonal architecture)—— 提出不同的策略:讓商業邏輯和應用程式邏輯獨立於基礎設施考量之外。

為此,這個模式定義了兩個層:應用(application)層和基礎設施(infrastructure)層。商業領域邏輯,以及用來編排領域邏輯的使用情境邏輯,現在都屬於應用層。然而,既然團隊已經把商業邏輯和應用邏輯分開,他們決定保持這樣不動。圖 13.7 展示了如何從原本的分層架構遷移到轉接埠與轉接器架構。

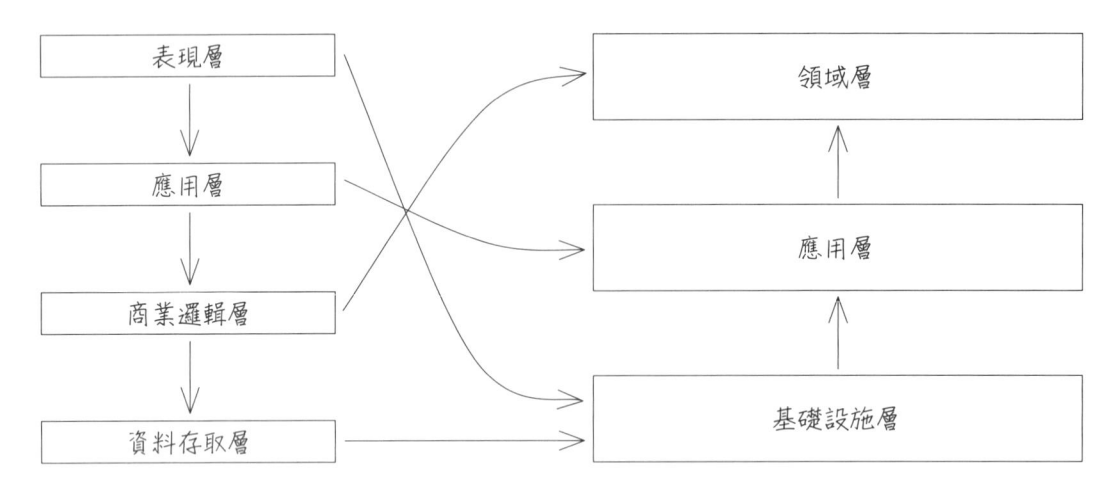

圖 13.7　團隊將分層架構遷移到轉接埠與轉接器架構。

現在，商業邏輯層──經常簡稱為領域層（domain layer）或核心層（core layer）──被擺在階層關係的最頂層。在領域層內實作的物件及程序，會被下面的應用層引用。最後，原本的表現層和資料存取層被合併成基礎設施層，負責把實際的基礎設施元件整合起來，好儲存和呈現應用程式的資料。

為了讓這種倒過來的依賴方向能夠運作，應用層邏輯和領域層邏輯會使用介面（轉接埠）來描述它們需要的基礎設施元件。相對的，基礎設施層會包含這些抽象介面的具體實作（轉接器）。列表 13.3 定義了一個儲存庫（一個封裝了產品資料儲存與取出作業的物件）的「轉接埠」（IProductRepository），同時展示了該儲存庫在基礎設施層內的實際實作（PostgresProductRepository）。

列表 13.3：轉接埠與轉接器實作範例

```
namespace WolfDesk.SCM.CustomerPortal.Domain {
    public interface IProductRepository {
        Product Load(ProductId id);
        void Update(Product product);
        IEnumerable<Product> FindAll();
        IEnumerable<Product> FindByStatus(ProductStatus status);
    }
}
```

```
namespace WolfDesk.SCM.CustomerPortal.Infrastructure.DB {
    class PostgresProductRepository : IProductRepository{
        ...
    }
}
```

這種依賴反轉（inversion of dependencies）會在兩個維度影響耦合：

1. 基礎設施層不會對領域層或應用層分享知識。這簡化了我們理解商業功能的方式，不必考慮針對特定基礎設施的設計決策。

2. 回想第九章討論的推論的變動性：下游元件若依賴高變動性的元件，那麼下游元件同樣會獲得高變動性。現在領域層既然能去掉基礎設施知識，這就有助於消除意外的變動性。

在「客服案件生命週期」垂直區塊中，和客服案件生命週期相關的商業邏輯帶來了複雜性，並驅使團隊將該區塊重構為垂直劃分模式，然後採用轉接埠與轉接器架構，如圖 13.8 所示。

轉接埠與轉接器架構的另一個有趣方面，是它能最小化各層之間共享的知識，同時讓各層之間的距離最大化。各層的介面（轉接埠）是它們之間的整合契約。還記得在分層架構中，商業邏輯層和資料存取層會存在「功能」耦合嗎？如果變成依賴反轉，這種整合強度就會降為「模型」耦合或「契約」耦合。最後，由於各層之間的距離較遠，遠距離下的低整合強度便能提升系統的模組化程度。

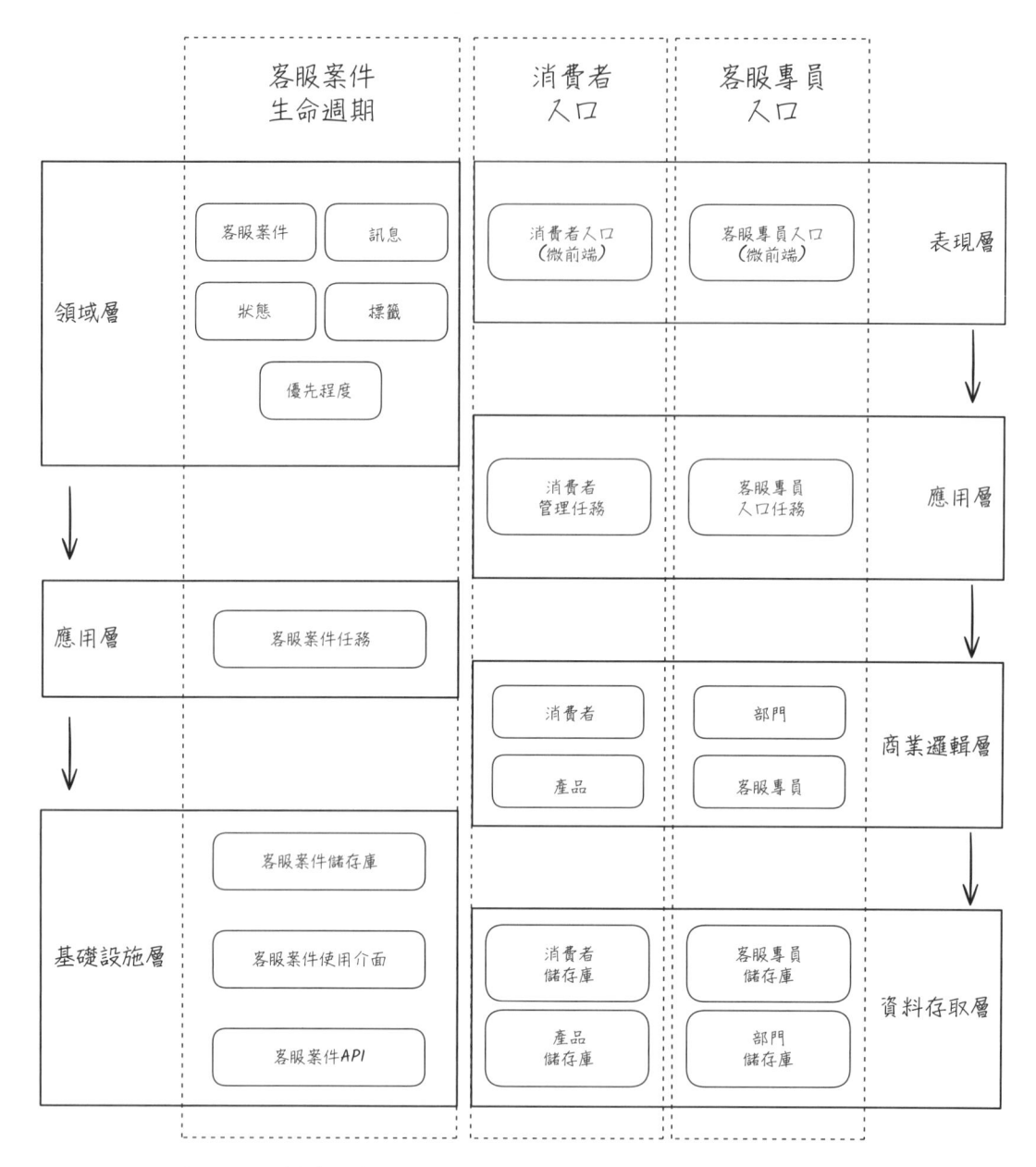

圖 13.8　垂直劃分架構的存在使得各區塊可自行採用合適的架構模式。

商業物件

接下來，讓我們聚焦在客服案件的商業邏輯上，以及它在專案的不同階段是如何建模的。

案例 5：個體與聚合

「奧可」系統最初實作的功能包括以下四個類別：「客服案件」（SupportCase）、「訊息」（Message）、「消費者」（Customer）以及「客服專員」（SupportAgent）。客服流程始於消費者開啟一個客服案件，而該案件會被指派給一位客服專員來處理。案件在處理時，消費者和被指派的專員之間會交換訊息，直到案件被標記為已解決。

這四個物件的關係如下：

- 一個消費者有多個客服案件，但每個客服案件只屬於一個消費者。
- 一個客服案件只有一個客服專員，但同一個客服專員能同時處理多個客服案件。
- 一個客服案件有多重訊息，每條訊息則有一個傳送者和一個接收者（消費者對專員，或者專員對消費者）。

圖 13.9 展示了這些一對多關係。

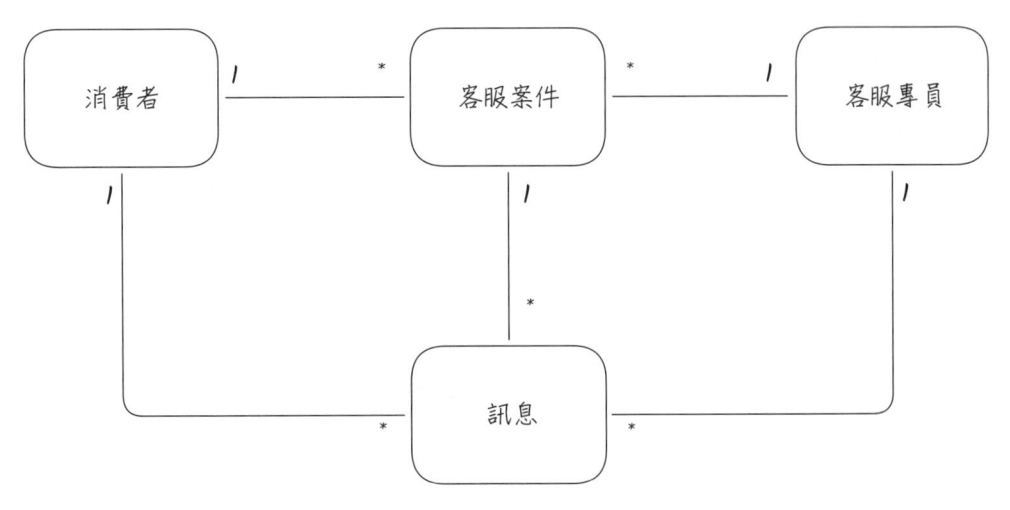

圖 13.9　四個類別的關係 —— 客服案件、消費者、客服專員及訊息。

一開始,這些一對多關係是實作成雙向的,讓物件能往兩個方向走訪(列表 13.4)。舉個例,系統允許查詢是哪個消費者開啟了某個客服案件,或者查詢某位消費者開啟的所有案件有哪些。

列表 13.4:物件模型最初設計下的雙向一對多關係

```
class SupportCase {
    ...
    private Customer openedBy;
    private Agent assignedAgent;
    private List<Message> messages;
    ...
}
class Customer {
    ...
    private List<SupportCase> openedCases;
    ...
}
class Agent {
    ...
    private List<SupportCase> assignedCases;
    ...
}
class Message {
    ...
    private Customer customer;
    private Agent agent;
    ...
}
```

團隊決定用一個物件關聯對應(Object-Relational Mapping,ORM)函式庫來把類別的資料對應到底下的資料庫。這加上物件之間的雙向關係設計,ORM 函式庫就能在單一一趟資料庫交易中修改任何數量的物件。

這種做法一開始雖然很方便，卻讓團隊面臨許多問題。首先，工程師會「濫用」走訪物件的能力──比如在開啟一個客服案件時，查出是哪個消費者開啟它，然後再載入屬於該消費者的所有客服案件。這導致讀取資料或在一次資料庫交易寫入大量物件時效能低落。

其次，由於這種做法允許在同一個資料庫交易中包含多重物件，他們就能「有彈性地」在多次交易中寫入變更，而不是按照常理採用原子交易（即不可部分分割的交易）。舉個例，假設有下列商業規則：如果一位客服專員沒有在服務水準協議（service level agreement，SLA）要求的時間內回應，消費者就可以提高案件的優先處理等級。基本來說，案件升級和建立新訊息都應該是原子交易，但目前的設計並不會強制要求這點。比如，它允許工程師採取以下實作：

1. 載入指派的客服專員送出的最後一條訊息。
2. 若最後一條訊息超過夠長的時間，就將客服案件的等級標記為升級，並將以上變更寫入資料庫。

但要是客服專員剛好在這兩個步驟之間回應，那麼演算法會忽視新訊息，導致案件仍然被升級。

我們來從耦合力量的角度分析這種設計問題。四個類別的彼此距離很近，因為它們被擺在同一個模組，而且會相互參照。這產生的整合強度於是有點棘手：

- 「客服專員」、「消費者」和「客服案件」之間並沒有商業需求要求讓它們處於「交易」耦合。然而，設計允許你用同一個資料庫交易改變所有類別的物件。

- 另一方面，「客服案件」和「訊息」之間有商業需求要維持「交易」耦合。雖然你能用同一個交易同時改變兩個類別的物件，設計本身並沒有強制要求這點。

為了解決這些設計問題，團隊決定實作聚合模式（aggregate pattern）。一個「聚合」指的是一群共享交易邊界的個體，這表示在修改該聚合體內的個體時，都會以同一個原子交易來實現。從整合強度的角度來說，只有彼此之間具有強度為「功能」耦合、程度為「交易」耦合的個體，才應該被放進聚合。

從平衡耦合的角度來看，聚合模式能將彼此之間存在高整合強度的個體的距離拉近。如果某個個體不應該參與同一個交易，就應該排除在聚合之外，並使其和聚合的距離拉開。於是，「客服案件」類別會參照「訊息」型別的物件，但不會直接參照「客服專員」或「消費者」個體，只會儲存它們的 ID。這樣一來便能阻止工程師走訪功能上無關的個體，同時也讓個體之間原本的弱整合表達得更明確（列表 13.5）[2]。

列表 13.5：聚合模式，將處於功能／交易耦合關係的個體之間的距離最小化

```
class SupportCase {
    ...
    private CustomerId openedBy;
    private AgentId assignedAgent;
    private List<Message> messages;
    ...
}
class Message {
    ...
    private CustomerId customer;
    private AgentId agent;
    ...
}
```

案例 6：整理類別

當「客服案件管理」元件旗下的類別數量越來越多時，團隊決定根據類別各自的技術角色來整理資料夾的原始碼檔案。換言之，他們替自己使用的每種設計模式各建一個資料夾，該資料夾會包含實作該模式所需的所有類別，如列表 13.6 所示。

---

2 但各位或許得考量到訊息集合的大小。在本範例參考的實際案例中，訊息數量從來不會高於 100 條，此外，訊息的實際內容（訊息主體及附件）會存在外部 blob 儲存空間。

列表 13.6：根據技術角色來組織檔案

```
WolfDesk
    ./SupportCaseManagement
        ./SupportCases
            ./Domain
                ./Entities/
                    ./SupportCase.cs
                    ./Message.cs
                    ./Priority.cs
                    ./Status.cs
                    ./Status.cs
                    ./MessageBody.cs
                    ./Recipient.cs
                    ...
                ./Events
                    ./CaseInitialized.cs
                    ./MessageReceived.cs
                    ./CaseResolved.cs
                    ./CaseReopened.cs
                    ...
                ./Factories/
                    ./SupportCaseFactory.cs
                    ./MessageFactory.cs
                ./Repositories/
                    ./ISupportCaseRepository.cs
```

但根據技術定義來整理檔案，會帶來的問題就跟我們在案例 4（針對分層、轉接埠和轉接器的高階案例）討論的一樣：這些元素彼此很靠近，就在同一個資料夾裡，但又不太可能一起改變。而改變真正發生的時候，又可能會牽涉到較遠資料夾的檔案。

於是團隊決定把會一起變動的檔案放在一起，並將其他的拆散。如列表 13.7 展示的，這種做法也和案例 4 一樣，將存在「功能」耦合的型別之間的距離縮到最小。

列表 13.7：根據功能角色來組織檔案

```
WolfDesk
    ./SupportCaseManagement
        ./Domain
            ./SupportCases
                ./Events
                    ./CaseInitialized.cs
                    ./CaseResolved.cs
                    ./CaseReopened.cs
                    ...
                ./ISupportCaseRepository.cs
                ./SupportCase.cs
                ./Status.cs
                ./Priority.cs
                ...
                ./Messages
                    ./Message.cs
                    ./MessageBody.cs
                    ./MessageFactory.cs
                    ./MessageReceived.cs
                    ./Recipient.cs
                    ...
```

從複雜性的角度來說，以功能責任來整理程式碼檔案，能降低工程師的認知負擔：他們能更容易找到需要修改的檔案。換言之，這麼做同時降低了區域與全域複雜性。

方法

現在我們來深入「客服案件」類別的原始碼檔案 SupportCase.cs，分析其設計，並觀察耦合力量能如何重新平衡。

案例 7：分而治之

「客服案件」類別的設計是模型化和實作客服案件的生命週期。第八章提過它一開始包含了跟客服案件無關的功能，比如寄電子郵件和傳簡訊通知，如列表 13.8 所示。

列表 13.8：功能無關的方法擺在同一個類別內

```
public class SupportCase {
    public void CreateCase(...) { ... }
    public void AssignAgent(...) { ... }
    public void ResolveCase(...) { ... }
    public void LogActivity(...) { ... }
    public void ScheduleFollowUp(...) { ... }
    ...
    public void SendEmailNotification(...) { ... }
    public void SendSMSNotification(...) { ... }
}
```

列表 13.8 展示的程式碼違反了單一職責原則（Single Responsibility Principle）（Martin，2003）：該原則指出一個類別或模組應該只能有一個任務或責任。而當團隊改用轉接埠與轉接器架構時，這便是在明確地要求，透過基礎設施元件來發通知的整合不應該擺在商業領域層，而是在領域層定義一個介面（轉接埠，INotificationProvider），並在基礎設施層放具體的實作（轉接器，比如 AWSNotifications）（列表 13.9）：

列表 13.9：功能無關的方法分散在不同類別內

```
namespace WolfDesk.SCM.Domain.Cases {
    public class SupportCase {
        public void CreateCase(...) { ... }
        public void AssignAgent(...) { ... }
        public void ResolveCase(...) { ... }
        public void LogActivity(...) { ... }
        public void ScheduleFollowUp(...) { ... }
        ...
    }
    ...
```

```
        public interface INotificationProvider {
            void SendEmail(Email email);
            void SendSMS(PhoneNumber phone, SMS message);
        }
    }
    namespace WolfDesk.SCM.Infrastructure.Cases {
        ...
        public class AWSNotifications : INotificationProvider {
            void SendEmail(Email email) {
                ...
            }
            void SendSMS(PhoneNumber phone, SMS message) {
                ...
            }
        }
        ...
    }
```

一旦把 SendEmail（發送電郵）和 SendSMS（發送簡訊）的基礎設施實作跟商業領域層拉開距離，系統的模組化程度就提高了。但我們來看看這兩個方法 —— 它們共用了哪些知識呢？

這兩個方法有同樣的功能目的：發送通知。但從介面定義和實作角度來看，它們並沒有分享知識。因此，你其實可以把兩個方法各自的介面拉出來，好拉開它們的距離，如列表 13.10 所示：

列表 13.10：讓發送電郵和發送簡訊的介面定義拉開距離

```
namespace WolfDesk.SCM.Domain.Cases.Notifications {
    public interface IEmailNotificationProvider {
        void Send(Email email);
    }
    public interface ISmsNotificationProvider {
        void Send(PhoneNumber phone, SMS message);
    }
```

```
        ...
}
```

　　基本上，這種重構運用了介面隔離原則（Interface Segregation Principle）（Martin，2003）：該原則指出程式碼不該依賴於它不會用到的方法。換句話說，如果兩個方法之間沒有分享知識，它們彼此的距離就應該拉開。此外，分離它們也能減少上層模組（類別）的介面大小，有助於進一步降低認知負擔。

案例 8：程式碼異味

　　當一個消費者在一個客服案件內回覆訊息時，被指派的客服專員就必須在指定時間內回應，而這個時限取決於客服案件的優先程度，以及客服專員的部門採用的 SLA（列表 13.11）。

列表 13.11：設定回應時間門檻

```
01 public class SupportCase {
02     ...
03     private AgentId assignedAgent;
04     private Priority priority;
05     private List<Message> messages;
06     private DateTime? replyDueDate;
07     ...
08     public void TrackCustomerEmail(
09         Email email,
10         IDepartmentRepository departments) {
11
12         var message = Message.FromEmail(email);
13         this.messages.Append(message);
14
15         if (this.AgentAssigned) {
16             var department =
17                 departments.GetDepartmentOf(assignedAgent);
18             var sla = department.SLAs[this.priority];
19             this.replyDueDate = DateTime.Now.Add(sla);
```

```
20      }
21    }
22 }
```

在列表 13.11 中，TrackCustomerEmail（追蹤使用者電郵）方法的實作顯示出一些程式碼異味[3]（Fowler 等人，1999）。首先，在傳入的消費者電郵被轉換成「訊息」類別的實例物件，並加入有關的集合屬性後，該方法計算了被指派的專員應該在什麼日期之前回應（前提是有被指派的話）。但這方法主要的程式碼（15 至 19 行）跟傳入的電郵沒有關係，也不依賴任何共享的知識。

甚至，這個功能在客服案件生命週期的其他階段也需要用到 —— 比如客服專員被指派的時候。因此，合理的做法是把匯入訊息的程式碼跟設定 replyDueDate（回覆截止日期）值的程式碼給「拉開距離」（列表 13.12）：

列表 13.12：將設定回覆截止日期的程式碼拉出來到專門的方法

```
01 public class SupportCase {
02     ...
03     public void TrackCustomerEmail(
04         Email email,
05         IDepartmentRepository departments) {
06         var message = Message.FromEmail(email);
07         this.messages.Append(message);
08         SetReplyDueDate(departments);
09     }
10
11     private void SetReplyDueDate(IDepartmentRepository departments) {
12         if (!this.AgentAssigned) {
13             return;
14         }
15
```

---

3 程式碼異味（code smell）是指原始碼的一種特性，顯示它背後存在更嚴重的問題，這通常源自不當的設計，可能會降低維護容易度或增加複雜性。

```
16       var department = departments.GetDepartmentOf(assignedAgent);
17       var sla = department.SLAs[this.priority];
18       replyDueDate = DateTime.Now.Add(sla);
19   }
20 }
```

這種修改使得「客服案件」類別的其他方法在需要時也能呼叫 replyDueDate 方法。不過，注意第 17 行發生什麼事：該方法假設 Department 物件會包含一個字典（dictionary）屬性，能將客服案件優先程度對應到部門的 SLA。雖然「客服案件」和「部門」物件都在同一個微服務裡，兩者之間的距離並不小——它們屬於不同的垂直劃分區塊。而用到 SLA 也隱含了「模型」耦合，也就是分享了「部門」模組怎麼替其商業領域建立模型的知識。

甚至，這會製造潛在的非預期極端例子。例如，要是 SLA 屬性沒有合適的鍵值怎麼辦？如果發生這種情況，TrackCustomerEmail 方法應該要丟出錯誤，還是部門管理者偏好採用預設 SLA 值？

為了解決這兩個問題，團隊決定將兩個類別之間的整合強度降低為「契約」耦合。新版本的「部門」類別會提供一個專用方法 GetSLA，能取得相關案件的優先程度，然後傳回 SLA 所定義的回覆期限，如列表 13.13 第 7 行所示。

列表 13.13：藉由公開方法來將模型耦合轉為契約耦合

```
01 public class SupportCase {
02     ...
03     private void SetReplyDueDate(
04         IDepartmentRepository departments) {
05         ...
06         var department = departments.GetDepartmentOf(assignedAgent);
07         var sla = department.GetSLA(this.priority);
08         replyDueDate = DateTime.Now.Add(sla);
09     }
10 }
```

但這樣的程式碼還是有點笨重。我們改從知識共享的角度來分析。「客服案件」物件應該要曉得 SLA 是如何計算的嗎？換言之，它需不需要知道計算是取決於專員屬於的部門，而且跟其他判斷策略無關？例如，要是「部門」認定回應時間也得取決於專員的排班時間，那「客服案件」需要曉得這一點嗎？

既然這種知識跟「客服案件」的其他實作細節無關，兩者之間的距離就可以拉開。這個邏輯能抓出來放進另一個物件，比如一個實作領域服務模式（domain service pattern）[4]的物件：這物件用來實作不屬於任何特定個體功能定義的演算法或流程。此外，與其取得 IDepartmentRepository（部門儲存庫介面）的實作實例，領域服務本身是可以拿來注入（injected）的（列表 13.14）。

列表 13.14：將 SLA 的計算邏輯拉出來放進一個領域服務

```
01 public class SupportCase {
02     ...
03     private void SetReplyDueDate(CalcSLA slaService) {
04         ...
05         replyDueDate = slaService.CalcDueDate(this.assignedAgent,
06                                               this.priority);
07     }
08 }
```

現在把計算客服專員回應期限的邏輯進一步拉遠後，「客服案件」的程式碼和知識就減少了，使它能專注在本來應該實作的功能上：客服案件的生命週期。

---

[4] 這個模式的名稱可能會誤導人，畢竟「服務」通常跟實體邊界有關，例如網路服務，但在此的意義不同。「領域服務」是一個邏輯邊界（logical boundary），也就是一個實作了特定商業演算法或程序的物件／類別。

重點提要

我希望本章讀來有重複的感覺。各位或許會想：「喔，他又在講弱整合強度／拉開距離、高整合強度／拉近距離了。」如果你有這種感受，那我就很高興了，因為本章的目的正是如此：展示模組化設計具有碎形幾何本質。不論各位在實作哪種架構或設計模式，它們全都適用同樣的自相似原則：耦合平衡。

測驗

我在本章描述的使用案例，套用了一些知名的設計模式跟原則，也討論了它們跟運用平衡耦合模型的關聯，包括微服務、限界上下文、聚合、介面隔離原則以及單一職責原則。

既然本章的目的是總結本書的內容，這回就沒有測驗，但各位可以嘗試用平衡耦合模型來分析在本章沒有討論到的其他架構風格、模式跟原則。我尤其推薦各位查查以下主題：

- 事件驅動架構（event-driven architecture）和一般的分散式系統

- 領域驅動設計（domain-driven design）的戰略與戰術模式，如開放主機服務（open-host service）、發佈語言（published language）、反損毀層（anti-corruption layer）、值物件（value object）、以及用來替核心／支援子領域塑模的不同途徑

- 依賴反轉原則（Dependency Inversion Principle）、里氏替換原則（Liskov Substitution Principle）、DRY（Don't Repeat Yourself，一次且僅一次）、得墨忒耳定律（Law of Demeter）等設計原則

- 程式碼重構和程式碼異味

NOTE

Chapter 14

結論 [1]

複雜性與模組化，

相左陣營本同家。

耦合平衡知識路，

問題臭蟲全開鍘！

　　模組化和複雜性是系統設計中完全相左的特質。模組化讓變動更容易進行，而複雜系統只能透過乏味的試誤過程來修改。複雜性讓系統的內部元件糾纏不清，模組化卻允許人們以直覺的方式理解系統跟其元件的互動。

　　要是有兩樣東西全然相反，它們一開始必定具有共通的維度或特徵。在模組化系統或複雜系統中，這些共同維度就是共享的知識，以及耦合元件之間的距離：

- 共享知識反映了元件對其他元件的職責和實作細節有多少了解。共享的知識越多，耦合元件需要綁在一起改變的可能性就越高。這種跨過元件邊界分享的知識，能用整合強度模型的四種層級來評估：「契約」耦合、「模型」耦合、「功能」耦合以及「侵入」耦合。

- 耦合元件之間的實體距離，定義了它們的生命週期會有多大的相關性。元件的距離越近，其中一個元件的改變引發連鎖變動的機會就越高。相反的，元件之間距離越遠，而有變動會影響到耦合元件雙方時，需要的實作成本就越高。

---

[1] 【譯者註】本章總結了平衡耦合模型，用意是給已經閱畢全書的讀者複習，但並未詳述此模型的推演過程以及相關重要概念。

模組化要求把需要一併改變的元件擺在一起,並讓無須共同演進的元件分離開來;複雜性則正好相反。如圖 14.1 所示,模組化和複雜性都反映了共享知識和距離的組合。耦合各維度的強度若一致時,就會增加系統複雜度,而若要達成模組化,則需要讓共享知識和距離成反比。

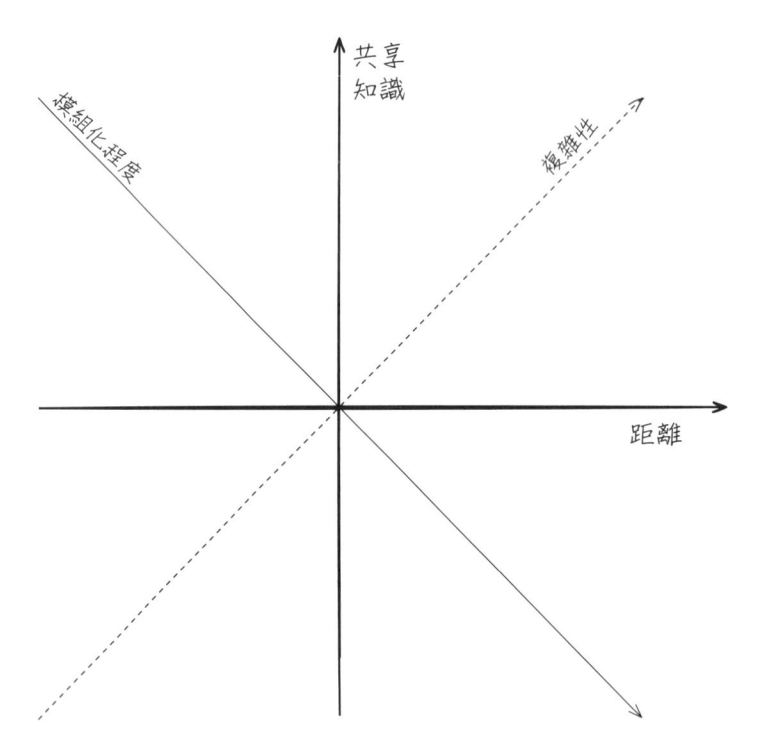

圖 14.1　模組化和複雜性都是共享知識與距離的組合

軟體設計決策能把系統推向更具模組化或更複雜 —— 這取決於它產生的共享知識跟元件距離是什麼狀況。但竭力追求兩者之間的完美平衡,可能不見得總是符合成本效益,甚至有可能完全做不到,比如上游元件根本不被預期改變的情境。

至於系統元件的變動性,有幾種不同的模型可用來評估。我在本書採用的是領域驅動設計的子領域;變動性最高的是「核心」子領域,「支援」與「通用」子領域則不會那麼頻繁地改變。

把驅使系統導向模組化或複雜性的兩股力量——整合強度與距離——拿來和變動性合併後，就會產生平衡耦合公式：

$$平衡度 = (整合強度 \text{ XOR } 距離) \text{ OR NOT } 變動性$$

平衡耦合公式強調了模組化對於正在改變的系統有多麼重要。在變動性這方面，把需要共同演進的元件放在鄰近位置，並將不需要一起改變的元件拉開距離，就能在實作變動時降低開發者的認知負擔。

為了達成耦合關係的平衡，調整耦合維度是很重要的，但光這樣還不夠。你必須繼續維持這種平衡——即使是當下完美的設計決策，明天也可能會淪為成效不彰。因此，你務必留意相關的變動，並重新調整設計決策來保持耦合平衡。

耦合的概念是系統設計與生俱來的一環，它並非只有單一維度——非好即壞。平衡耦合模型顯示，模組化設計得透過三個耦合維度的均衡狀態來達成。

NOTE

尾聲

　　各位讀完這本書後，請思索一下你正在讀的這些文字。要是有某個字必須修改，會發生什麼事？變更的影響會是什麼？同一個句子裡的其他文字也可能得一併改掉。那其他段落的文字呢？說不定都要改吧。如果最初的變更影響很大，說不定還會衝擊到同一章的其他段落。那它能影響其他章節嗎？有可能，但機率很低。

　　同樣的組織原則影響著我們身邊的萬物。我們把相關的東西擺在一起，並將不相關的東西分開。

　　不過，棘手的問題在於，我們究竟要怎麼決定哪些東西相關、哪些又不相關。比如在寫作時，你也許可以根據字詞的長度來分類：第一段只列出一個字的詞，下一段列出兩個字的詞，以此類推。或者，我們能照字母拼字順序來寫！但這樣當然沒什麼閱讀價值。反而，我們會根據字詞的相互關係來構成句子，好讓句子能傳達概念。同樣的推論也適用於句子：句子能構成段落，好傳達稍大的概念。段落能組織成章節，以便清楚表達更大的概念，章節則組織成一本書——表達更龐大的概念。

　　我希望平衡耦合模型已經充分展示，對於設計模組化軟體，這種基礎組織原則正是關鍵所在。我們組織的不是元件概念，而是根據元件的目的——職責——來組織它們。雖然不同的抽象層級存在的功能會有所不同，這個基本組織原則仍然是不變的。

Appendix A
耦合之歌

耦合怪獸強與弱，
吾等恐懼心中留，
但若無它撐大局，
系統崩壞無可救。

耦合為何若非惡？
複雜亂源扛大責。
駕馭之前觀而行，
克乃文法有妙策。

複雜源頭非規模，
互動關係最難破。
直線往來尚單純，
多重交纏混亂多。

模組之道有價值，
箇中精髓仍待識。
設計若要有條理，
永恆價值得維持。

古老典範雖遺忘，
相同原則不曾亡。
模組知識如何流，
結構設計搶頭香。

結構設計薪火傳，
共生分析來把關，
耦合光譜大哉問，
連結深度不難探。

結構設計作前浪，
整合強度當自強。
共生連結一脈承，
知識流向無處藏。

知識流動近或廣，
距離多寡成本扛。
程式碼外另有天，
社交因素不得忘。

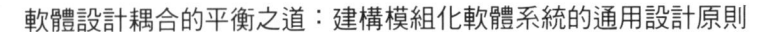

氾濫知識遠距淹，
設計如此不禁驗。
但若規格萬年凍，
教人抓狂誰樂見？

變動餘音難駕馭，
軟體設計似賽局。
平衡之道何處落？
專家表示無定律！

系統變化如大千，
偏離常軌常難免。
平衡耦合為後盾，
複雜大敵敗陣先。

耦合平衡達目的，
有如系統強心劑。
碎形法則催新生，
重塑知識架構體。

開發學習如海深，
模式原則本同根。
系統設計高或低，
耦合平衡必達陣。

複雜性與模組化，
相左陣營本同家。
耦合平衡知識路，
問題臭蟲全開鍘！

Appendix B
耦合詞彙表

耦合是個意義有太多重疊的詞，也經常跟其他詞彙合併使用。各位在讀本書時，可能想過我為何沒有提起你可能在其他來源看過的耦合類型。本附錄的目的便是把最常見的耦合詞彙合起來，定義其意義，並解釋它們跟本書的內容有何關聯。

傳入耦合（afferent coupling）

一種度量指標，在物件導向設計中衡量有多少類別依賴於特定類別。以平衡耦合模型的角度來說，傳入耦合即為跟某個元件共用知識的下游元件數量。

平衡耦合（balanced coupling）

指耦合三維度（整合強度、距離、變動性）的理想狀態，使得系統具備高變動性元件時，設計仍能提高系統的模組化程度。這三個維度若未平衡，會增加演進系統時的認知負擔，並因此增加複雜性。

以二元量表（高或低）來衡量耦合平衡度時，可以用以下公式：

$$平衡度 = (整合強度 \text{ XOR } 距離) \text{ OR NOT } 變動性$$

內聚性（cohesion）

一個元件內的元素，對於實現元件的單一明確目標這方面，彼此有多大的相關程度。在平衡耦合模型中，內聚性可以用近距離下的高整合強度來代表。

共用耦合（common coupling）（模組耦合模型）

元件的整合方式為共同存取同一個記憶體空間。該儲存空間能接受什麼結構的資料，以及怎樣的資料是有效的，這些知識會由耦合元件共享。

複雜性（complexity）

一個人在處理一個系統時體驗到的認知負擔（cognitive load）。以軟體設計的脈絡來說，複雜性是為了修改系統，或者要理解系統結構跟預期行為時獲得的認知負擔。平衡耦合模型將複雜性定義為整合強度和距離的對稱關係：

- **區域複雜性（local complexity）**：將無關功能（低整合強度）擺在一起（近距離），導致元件難以理解和修改。
- **全域複雜性（global complexity）**：讓相關的元件（高整合強度）分散到遠距離，導致高變動性的關係，在修改時需要付出更多成本。

以二元量表（高或低）來衡量耦合平衡度時，可以用以下公式：

$$複雜性 = NOT（整合強度\ XOR\ 距離）$$
$$全域複雜性 = 整合強度\ AND\ 距離$$
$$區域複雜性 = NOT\ 整合強度\ AND\ NOT\ 距離$$

共生性模型（connascence）

當系統的一個元件變動，導致不同部分的另一個元件需要一併改變時，此模型可用來評估其相依性。此模型包括兩部分：靜態共生性（static connascence）反映編譯階段的關係，動態共生性（dynamic connascence）則反映執行階段的相依性。

在平衡耦合模型中，共生性用來描述各個整合強度層級內部的不同程度：靜態共生性會用在「契約」和「模型」耦合，動態共生性則有一部分用來描述「功能」耦合高低。

內容耦合（content coupling）（模組耦合模型）

元件整合方式是存取或修改另一個模組的內部資料或運作方式。外部元件的實作細節若有任何變動，都可能會破壞這個整合。

契約耦合（contract coupling）（整合強度模型）

元件整合方式是透過共享整合專用模型（契約）。整合契約將上游元件內部使用的模型加以抽象化。至於整合契約分享的知識多寡，則可使用靜態共生性層級來評估。

控制耦合（control coupling）（模組耦合模型）

這種整合情境發生在一個元件能控制另一者之行為的時候。耦合元件必須針對功能的預期行為共享複雜的知識。

耦合（coupling）

系統設計的關鍵面向，讓系統元件能夠協同合作、實現整體系統目的。耦合源自於元件共享彼此的知識，並被迫共享生命週期。耦合程度越高，耦合元件需要一起改變的機會就越大。若要評估耦合與其效果，就得檢視耦合的三個維度（整合強度、距離、變動性），因為這三股力量的組合能提高模組化程度或者增加複雜性。

Cynefin

一個決策框架，替不同情境定義了不同的問題解決途徑。Cynefin 框架透過一個行為與其結果的關係，來區別決策者會面臨的挑戰在本質上有何差異。

資料耦合（data coupling）（模組耦合模型）

透過交換資料來溝通，並確保沒有分享非必要的資料。

設計階段耦合（design-time coupling）

指在開發軟體的設計階段就產生的相依性。以平衡耦合的脈絡來說，這種相依性可用整合強度模型來反映：共享的知識越廣，設計階段耦合程度就越高。

開發耦合（development coupling）

描述元件在軟體開發過程中產生的相互依賴性。開發耦合會讓一個元件的變動影響其他元件的開發、測試與部署。以平衡耦合模型的脈絡來說，開發耦合源自元件的近距離，即使元件之間沒有共享知識也一樣。

距離（distance）

知識在耦合元件之間「行經」的距離。在實作會影響耦合元件的變動時，距離會影響所需的協調跟溝通成本。

距離也會受到幾個技術與社會因素影響：

- **抽象層級**：耦合元件原始碼的實體距離，會影響實施連鎖變動的成本。例如，修改同一個檔案中的兩個元件，會比修改不同專案的檔案來得簡單。
- **執行階段耦合**：較低的執行階段耦合，意即不必帶來連鎖變動，降低了協作所需的成本。
- **組織結構**：在實作連鎖變動時，耦合元件的所有權會同時影響協調跟溝通成本。例如，若元件屬於不同團隊，要花費的協作力氣就會更大。

距離也會影響元件的生命週期耦合：元件的距離越近，它們必須同時演進、測試和部署的可能性就越高。

傳出耦合（efferent coupling）

一種度量指標，在物件導向設計中衡量特定類別依賴於多少類別。以平衡耦合模型的角度來說，傳出耦合即為向某個元件共用知識的上游元件數量。

外部耦合（external coupling）（模組耦合模型）

這種整合情境發生在耦合元件透過全域變數或外部系統來交換資料，而這些東西不在元件的控制能力範圍內。在全域變數的儲存空間內怎樣的資料是有效的，這些知識會由耦合元件共享。

功能耦合（functional coupling）（整合強度模型）

描述元件實作了密切相關的商業功能。當商業需求改變時，存在「功能」耦合的各元件就很可能會受影響。

整合強度模型（integration strength）

這個模型用來評估耦合元件之間分享了何種知識，以及多廣泛的知識。整合強度採用了結構化設計的「模組耦合」模型的不同層級，來區別四種共享知識：「契約」、「模型」、「功能」和「侵入」耦合。此模型也運用「共生性」模型來描述共享知識的複雜性多寡。

侵入耦合（intrusive coupling）（整合強度模型）

透過上游模組的私有介面，或原意並非用於整合的其他實作細節來整合。這種整合會使下游元件受到上游元件的所有日後變動影響。

生命週期耦合（lifecycle coupling）

在生命週期上存在耦合，因此必須一起實作、測試和部署的元件。耦合元件之間的距離跟其生命週期耦合成反比：距離相隔越近，生命週期耦合就越高。

模型耦合（model coupling）（模組耦合模型）

這種整合會讓多重元件共用商業領域的資料模型。模型有所演進時，所有模組耦合元件都必須修改。共享的模組知識程度，則能用靜態共生性層級來評估。

模組化（modularity）

指系統設計對於未來目標的支援能力。模組化的用意是，當你在實作系統功能需求的合理變動時，將當中的認知負擔降到最低。模組化設計要求管理系統中不可或缺的複雜性，並消除可能的意外複雜性。

模組耦合模型（module coupling）

在結構化設計方法論中提出的耦合評估模型。此模型包括六種相互關聯性：「資料」、「特徵」、「控制」、「外部」、「共用」和「內容」耦合。這些層級描述了整合當中的不同類型知識，從知悉實作細節（內容耦合）到最小化共享資料綱要（資料耦合）。

整合強度模型的四個基本層級，便是以「模組耦合」模型為基礎，但經過濃縮和採納了現代軟體系統脈絡下的詞彙。

營運耦合（operational coupling）

見「執行階段耦合」。

病態耦合（pathological coupling）

見「內容耦合」（模組耦合模型）。

執行階段耦合（runtime coupling）

一種營運相依性，一個元件缺少另一個元件就無法運作。換言之，一個元件的可用性取決於另一個的可用性。在平衡耦合模型的脈絡下，這種關係顯示了高度執行階段耦合，並因此拉近元件之間的距離。

語義耦合（semantic coupling）

源自軟體元件對於它們交換的資料賦予特別意義和解讀方式。當一個元件內的商業邏輯、資料格式或資料意義變動時，會使另一個倚賴這些資料的元件也需要改變，那麼它們就存在這種耦合。

整合強度模型的「模型」耦合和「契約」耦合層級反映了不同程度的語義耦合。儘管如此，「契約」耦合下的高程度語義耦合會帶來的連鎖變動，經常會比「模型」耦合下的低程度語義耦合來得更少。

順序耦合（sequential coupling）

發生於方法、類別或其他元件必須照特定順序呼叫的時候。這種順序關係可以定義為特定的執行順序，以及執行之間的特定相隔時間。這種相依性如果無法避免，具有順序耦合的元件就會有密切相關的商業功能。

在平衡耦合模型和整合強度模型的脈絡下，「順序」耦合屬於「功能」耦合層級的最低程度。

特徵耦合（stamp coupling）（模組耦合模型）

藉由傳遞資料結構或整個物件來溝通，因此有可能分享對整合沒有必要的知識。

結構化設計（structured design）

1960 年代末發展的方法論，用來設計模組化軟體系統。結構化設計強調耦合與內聚性的概念，並提出「模組耦合」模型，來協助管理系統元件之間的相互關聯性。也請見「模組耦合模型」。

時間耦合（temporal coupling）

見「順序耦合」。

交易耦合（transactional coupling）

發生於多重元件參與同一個交易流程、成為一個原子單位，必須全部成功或者全部失敗的時候。若在實作交易行為時未能包含所有耦合元件，就可能使系統狀態無效。

在平衡耦合模型與整合強度模型的脈絡下，「交易」耦合是「功能」耦合層級的其中一種程度。

變動性（volatility）

反映一個元件的預期變動率。變動性受到內外因素驅動。內部變動性來自元件的商業需求改變，而這種變動的發生機率可透過領域驅動設計（domain-driven design）的子領域概

念來評估：屬於「核心」子領域的元件會最常變化。外部變動性則是某個元件依賴的上游元件發生改變。分享過多知識會對其他（下游）模組帶來連鎖變動，就算下游元件的內部變動性很低也無法倖免。

平衡耦合模型透過變動性在系統設計中帶來實用主義：只要上游元件的變動性低，系統缺乏模組化程度就是可以容忍的。

Appendix C
測驗解答

第一章 「耦合與系統設計」

問題 1：B

問題 2：C

問題 3：D

第二章 「耦合與複雜性：Cynefin 框架介紹」

問題 1：B

問題 2：C

問題 3：B

問題 4：B

問題 5：C

第三章 「耦合與複雜性：互動」

問題 1：C

問題 2：D

問題 3：B

問題 4：C

問題 5：D

第四章 「耦合與模組化」

問題 1：D

問題 2：C

問題 3：A

問題 4：D

問題 5：C

第五章 「結構化設計的模組耦合」

問題 1：C

問題 2：B

問題 3：B

問題 4：D

第六章 「共生性」

問題 1：B

問題 2：D

問題 3：B

問題 4：D

第七章 「整合強度」

問題 1：F

問題 2：E

問題 3：E

問題 4：D

問題 5：A

問題 6：B

問題 7：D

問題 8：B

問題 9：B

問題 10：D

第八章　「距離」

問題 1：A

問題 2：D

問題 3：B

問題 4：B

問題 5：A

問題 6：D

第九章　「變動性」

問題 1：D

問題 2：A

問題 3：E

問題 4：D

第十章　「平衡耦合」

問題 1：E

問題 2：B

問題 3：A

問題 4：D

第十一章 「重新平衡耦合」

問題 1：B

問題 2：D

問題 3：C

問題 4：C

第十二章 「軟體設計的碎形幾何」

問題 1：C

問題 2：D

問題 3：A

問題 4：D

問題 5：D

Bibliography
參考書目

- (Baldwin 2000) Baldwin, C.Y., and K.B. Clark. 2000. *Design Rules: The Power of Modularity*. Cambridge, MA: The MIT Press.

- (Ben-Jacob and Herbert 2001) Ben-Jacob, Eshel, and Herbert Levine. 2001. "The artistry of nature." *Nature* 409, no. 6823: 985–86.

- (Berard 1993) Berard, Edward V. 1993. *Essays on Object-Oriented Software Engineering*, Volume 1. Englewood Cliffs, NJ: Prentice Hall.

- (Bettencourt et al. 2007) Bettencourt, L.M.A., J. Lobo, and D. Strumsky. 2007. "Invention in the City: Increasing Returns to Patenting as a Scaling Function of Metropolitan Size." *Research Policy* 36, no. 1: 107–20.

- (Bogard 2018) Bogard, Jimmy. "Vertical Slice Architecture." Jimmy Bogard (blog). April 19, 2018. https://jimmybogard.com/vertical-slice-architecture.

- (Booth et al. 1976) Booth A., S. Welch, and D.R. Johnson. 1976. "Crowding and Urban Crime Rates." *Urban Affairs Quarterly* 11, no. 3: 291–308. https://doi.org/10.1177/107808747601100301.

- (Box 1976) Box, George E.P. 1976. "Science and Statistics." *Journal of the American Statistical Association* 71, no. 356: 791–99. https://doi.org/10.1080/01621459.1976.10480949.

- (Caldarelli 2007) Caldarelli, Guido. 2007. *Scale-Free Networks: Complex Webs in Nature and Technology*. Oxford, UK: Oxford University Press.

- (Cockburn 2005) Cockburn, Alistair. 2005. "Hexagonal Architecture." Accessed July 8, 2022. https://alistair.cockburn.us/hexagonal-architecture.

- (Conway 1968) Conway, Melvin E. 1968. "How do committees invent." *Datamation* 14, no. 4: 28–31.

- (Cunningham 1992) Cunningham, Ward. 1992. "The WyCash Portfolio Management System." *ACM SIGPLAN OOPS Messenger* 4, no. 2: 29–30.

- (Dijkstra 1972) Dijkstra, Edsger W. 1972. "The Humble Programmer." *Communications of the ACM* 15, no. 10: 859–66.

- (Evans 2004) Evans, Eric. 2004. *Domain-Driven Design: Tackling Complexity in the Heart of Software*. Boston: Addison-Wesley.（《領域驅動設計：軟體核心複雜度的解決方法》，博碩文化）

- (Foote and Yoder 1997) Foote, Brian, and Joseph W. Yoder. 1997. "Big Ball of Mud." Department of Computer Science, University of Illinois at Urbana-Champaign, August 26, 1997.

- (Fowler 2003) Fowler, Martin. 2003. *Patterns of Enterprise Application Architecture*. Boston: Addison-Wesley.（《Martin Fowler 的企業級軟體架構模式：軟體重構教父傳授 51 個模式，活用設計思考與架構決策》，博碩文化）

- (Fowler et al. 1999) Fowler, Martin, Kent Beck, John Brant, William Opdyke, and Don Roberts. 1999. *Refactoring: Improving the Design of Existing Code*, 1st Edition. Reading, MA: Addison-Wesley.（《重構—改善既有程式的設計》，碁峰資訊）

- (Galilei 1638) Galilei, Galileo. 1638. "The Discourses and Mathematical Demonstrations Relating to Two New Sciences."

- (Gamma et al. 1995) Gamma, Erich, Richard Helm, Ralph Johnson, John Vlissides, and Grady Booch. 1995. *Design Patterns: Elements of Reusable Object-Oriented Software*. Reading, MA: Addison-Wesley.（《物件導向設計模式：可再利用物件導向軟體之要素》，天瓏）

- (Goldratt 2008) Goldratt, Eliyahu M. 2008. *The Choice*. Great Barrington, MA: North River Press.

- (Goldratt 2005) Goldratt, Eliyahu M. 2005. *Beyond the Goal: Theory of Constraints*. Old Saybrook, CT: Gildan Audio.

- (Hawking 2000) Hawking, Stephen. 2000. "Unified Theory Is Getting Closer, Hawking Predicts." Interview in *San Jose Mercury News*, January 23, 2000.

- (Hohpe and Woolf 2004) Hohpe, Gregor, and Bobby Woolf. 2004. *Enterprise Integration Patterns: Designing, Building, and Deploying Messaging Solutions*. Boston: Addison-Wesley.

- (Høst 2023) Høst, Einar W. "Modeling vs Reality." NDC Oslo 2023.

- (Hu et al. 2022) Hu, Xinlan Emily, Rebecca Hinds, Melissa Valentine, and Michael S. Bernstein. 2022. "A 'Distance Matters' Paradox: Facilitating Intra-Team Collaboration Can Harm Inter-Team Collaboration." *Proceedings of the ACM on Human-Computer Interaction* 6, CSCW1, Article 48: 1–36. https://doi.org/10.1145/3512895.

- (Hunt and Thomas 2000) Hunt, Andrew, and David Thomas. 2000. *The Pragmatic Programmer: From Journeyman to Master*, 1st Edition. Reading, MA: Addison-Wesley.

- (Jamilah et al. 2012) Jamilah, Din, A.B. AL-Badareen, and Y.Y. Jusoh. 2012. "Antipatterns Detection Approaches in Object-Oriented Design: A Literature Review." *7th International Conference on Computing and Convergence Technology* (ICCCT), Seoul, Korea (South), pp. 926–31.

- (Khononov 2021) Khononov, Vlad. 2021. *Learning Domain-Driven Design: Aligning Software Architecture and Business Strategy*. Sebastopol, CA: O'Reilly Media. (《領域驅動設計學習手冊》，歐萊禮)

- (Kuhnert et al. 2006) Kühnert, Christian, Dirk Helbing, and Geoffrey B. West. 2006. "Scaling Laws in Urban Supply Networks." *Physica A Statistical Mechanics and Its Applications* 363, no. 1: 96–103.

- (Lee 2020) Lee, Linus. 2020. "Software Complexity and Degrees of Freedom." Thesephist.com. Accessed October 31, 2021. https://thesephist.com/posts/dof.

- (Liskov 1972) Liskov, B.H. 1972. "A Design Methodology for Reliable Software Systems." In *Proceedings of the December 5–7, 1972, Fall Joint Computer Conference, Part I* (AFIPS '72 (Fall, part I)). Association for Computing Machinery, New York: 191–99. https://doi.org/10.1145/1479992.1480018.

- (Malan 2019) Malan, Ruth. 2019. "Architectural design is system design" (@VisArch, January 5, 2019). https://twitter.com/ruthmalan/status/1081578760271523840?s=20.

- (Maniloff 1996) Maniloff, J. 1996. "The Minimal Cell Genome: 'On Being the Right Size.'" *Proceedings of the National Academy of Sciences of the United States of America* 93, no. 19: 10004–06.

- (Martin 2003) Martin, Robert C. 2003. *Agile Software Development, Principles, Patterns, and Practices*. Upper Saddle River, NJ: Pearson.（《敏捷軟體開發：原則、樣式及實務》，碁峰資訊）

- (Meadows 2009) Meadows, Donella H. 2009. *Thinking in Systems: A Primer*. White River Junction, VT: Chelsea Green Publishing.（《系統思考：克服盲點、面對複雜性、見樹又見林的整體思考》，經濟新潮社）

- (Mezzalira 2021) Mezzalira, Luca. 2021. *Building Micro-Frontends: Scaling Teams and Projects Empowering Developers*. Sebastopol, CA: O'Reilly Media.

- (Myers 1979) Myers, Glenford J. 1979. *Reliable Software Through Composite Design*. Hoboken, NJ: Wiley.

- (Naur and Randell 1969) Naur, P., and B. Randell. 1969. "The 1968/69 NATO Software Engineering Reports." NATO.

- (Nygard 2018) Nygard, Michael. 2018. "Uncoupling." GOTO 2018, November 8, 2018.

- (Oasis 2008) Oasis. 2008. "Reference Ontology for Semantic Service Oriented Architectures v1.0." (2008). Oasis-open.org. Accessed October 31, 2021. http://docs.oasis-open.org/semantic-ex/ro-soa/v1.0/pr01/see-rosoa-v1.0-pr01.html.

- (Ousterhout 2018) Ousterhout, John. 2018. *A Philosophy of Software Design*. Palo Alto, CA: Yaknyam Press.

- (Page-Jones 1996) Page-Jones, Meilir. 1996. *What Every Programmer Should Know About Object-Oriented Design*. New York: Dorset House Publishing Company.

- (Page-Jones 1988) Page-Jones, Meilir. 1988. *The Practical Guide to Structured Systems Design*, 2nd Edition. Boston: Pearson Education.

- (Parnas 2003) Parnas, David Lorge, and P. Eng. 2003. "A Procedure for Interface Design."

- (Parnas 1985) Parnas, David L., P. Clements, and D. Weiss. 1985. "The Modular Structure of Complex Systems." *IEEE Transactions on Software Engineering* SE-11, no. 3: 259–66. https://doi.org/10.1109/tse.1985.232209.

- (Parnas 1971) Parnas, David L. 1971. "Information Distribution Aspects of Design Methodology." Technical Report, Depart. of Comput. Science, Carnegie-Mellon U., Feb., 1971. Presented at the IFIP Congress, 1971, Ljubljana, Yugoslavia, and included in the proceedings.

- (Perrow 2011) Perrow, Charles. 2011. *Normal Accidents: Living with High Risk Technologies*, Updated Edition. Princeton, NJ: Princeton University Press.

- (Santos et al. 2019) Santos, Pedro M., Marco Consolaro, and Alessandro Di Gioia. 2019. *Agile Technical Practices Distilled: A Learning Journey in Technical Practices and Principles of Software Design*. Birmingham, UK: Packt Publishing.

- (Sinclair-Smith 2009) Sinclair-Smith, Ken. 2009. "The Expansion of Urban Cape Town." https://www.researchgate.net/publication/333998645_The_Expansion_of_Urban_Cape_Town.

- (Smith 2020) Smith, Steve. 2020. "Encapsulation Boundaries Large and Small." Ardalis. Com. Accessed October 31, 2021. https://ardalis.com/encapsulation-boundaries-large-and-small.

- (Snowden 2020) Snowden, Dave, Sonnja Blignaut, and Zhen Goh. 2020. Cynefin: Weaving Sense-Making into the Fabric of Our World. Colwyn Bay, Wales: Cognitive Edge - The Cynefin Co.

- (Snowden 2007) Snowden, David J., and Mary E. Boone. 2007. "A Leader's Framework for Decision Making." *Harvard Business Review* 85, no. 11: 68–76.

- (Standish 2015) Standish Group. 2015. "CHAOS report 2015." The Standish Group International, Inc.

- (Swanson 1976) Swanson, E. Burton. 1976. "The Dimensions of Maintenance." In *Proceedings of the 2nd International Conference on Software Engineering* (ICSE '76). IEEE Computer Society Press, Washington, DC: 492–97.

- (Taleb 2011) Taleb, Nassim Nicholas. 2011. *The Black Swan: The Impact of the Highly Improbable*. London: Allen Lane. （《黑天鵝效應：如何及早發現最不可能發生但總是發生的事》，大塊文化）

- (Thomas and Richard 1996) Bergin, Thomas J., and Richard J. Gibson. 1996. "Supplemental Material from HOPL II."

- (Vernon 2013) Vernon, Vaughn. 2013. *Implementing Domain-Driven Design*. Boston: Addison-Wesley. （《實戰領域驅動設計：高效軟體開發的正確觀點、應用策略與實作指引》，博碩文化）

- (West 2018) West, Geoffrey. 2018. *Scale: The Universal Laws of Life and Death in Organisms, Cities and Companies*. London: Weidenfeld & Nicolson.

- (Wirfs-Brock and McKean 2003) Wirfs-Brock, Rebecca, and Alan McKean. 2003. *Object Design: Roles, Responsibilities, and Collaborations*. Boston: Addison-Wesley.

- (Wirfs-Brock and Wilkerson 1989) Wirfs-Brock, Rebecca, and B. Wilkerson. 1989. "Object-Oriented Design: A Responsibility-Driven Approach." *Conference Proceedings on Object-Oriented Programming Systems, Languages and Applications* (OOPSLA '89), September 1989, pp. 71–75. https://doi.org/10.1145/74877.74885.

- (Yourdon and Constantine 1975) Yourdon, Edward, and Larry L. Constantine. 1975. *Structured Design*. New York: Yourdon Press.

NOTE

NOTE